无人机系统研究与应用丛书

无人机空域感知与碰撞规避技术

UAV Sense and Avoid Technology

赵春晖 胡劲文 吕洋 徐钊 潘泉 **著**

西北工业大学出版社

西 安

【内容简介】 本书论述了无人机空域感知与碰撞规避(Sense And Avoid，SAA)技术的体系概念、技术要求、系统构成等，从无人机系统发展现状与 SAA 性能需求、无人机 SAA 体系概念与相关技术分解、现有 SAA 技术相关条例与法规标准等方面讲述无人机 SAA 技术结构，对无人机空域环境感知技术、空中障碍规避路径规划和避障技术、无人机 SAA 能力评估等方面展开了深入讨论。

本书梳理了无人机感知与规避技术的技术分解，并提供了一些具体的解决方案，适合从事相关工作的人员作为参考书使用，也可作为各大院校相关专业高年级本科生和研究生的学习教材。

图书在版编目 (CIP) 数据

无人机空域感知与碰撞规避技术/赵春晖等著. —
西安:西北工业大学出版社,2019.12
(无人机系统研究与应用丛书)
国之重器出版工程
ISBN 978 - 7 - 5612 - 6604 - 5

Ⅰ.①无… Ⅱ.①赵… Ⅲ.①无人驾驶飞机-研究
Ⅳ.①V279

中国版本图书馆 CIP 数据核字(2019)第 212259 号

WURENJI KONGYU GANZHI YU PENGZHUANG GUIBI JISHU
无 人 机 空 域 感 知 与 碰 撞 规 避 技 术

责任编辑:李阿盟		策划编辑:肖亚辉	
责任校对:万灵芝		装帧设计:李　飞	

出版发行:西北工业大学出版社
通信地址:西安市友谊西路 127 号　　邮编:710072
电　　话:(029)88491757，88493844
网　　址:www.nwpup.com
印　刷　者:兴平市博闻印务有限公司
开　　本:710 mm×1 000 mm　　1/16
印　　张:16.5
字　　数:323 千字
版　　次:2019 年 12 月第 1 版　　2019 年 12 月第 1 次印刷
定　　价:78.00 元

《无人机空域感知与碰撞规避技术》
编 纂 委 员 会

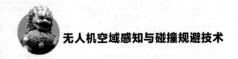

总 主 编：杨　军

执行主编：

　　杨　军　刘兴堂　胡卫华　樊富友　谢里阳

　　何　恒　施浒立　欧旭晖　陈　军　刘林海

　　袁　博　邓跃明

前　言

　　随着无人机在军、民领域的广泛使用,各种有人/无人机编队/集群等越来越多地进入各种空域执行多种任务,不同的地基/空基飞行管理系统已无法适应如此繁杂的无人机使用形式,主要原因就是无人机使得空域飞行安全无法得到保证。无论是无人机单机、编队还是集群,无人机空域感知与碰撞规避(Sense And Avoid, SAA)能力是保障无人机空域安全的核心技术之一。

　　无人机SAA是指无人机利用机载传感器或地面监视系统完成对空域飞行环境的监视和碰撞隐患目标的状态获取,对碰撞威胁目标进行规避路径规划,完成规避机动,保证无人机飞行安全。具备SAA能力是无人机自主化、智能化发展的必然趋势。

　　我国在2009—2016年颁布了一系列无人机管理办法与规定,如《民用无人机空中交通管理办法》《关于民用无人机管理有关问题的暂行规定》《民用无人机适航管理工作会议纪要》《民用无人驾驶航空器系统驾驶员管理规定》等。其中,在2013年的规定中首次将SAA能力列入无人机的能力需求。十二五期间,我国才刚刚开始无人机SAA技术的研究。由西北工业大学信息融合技术教育部重点实验室牵头,联合国防科技大学、北京航空航天大学,一起开展了我国第一个无人机SAA预研项目的研究,并取得了一定成果,初步梳理出无人机SAA技术的关键技术体系。

本书总结了本预研项目的相关研究成果,首先对无人机 SAA 技术的发展状况进行了分析,综述了国内外研究现状,然后提出单机和编队 SAA 技术方案,并给出实验实例,以期能给我国无人机 SAA 技术的发展积累相应的经验。

全书共分 8 章,赵春晖撰写第 2,5,7 章,胡劲文撰写第 6 章,吕洋撰写第 3,4 章,徐钊撰写第 8 章,潘泉撰写第 1 章。第 1 章对无人机系统进行了综述,总结了目前国内外无人机系统的发展现状,指出随着军用和民用领域对无人机的需求日益强烈以及空域的进一步开放,现有空管体系下的空中交通安全将面临重大挑战,以 SAA 技术为核心的无人机空域集成技术是未来空域安全的重要保障,也是当前国际无人机技术研究的前沿领域。第 2 章给出了无人机感知与规避的定义,分析了可用于各种无人机系统的传感器类型,以及它们的优、劣特点,提出了无人机自主障碍规避路径规划、规避机动控制优化函数,为 SAA 系统的选型提供了技术基础。第 3 章从政策法规、相关感知与规避技术方面综述了各国无人机感知与规避技术的发展现状,梳理出无人机自主飞行的安全性、精确性和高效性约束,提出构造无人机 SAA 全过程能力函数和系统框架,开展多空域多传感器感知的不同表达方式、空域安全威胁评估与碰撞告警模型构建、不同约束条件下 SAA 能力函数的优化求解等研究思路。第 4 章从无人机的感知、规划、控制三要素出发,对无人机的空域环境感知、路径规划与机动控制进行建模分析,提出一种统一的无人机感知与规避的功能框架和系统模型,为无人机感知与规避技术和系统的标准化、模块化设计提供参考。第 5 章针对轻小型旋翼无人机目标自主跟踪与障碍物规避问题,设计并搭建了一套基于立体视觉的无人机自主跟踪与避障实验系统,实现了基于 Haar - like 与 Adaboost 的实时目标检测,以及基于改进人工势场法的立体视觉无人机障碍物规避,为小型无人机感知规避系统提供了一种解决方案。第 6 章对多无人机编队防撞控制进行了研究,提出了基于切换寻优的无人机编队集结控制算法,实现了一种高效编队飞行控制方式。第 7 章论述了无人机感知与规避系统效能评估,针对系统主要属性,如环境感知能力、规避决策能力、飞机气动性能等进行量化,并据此开展定量的数学分析,并得到量化的评价结果。第 8 章论述了无人机视情(基于状态)安全维护方法,以及故障预测与健康管理(Prognostics and Health Management, PHM)系统对于无人机感知规避系统的安全管理技术。

本书写作团队的工作受到国家自然科学基金(61790552,61790554,61473230,61603303)、航空基金(2014ZC53030)、陕西省基金(2017JM6027)、国

家重点实验室基金(SKLGIE2015M34)等项目的支持。

在本书的写作过程中,得到了各方面的大力支持和专家、同事的帮助。特别感谢西北工业大学出版社的支持和帮助,也十分感谢项目组的王宏伦、牛轶峰、张国忠等老师,以及课题组的张夷斋、王栋、郭亚宁、朱海峰、唐统国、谷家德、祝凯旋、李思佳等同事和同学们,他们给予本书大力的支持,提供了很多有价值的素材,帮助完成纷繁的审稿、校对等工作。

尽管笔者做出了最大的努力,但是书中难免还有疏漏和不妥之处,希望广大读者不吝赐教。

著　者
2019 年 9 月

目 录

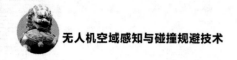

第 1 章

无人机系统概述

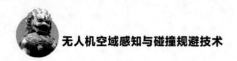

|1.1 无人机系统概念|

无人机系统(Unmanned Aircraft System)是指一类不需要机载控制人员,通过远程遥控或机载控制器完成飞行和任务控制的飞行器系统。无人机系统通常包括无人飞行平台,指挥、通信、控制链路和控制系统,以及其他任务设备,如图 1-1 所示。

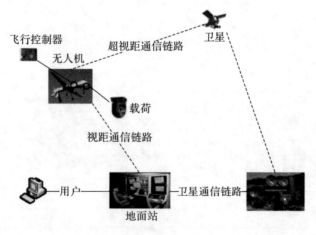

图 1-1 无人机系统

(1)无人飞行平台(Unmanned Flight Platform)：一个或多个无机载人员操作的，具备动力装置的，依靠空气动力学实现飞行动作的一类飞行平台。

(2)控制系统：通常包括机载控制器（Autopilot）和地面站控制系统（Ground Control Station）。

(3)通信链路：包括卫星导航通信链路、数据通信链路、控制通信链路等。

(4)其他：根据任务不同加载的其他任务设备载荷，如传感器、通信中继等。

无人机相比有人驾驶飞机拥有不受载人条件限制、尺寸小、成本低等一系列优点(见表1-1)，这些优点决定了其更能胜任战场侦察[1]、辐射探测、灾害监测[2]等多种具有挑战性的环境[3]。

表1-1　无人机与有人机对比

特点	无人机	有人机
不受载人限制	不需要飞行员冒生命危险去有毒、敌方军力强等危险地区执行任务；不需要考虑人体的承载能力，过载可以大于±4g，有的机型过载超±12g	需设计机舱内的空气循环系统，需要配置昂贵、复杂的弹射座椅、头盔等；连续飞行时间很难超过24 h
尺寸小	不需要载人，因此体积不受限制；世界上300多种无人机中，77.4%的质量不超过500 kg，一半以上最大翼展为5 m以下	有人军机起飞质量均在10 000 kg以上，最大翼展在12 m以上
成本低	不需要添加飞行员相关昂贵配置，中小型无人机价格在1万~100万美元之间	有人军机价值在几百万到几千万美元不等，还有高昂的驾驶员培训费用

无人机技术涉及材料、电子、自动化、通信、计算机等多学科交叉技术。随着无人机系统的发展，其结构、功能也更加复杂和多样。

无人机技术框架如图1-2所示。

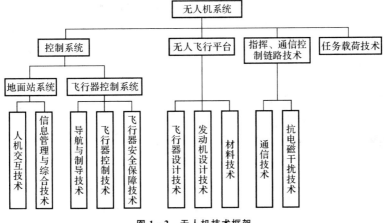

图1-2　无人机技术框架

|1.2 无人机系统发展|

第一阶段:世界上第一架无人机 1917 年诞生于美国[4],斯佩里等人在军方支持下,将一架有人驾驶飞机改装成无人机并进行试飞,虽然当年试验都失败了,但取得的经验和资料为 16 年后第一架无人靶机的研制成功奠定了基础。二十世纪二三十年代,欧洲一些军事强国在空军制胜理论的基础上,大力发展无人驾驶作战飞机。1933 年,英国在吸取斯佩里等人经验的基础上,成功研制出著名的"蜂后"靶机(见图 1-3),随即投入批量生产。随着英国靶机的投入使用,无人机作为靶机开始为人们认识和发展。二战结束前后陆续有 30 多家公司投入无人机研制,较有名的包括全球生产最多的"火蜂"系列靶机(见图 1-4)、"石鸡"系列靶机(见图 1-5)、"CT-20"(见图 1-6)和"CT-22"靶机等。

图 1-3 "蜂后"靶机

图 1-4 "火蜂"靶机

图 1-5 "石鸡"靶机

图 1-6 "CT-20"靶机

第二阶段:二战后各国开始尝试在靶机上安装一些传感装置,使其具有战场侦测、目标探测能力,并开始应用于实战。二十世纪六七十年代的越南战争、七八十年代的中东战争时无人机开始在战场上崭露头角,也促使无人机性能和技术进一步发展。越南战争中瑞安公司的"火蜂-147D"表现出色,先后出动3 400多架次,获取情报占当时总情报量的80%,而坠毁率仅为16%。但越战后美国并没有进一步发展无人机,无人机技术发展进度又一次放缓。直到中东战争以色列通过综合使用侦察、诱饵和电子干扰等多种无人机与有人作战机,使叙利亚各种防空武器系统遭到毁灭性打击,在战争初期就消灭了叙军80%的精锐武装,并最终取得了战争胜利。以色列成功运用"侦察兵"和"猛犬"(见图1-7)无人机的经验使得无人机声名鹊起[5],进入了迅速崛起阶段。

(a)

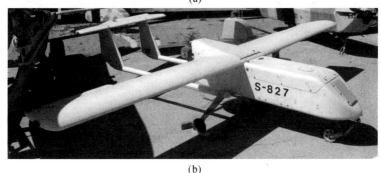

(b)

图1-7 以色列无人机
(a)"侦察兵"无人机; (b)"猛犬"无人机

　　第三阶段:战场牵引,迅速崛起。20世纪80年代以来,各国军方深刻认识到利用无人机在战时执行侦察、干扰、欺骗和电子支援等任务非常有效,不仅可降低人员损失的风险,且作战成本比有人驾驶飞机低很多。20世纪90年代后,海湾战争、科索沃战争、阿富汗反恐战争、伊拉克战争、阿以冲突这些局部战争,又给无人机提供了进一步展示其作战能力的舞台。在现代和未来战场作战需求的牵引下,无人机进入快速发展阶段,出现了"捕食者"(见图1-8)、"猎人"(见图1-9)、"先锋"(见图1-10)、"全球鹰"(见图1-11)等著名机型,各国在无人机研制和投入方面的支出也越来越大。以美国为例,美国专家认为到 2025 年美军 90% 的战机将是无人机[6]。

图 1-8　"捕食者"无人机

图 1-9　"猎人"无人机

图 1-10　"先锋"无人机

图 1-11　"全球鹰"无人机

第四阶段:逐渐运用到非军事领域。无人机相关技术不断成熟,成本也快速下降,民用市场开始发酵。无人机民用应用领域包括航拍、农用植保、地质勘探、电力巡检、油气管路巡查、高速公路事故管理、森林防火巡查、污染环境勘察、反恐维稳、公安执法、应急救援与救护、抢险救灾、海岸线巡查等[7](见图 1-12~图 1-15)。

图 1-12　农用植保无人机

图 1-13　电力巡检无人机

图 1-14　警用无人机　　　　　图 1-15　无人机快递

1.3　无人机系统分类

近年来,随着传感器、通信、材料等技术的发展,无人机在系统设计、应用领域等方面都得到了极大的发展。根据无人机的任务属性、系统属性等可以对无人机进行多种分类。

基于无人机的功能进行分类(见表 1-2)[12]。

表 1-2　无人机按功能分类

类型	功能描述	代表机型
靶机	为地面和空中武器系统模拟假想敌放飞行器或导弹	QF-16, CK-1, B-1, B-2
侦察	提供战场环境或重大事件中的情报信息	MQ-4, MQ-8, ANS-206
战斗	通过挂载武器系统实现高风险环境下的打击任务	MQ-9(Reaper), X-47B, AVIC-601S
物流	用于货物运输和物流业	Prime Air
教学科研	用于试验和验证未来无人机技术的无人机	Strom-I
商用、民用等	商用和民用领域,如测绘、航拍、娱乐等	DJI

根据无人机气动布局的不同进行分类(见表 1-3)[12]。

表 1-3　无人机按气动布局分类

类型	功能描述	代表机型
固定翼无人机	具有固定翼布局的无人机,通过滑跑进行起飞和着陆,通常代表长航时和高空飞行能力	T10 大黄蜂,韦加电动固定翼无人机,鹞鹰,FY-E,MQ-1 Predator,Global Hawk
旋翼无人机	具有悬停和垂直起降能力,高机动能力,可执行空中机器人任务等	Professional & Advanced,Scorpio 6,MQ-8C Fire Scout,SDI-W32H
飞艇	气球或飞行器,由于其密度小于空气,具有长航时作业能力,体积通常较大	CA-80,CA-800,FK 新艺 22 系列,齐柏林,HAA
飞翼无人机	通过模拟鸟类和昆虫拍打动作实现飞行的无人机	天弩和风刃,X-45C,X-47B,神经元,雷神,魔鬼鱼
混合配置无人机	可进行垂直起降,通过旋转机身或发动机实现飞行	鹞鹰 2,VD200,GL-10

　　根据无人机的自身属性,如体积、质量、功耗、任务半径、升限等进行分类(见表 1-4)。

表 1-4　根据无人机体积、质量、功耗等的分类

旋翼无人机	Aeyon Scout 微型	Scorpio 6 轻型	Skeldar V-200 战术无人机	MQ-8C Fire Scout MALE	A160 Hummingbird HALE
固定翼无人机	FQM-151 Pointer 微型	Silver Fox 轻型	RQ-7 Shadow 战术无人机	MQ-1 Predator MALE	RQ-4 Global Hawk HALE

|1.4 无人机任务传感器|

（1）光电传感器：工作于可见光频段的相机，由镜头和感光芯片组成。作为信息情报最直接、信息量最精确的一类传感器，光电传感器广泛应用于情报侦察、地质监测、地理测绘、航拍等领域。由于其功能与人眼最为接近，所以光电传感器也是无人机飞行操作、实现空间环境感知的必备传感器。如图 1-16(a)所示为加装有 L-3 Wescam MX-15 光学吊舱的 MQ-1"捕食者"无人机，如图 1-16(b)所示为搭载 Gopro 运动相机的 DJI Phatom 3 无人机。

(a)   (b)

图 1-16　典型无人机光电传感器

（2）红外传感器：工作于红外光谱波段，工作原理与光电传感器类似[8]。

（3）合成孔径雷达：合成孔径雷达能够提供几乎全天候、高分辨率、广域的图像获取。其利用雷达长距离传输特性和高性能机载计算系统实现高清晰的图像获取。由于不同的地面建筑和地形对雷达的响应频率不同，所以合成孔径雷达能为矿产勘查提供地质结构信息，为环境观察员提供海面油污扩散边界，为领航员提供海面结冰状态信息，或者为军事行动提供侦察情报。如图 1-17 所示为加装有 NanoSAR 的"ScanEagle"无人机。

图 1-17　加装 NanoSAR 的"ScanEagle"无人机

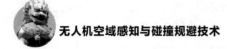
（4）激光雷达：用激光器作为发射光源，采用光电探测技术手段的主动遥感设备。激光雷达采用了激光技术与现代光电探测技术结合的先进探测方式。激光雷达由发射系统、接收系统、信息处理系统等部分组成。激光扫描方法不仅是军方获取三维地理信息的主要途径，而且通过该途径获取的数据成果也被广泛应用于资源勘探、城市规划、农业开发、水利工程、土地利用、环境监测、交通、通信、防震减灾及国家重点建设项目等方面，为国民经济、社会发展和科学研究提供了极为重要的原始资料，并取得了显著的经济效益，展示出良好的应用前景。如图 1-18(a)所示为加装三维扫描雷达的"Boeing Little Bird"无人直升机，如图 1-18(b)所示为加装有"Hykuo"二维激光雷达的小型四旋翼无人机。

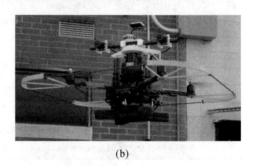

(a)　　　　　　　　　　　　　　　(b)

图 1-18　加装激光雷达的无人机

（5）声波传感器：依据声呐定位原理，声波传感器逐渐开始应用于小型无人机。声波传感器能够获取近距离目标的距离信息，配合光学传感器，能够应用于小型无人机的定位、避撞等。如图 1-19 所示为大疆公司开发的相机＋声波传感器的避撞解决方案。

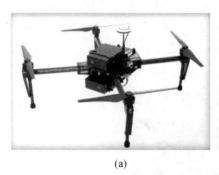
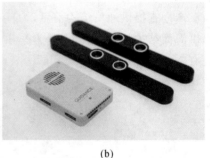

(a)　　　　　　　　　　　　　　　(b)

图 1-19　利用声波的无人机避撞系统

|1.5 无人机系统发展的机遇与挑战|

随着无人机导航飞行控制和发动机技术的快速提升,无人机性能越来越优越,对有人机的替代欲望越来越强。2014 年 7 月,美国蒂尔集团(Teal Group)发布了最新全球无人机市场预测报告。报告指出,未来 10 年,无人机仍将继续成为世界航空航天工业最具增长活力的市场,全球无人机采购支出将是现在的 2 倍左右。其中全球军用和民用无人机支出将由 2015 年的 64 亿美元增至 2024 年的 115 亿美元,10 年(2015—2024 年)支出总额将超过 910 亿美元,10 年复合增长率为 6.7%。预计到 2024 年,军用无人机占当年市场总额的 86%(99 亿美元),民用无人机占市场总额的 14%(16 亿美元)。同时,国际无人机系统协会发布报告预计,如果美国联邦航空管理局能按计划接纳无人机进入民用空域,2015—2025 年该行业将创造 10.3 万个高薪就业机会。

根据报告分析[9],2015—2024 年,全球军用无人机支出总额由 2015 年 57 亿美元将增至 2024 年 99 亿美元,支出总额将达到 810 亿美元,约占 10 年无人机支出总额的 89%,10 年复合增长率为 6.33%(见图 1-20)。

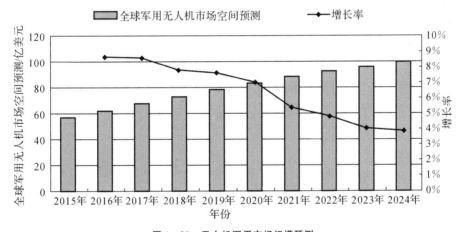

图 1-20 无人机军用市场规模预测

民用无人机需求广泛且具有经常性,潜在市场规模巨大,在农用植保、森林防火、电力巡检、石油管道巡检、防恐救灾、地质勘探、海洋遥感、娱乐等领域需求与日俱增,潜在市场空间极大。根据报告分析,2015—2024 年,全球民用无人机支出总额将由 2015 年的 7 亿美元增至 2024 年的 16 亿美元,支出总额将达到

100 亿美元,约占 10 年无人机支出总额的 11%,10 年复合增长率为 9.62%(见图 1-21)。

图 1-21　无人机民用市场规模预测

随着无人机在军、民领域的应用不断扩大,无人机的发展也将迎来重大的挑战,主要如下:

1. 无人机设计、制造标准的制定

目前,无人机的设计、制造并没有统一的标准,无人机性能、可靠性也千差万别。特别是各种异构、非传统布局的无人机的设计,并没有相对应的有人机设计规范和标准可以参考。这些都将阻碍无人机的设计和制造。

2. 无人机飞行相关法规、标准的制定

在大量的无人机进入空域飞行后,空中交通管理将面临重大挑战。由于无人机的属性、特点与有人机差别较大,必须针对无人机的特点制定相应的适航性标准、空间准入许可证颁发标准,以及飞行空间操作标准等。

3. 无人机系统自动化

未来,无人机将更加智能、高效、安全地执行更加复杂、繁重的任务,对无人机的自动化程度要求更高,这就要求必须发展如下技术:

(1)无人机感知与规避技术:随着军、民领域对无人机的需求日益强烈以及空域的进一步开放,现有空管体系下的空中交通安全将面临重大挑战[10]。以感知与规避技术为核心的无人机空域集成技术是未来空域安全的重要保障,作为政策规则与技术研究高度制约、相互融合的一项技术,SAA 技术也是当前国际无人机技术研究的前沿领域[11]。

(2)无人机鲁棒导航技术:由于无人机在多个领域的不断应用,其工作环境将更加富有挑战,通信链路中断、导航信息不精确等将严重制约无人机的应用。

开发复杂环境应用的鲁棒导航系统,综合利用通信链路、机载传感器等多源信息进行组合导航,能够极大地提高导航的精确度和稳定性。

(3)无人机先进载荷技术:无人机载荷是决定无人机任务能力的主要因素,高质量的感知数据获取和高效率的信息处理,将大大提高无人机系统的任务效率,如基于视觉的地图拼接与地理信息生成技术、空中目标搜索跟踪技术、即时定位与地图生成技术等。

1.6 小　　结

在军事领域,无人机作为信息化高技术武器装备,特别适合于未来的信息化战争。它不仅可以单独承担电子对抗、心理战、精确打击等软、硬杀伤任务,以及侦察、监视、核生化武器探测等作战保障任务,还能与卫星、有人机和地面情报系统组网,为指挥决策提供不间断、无缝的情报资源。它甚至可以作为反导、反卫星的武器平台,支持海、陆、空、天、电五位一体的未来高技术战争,也必将迅速推动未来作战方式、作战理论的更新和发展。美国、以色列、英国等国家对无人机的研究居于领先地位,其技术进步对于自身国防力量的加强在几次现代战争中表现得淋漓尽致,几乎可以进行零伤亡的现代战争。

在民用领域,无人机同样发挥着更加重要的作用。在重大突发事件,如地震、火灾等发生时,无人机能够迅速进入事故现场获取宝贵的第一手情报信息;在交通监视、森林防火、地质测绘等领域,无人机的使用能够大大降低工作成本,提高工作效率;在反恐、缉毒、安保等领域,无人机也有广泛的应用前景。

无人机自主飞行是体现无人机优势的关键核心技术。因此,无人机感知规避技术、鲁棒导航技术及先进载荷技术是无人机技术未来研发的重点方向。

参 考 文 献

[1] 郭首宇.多旋翼无人机对地观测覆盖研究[D].杭州:浙江大学,2014.

[2] 谌婷.小型无人直升机跟踪地面移动目标控制策略研究[D].杭州:浙江大学,2013.

[3] 常于敏.无人机技术研究现状及发展趋势[J].电子技术与软件工程,2014(1):242-243.

[4]　贺欢. 世界微小型无人机最新发展应用概览[J]. 中国安防，2015
　　　(15)：81－95.

[5]　曹鹏，侯博，张启义. 以色列无人机发展与运用综述[J]. 飞航导弹，2013
　　　(10)：41－43.

[6]　李鹏勇，王海. 美军无人机先进机载侦察感知系统[J]. 国防科技工业，
　　　2018(4)：56－59.

[7]　胡正平，田弼臣. 信息化条件下无人机的战场应用及发展趋势[J]. 飞航
　　　导弹，2011(10)：63－65.

[8]　GANDHI T，YANG M T，KASTURI R，et al. Detection of Obstacles
　　　in the Flight Path of an Aircraft[J]. Aerospace and Electronic Systems，
　　　IEEE Transactions on，2003，39(1)：176－191.

[9]　武坤琳，张洪娜. 未来十年世界无人机市场预测[J]. 飞航导弹，2015
　　　(5)：6－8.

[10]　DALAMAGKIDIS K，VALAVANIS K P，PIEGL L A. On Integrating
　　　Unmanned Aircraft Systems into the National Airspace System：Issues，
　　　Challenges， Operational Restrictions， Certification， and
　　　recommendations[M]. Berlin：Springer，Dordrecht，2009.

[11]　李耀军，潘泉，杨峰，等. 基于多源信息融合的无人机感知与规避研究，
　　　第二十九届中国控制会议论文集[C]//北京：第 29 届中国控制会议，
　　　2010，2861－2866.

[12]　YU X ，ZHANG Y. Sense and Avoid Technologies with Applications
　　　to Unmanned Aircraft Systems：Review and Prospects[J]. Progress in
　　　Aerospace Sciences，2015，74：152－166.

第 2 章

无人机感知与规避技术

|2.1 无人机感知与规避定义|

多个国际组织给出了无人机的空域感知与障碍规避类似的功能定义：

(1)美国国防部在《无人机路线图 2010—2035》[1]中对 SAA 定义为：SAA 是无人机避免与其他空中交通相撞的能力。感知与障碍规避通过自我分离与碰撞规避功能满足空域飞行的"See And Avoid"标准。

(2)在美国《民用无人机空域集成路线图》中对 SAA 定义为：感知与规避需提供与其他飞行器的自我分离和规避碰撞能力，从而实现与有人机"See And Avoid"类似安全的功能[2]。

(3)在《无人飞行器系统的感知与规避：研究与应用》[3]一书中，无人机感知与规避定义为：感知与规避是无人机系统中代理飞行员实现检测和规避某些威胁，从而实现安全飞行的功能。其中威胁包括其他空中交通以及其他可能造成碰撞威胁的物体。空中交通包括飞行器、浮空气球或其他无人机系统。其他威胁物体包括地形或静止物体(如建筑、高塔、线缆等)。

根据为实现与有人机"See And Avoid"等价的功能，无人机 SAA 需体现以下功能：

(1)检测：实现空间环境感知的第一步，是对空间环境进行障碍检测，获取空中可能存在碰撞威胁的目标，如飞行器、浮空器等。

(2)跟踪：通过感知信息和目标跟踪算法，实现对目标运动状态估计和轨迹预测。

（3）评估：根据目标的跟踪信息和安全飞行标准进行目标威胁程度评估，判断所跟踪目标是否存在碰撞威胁。

（4）威胁等级判断：针对多个存在碰撞威胁的目标进行基于威胁程度的排序。

（5）声明：根据本机路径和目标运动状态信息，给出分离时间、分离点和规避时间、规避点。

（6）决策：根据遭遇场景的几何关系、碰撞时间、碰撞点给出规避路径。该路径需受本机的飞行器属性、飞行规则等的约束。

（7）机动：跟随决策路径，执行规避机动。

如图 2-1 所示为无人机功能示意图。

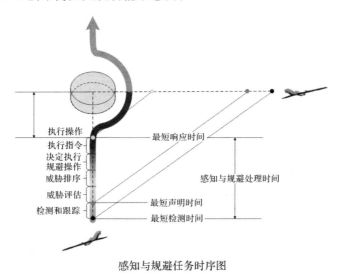

感知与规避任务时序图

图 2-1　无人机功能示意图[4]

|2.2　无人机感知与规避层次分解|

无人机进入空域进行任务操作时，碰撞冲突可能在不同的相对距离通过不同的方式被检测到。根据碰撞威胁检测到的距离不同，其感知与规避功能是通过航路分离（Separation）和碰撞规避（Collision Avoid）实现的。图 2-2 为无人机空间分离、机动示意图。本节主要讨论分离阶段的相关技术。

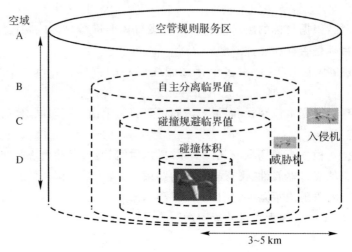

图 2-2　无人机空间分离、机动示意图

如图 2-3 所示为无人机感知规避层次结构。

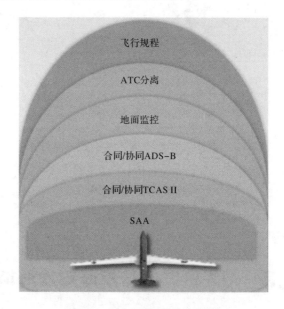

图 2-3　无人机感知规避层次结构

分离:在分离阶段,无人机通过空中交通管制(Air Traffic Control,ATC)分离服务和自我分离实现感知与规避功能。空中交通管制分离服务包括以下两个阶段。

第一阶段:飞行规程。在该阶段,通过执行相关的航空安全规定和颁发航空准入许可证等措施实现无人机的装备配置和操作空间限制,达到分离目的。美国联邦航空管理局(the Federal Aviation Administration,FAA)空层划分标准和空层装备要求如图2-4所示。

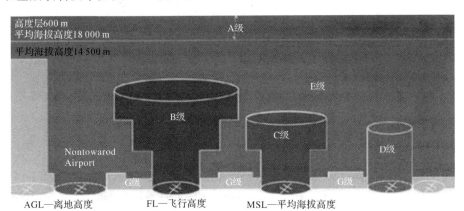

图2-4　FAA空域层次划分结构

无人机不同空域飞行要求见表2-1。

表2-1　无人机不同空域飞行要求

空域类	入境要求	设备要求	最低试点认证
A	放行许可	配备仪表飞行规则	仪器等级
B	放行许可	具有高度报告功能的双向无线电	个人飞行操作人员需认证并接受监管。培训可在机场以外许可区域进行
C	入境前的双向无线电通信	具有高度报告功能的双向无线电	没有具体要求
D	入境前的双向无线电通信	双向无线电	没有具体要求
E	无目视飞行规则	没有具体要求	没有具体要求
G	无	没有具体要求	没有具体要求

第二阶段:空中交通控制分离与地面监控。在该阶段,通过空中交通控制功能提供的空中交通管制服务、飞行情报服务和告警服务保证无人机的分离功能。在该功能中,感知与规避的实现主要依靠地基感知与规避系统(Ground Based Sense And Avoid,GBSAA),即地基空管雷达。如图2-5所示为地基感知与规避系统示意图。

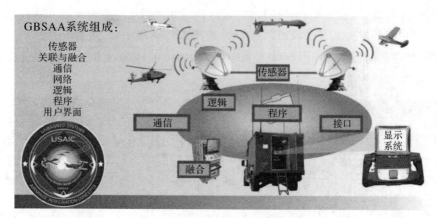

GBSAA系统组成:

传感器
关联与融合
通信
网络
逻辑
程序
用户界面

图2-5 地基感知与规避系统示意图

自我分离阶段,无人机在通过机载或地面通信链路,不依靠外界信息的情况下,实现超视距(Beyond Visual Line Of Sight,BVLOS)的碰撞检测。在该阶段,其依靠的主要感知方式包括空中防撞系统和广播式自动相关监视系统等合作式感知与规避设备以及远距离的感知设备,如雷达等。

(1)空中防撞系统(Traffic Collision Avoidance System,TCAS)的运作是通过飞机上的应答机确定飞机航向和高度的,使飞机可以显示相互之间的距离间隔和高度。

(2)广播式自动相关监视系统(Automatic Dependent Surveillance-Broadcast,ADS-B):通过数据链广播其自身的精确位置和其他数据(如速度、高度及飞机是否转弯、爬升或下降等),并接收其他飞行器和地面空中交通系统的数据信息,实现精确、实时的冲突检测。

在分离阶段,由于无人机与碰撞飞行器的相对距离较远,通过早期的、轻微的机动即可完成障碍的规避。而在碰撞规避阶段,冲突检测通常由本机的机载非合作传感器实现碰撞的检测、告警。碰撞预留时间(Time To Collision,TTC)相对较短,无人机通过相对剧烈、非常规的碰撞规避机动保证无人机的飞行安全。在此阶段,主要的感知方式为视距内感知,如机载相机、地面观察者等。

2.3 无人机感知与规避技术分解

无人机感知与规避是无人机自动化水平的高度体现,是信号处理、通信、自动控制与人机交互等一系列技术的融合。无人机感知规避技术可进行表2-2

所示的技术分解。

表2-2　无人机感知规避技术分解

技术类别	研究内容
传感器	雷达、激光雷达、光电、红外、超声波等及应用
传感器信息融合	体系结构、融合算法等
自动决策	体系结构、决策算法等
数据融合	体系结构、融合算法等
机动控制算法	障碍分享、避撞算法等
数据链路	结构设计、硬件、软件等
操作交互接口	数据显示、透明化设计等

其中传感器、传感器信息融合、数据融合、自动决策和机动控制算法组成了基于传感器信息的无人机空间环境感知和自主障碍路径规划、规避机动控制的主要功能。数据链路决定了各个功能模块之间的信息的传送和共享。操作交互接口是保证人在回路功能的高效、直观的、透明的交互运行。

2.3.1　无人机空域感知技术

无人机空域感知能力是指无人机对飞行空域中各类目标的检测、跟踪、判定能力。由于没有机上操作人员，其感知途径包括两种：①通过通信链路将数据直接传送至地面操作人员，由地面操作人员执行感知功能；②通过机载计算机加载感知算法实现空域的感知。前者的优点是通过有经验的操作人员能够直观、高效地执行感知功能，缺点是该方法高度依赖数据传输通信链路的稳定性。后者不需要占用较大的通信带宽，感知功能在机上自主运行，能够极大提高系统工作效率。但感知功能的实现极大地依靠算法的鲁棒性，如何设计稳定、高效的空域感知算法面临巨大挑战。

智能自主感知功能是未来无人自动化的重要功能和特征，也是当前机器人、人工智能领域的重要研究内容。本章主要针对智能自主感知进行讨论。

无人机感知能力的体现可用如下的公式表示：

$$C_{\text{sense}} = f(S, E, I)$$

受限于
$$S_p \in P$$

（1）感知能力C_{sense}：指无人机对目标的相对定位能力，包括方位、距离、分辨

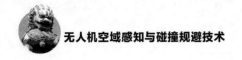

率和误差范围等。

(2)传感属性 S：由传感器的工作方式和能力决定,如机载或地基、合作或非合作、主/被动感知等等,以及获取感知数据属性等。相比较于雷达等点迹信息,光学信息更为丰富,与人的感知功能更为类似。

(3)环境因素 E：传感器的属性决定了其使用场合和工作范围。环境因素主要包括空域级别、气象条件等。

(4)入侵飞机 I：入侵飞机是否是合作目标,其尺寸、机动状态等共同决定了无人机对该目标的感知信息的获取的可靠程度和精确度。

(5)传感器的载荷要求 S_p 受制于无人机的载荷限制能力 P。

无人机感知技术根据传感器位置、工作方式、工作原理的不同可进行如图 2-6所示分类。

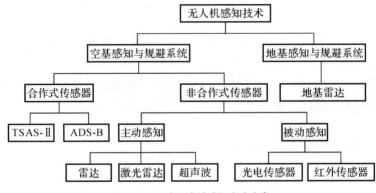

图 2-6 无人机空域感知方式分类

根据目标数据获取方式的不同,可将传感器分为合作式目标感知系统和非合作式目标感知系统。合作式目标感知技术是指无人机通过自身设备接收其他飞行器发出的无线电信号进行空域目标感知。针对合作目标的主要技术手段包括空中交通管制(简称"空管")应答机制和广播式自动回报监视技术。

典型的空管应答机制是 TCAS(Traffic Alert and Collision Avoidance System)系统,TCAS 是一种由美国联邦航空管理局提出的空中交通防撞系统。它是一种机载设备,能够实时地通过请求应答的方式来监视空中具有碰撞威胁的飞行器(该飞行器同样也安装了 TCAS 系统)。TCAS 是一种独立于 ATC 的机载设备,目前 TCAS 已经出现了两代产品,即 TCAS-Ⅰ,TCAS-Ⅱ。两类系统都可显示与地图类似的空中交通情况。

装有 TCAS 的飞行器在飞行过程中,不断地发送本机的信息,同时又不断监听来自空域中的其他装有 TCAS 系统发来的信息,结合自身的位置信息,

TCAS 能够确定是否有飞行器靠近,并判断是否构成碰撞威胁。威胁评估主要分为两部分,一是水平距离测试:两架飞机之间的距离(比如是否为 0.4 km)或者是两架飞机相撞之间的最短时间(比如 40 s);二是高度测试:对于高度的测评主要是判断在规定的安全范围内两架飞机是否接近。当两者检测都满足时,则证明是入侵威胁飞机。在确定威胁后,TCAS 系统产生避撞指导信息,如图2-7所示。

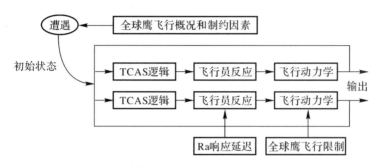

图 2-7 全球鹰 TCAS 系统工作原理

但由于 TCAS 系统的探测范围局限于加载有应答机的飞行器进行通信,且系统获得的角度信息来源于 TCAS 天线,误差较大,综合考虑通信故障导致的TCAS 系统故障,单独的 TCAS 系统并不能完成无人机空域障碍感知的任务。

ADS-B 是一种装载于飞行器上的双向通信链路。国际民用航空组织将其确定为未来监视技术发展的主要方向,国际航空界正在积极推进该项技术的应用,一些国家和地区(美国、澳大利亚、欧洲)已投入实用。美国 FAA 定义ADS-B系统是将雷达空管转化为依靠更加精确的卫星空管的重要的技术,并计划在 2020 年以前将所有在国家空域的飞行器加装该系统。与雷达系统相比,ADS-B 能够提供更加实时和准确的航空器位置、状态等监视信息,建设投资只有前者的 1/10 左右,并且维护费用低,使用寿命长。使用 ADS-B 可以增加无雷达区域的空域容量,减少有雷达区域对雷达多重覆盖的需求,大大降低空中交通管理的费用。

ADS-B 设备通过全球卫星定位系统(Global Navigation Satellite System,GNSS)、惯导系统(Inertial Navigation System,INS)等机载航电设备,获取飞机的四维位置信息(经度、纬度、高度、时间),以及飞机自身的状态信息(速度、方向等)。ADS-B 系统由 ADS-B OUT 和 ADS-B IN 两部分组成,ADS-B OUT是指发射机以一定周期广播飞行器信息,其中包括识别标志(ID)、位置、高度、速度、方向和爬升率等。ADS-B IN 能够接收由 ATC 和装备有 ADS-B OUT

设备的飞行器的信息,如图2-8所示。

ADS-B系统不仅能够监视空域中装载有 ADS-B OUT 设备的飞行器,而且通过与 ATC 的交联,能够获取飞行空域的天气、地形、空域限制等飞行信息。这样,ADS-B系统能够提供飞行规程、ATC 信息、合作式目标感知的无人机飞行安全包络的详细信息,通过一定的算法,能够实现无人机的路径规划、空域目标感知、威胁评估、冲突规避等。同时,通过 ADS-B 系统,可以将无人机纳入ATC 的监管和管理,为安全高效的飞行提供保障。从而保证无人机的飞行空域安全,加快无人机在民用领域的集成。

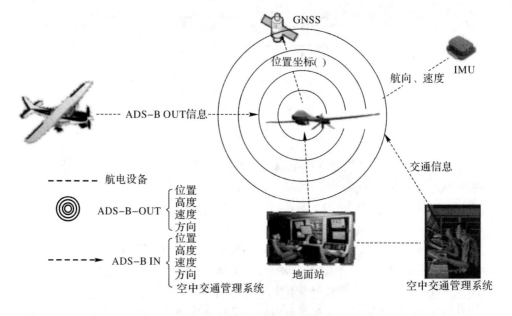

图 2-8 ADS-B 系统工作原理

合作式目标感知技术是无人机空域集成的重要技术,但由于合作式感知与规避需要本机与目标之间能够通过一定的协议获取对方的位置和状态信息。针对非合作目标,该通信协议并不存在,无法实现对空域飞行器的监视和规避。在这种情况下,必须通过无人机自身加载传感器实现对空域的非合作目标感知。非合作目标感知系统与技术同样是无人机感知与规避不可或缺的一部分。

无人机机载主传感器包括光学、射频设备。光学设备中包括常见的可见光相机、红外相机、高光谱等。

无人机光学系统是实现无人机非合作目标感知与规避系统必不可少的传感器,也是满足等价有人飞行 See and Avoid 的重要组成部分。在无人机系统中,光学设备主要通过光学吊舱加载于机头位置,其目的大多是实现精确的对地观测,从而为情报侦察、景象匹配导航等提供数据。而在无人机感知系统需求中,传感器视场需满足水平视场角 $H\pm110°$,垂直视场角 $V\pm15°$,因此,传感器任务载荷并不适用于无人机非合作目标感知。针对该情况,只有通过加载另外的光学感知系统,通过合理布局,才能满足感知规避系统要求。通过光学传感器信息和数字图像处理系统,光学系统能够提供直观、准确的俯仰、方位角度信息。数字图像处理系统可以是装载在平台上或者加载于地面站上。地面站实现图像数据处理不需要考虑机载平台的计算能力,能够在地面获取最直观的空域传感器信息。但由于通信延迟、信号不稳定等影响,地面站不能实时、准确获取无人机飞行空域的信息。通过机载平台能够克服图传通信延迟、信号不稳定的缺点,实现实时、准确的空间感知信息。但由于大部分机载计算机不具备高速的图形计算功能,在中小型无人机中不具备机载计算机系统,必须加入专门的图像处理计算系统,从而加大了无人机的载荷。但随着 ARM+DSP、ARM+FPGA 系统的大量开发和应用,开发体积小、质量轻、功耗低、高度集成的机载图像处理平台是无人机光学感知系统的必然选择。

由于光学系统仅能够获取目标的二维角度信息,无法获取目标的距离信息,因此,不能满足基于三维空间包络的无人机飞行安全规则。在高速、高空无人机系统中,依据角度信息无法实现对空域飞行目标的威胁评估,以及确定威胁后的最优路径规划。

无人机机载雷达系统能够全天候使用,对云、雾等有一定的穿透能力。同时雷达具有探测范围广、测距精度高等特点。雷达系统是中型无人机和高空长航时无人机的主要任务载荷,利用机载雷达,能够实现对空域目标的感知,但由于任务功能需求不一致,需要对无人机天线进行重新设计,从而满足无人机视场的要求。但雷达系统大多体积、功耗较大,在中小型无人机系统中无法使用,且雷达系统测角精度较差,以此为依据进行无人机感知与规避机动,必然会造成较大的误差。另外,在更多的军事领域中,隐身、功耗等要求决定了雷达并不能连续工作于扫描模式。因此,单纯依靠雷达无法实现对空域目标的精确感知(见图 2-9)。

针对 MQ-4C 设计的 SAA 雷达系统如图 2-10 所示。

综合比较无人机目标感知系统,针对合作目标传感器,需要严格依靠目标飞行器能够与本级之间存在着直接或间接的通信链路实现彼此位置和状态的互相感知,在通信信号微弱或中断时,系统将不能工作,且此类系统不能针对非合作目标进行感知。针对该情况,可以通过完善合作目标感知系统通信链路,并通过相关航空政策、法规对进入该空域的无人机加以约束,从而保证无人机的目标感知和空域飞行安全。

针对非合作目标传感器,可见光、红外传感器等易受云、雾、雨、雪等天气限制而使得感知能力大大下降,只能获取目标的方位和俯仰角度信息。而雷达测角性能不精确,且受制于机载平台的工作模式和天线设计不能完全满足感知需求。因此,提出依靠机载传感器实现对空域目标精确感知的多源信息融合目标感知方案具有重要的意义。如图 2-11 所示是一种多源信息融合感知规避系统方案。

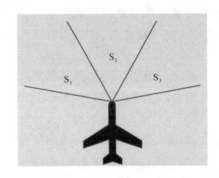

图 2-9 雷达天线安装示意图

图 2-10 针对 MQ-4C 设计的
SAA 雷达系统

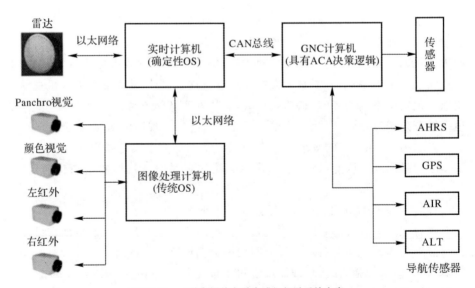

图 2-11 一种多源信息融合感知规避系统方案

上面所描述的主要传感器的属性见表 2 - 3。

表 2 - 3　各类传感器属性

传感器类型		非合作目标	测距能力	被动感知	VMC检测能力	IMC检测能力	全天候	多目标	探测距离/km	载荷要求	系统扩展性	成本
合作传感器	TCAS	×	√	×	√	√	√	√	22	高	×	高
	ADS - B	×	√	×	√	√	√	√	22	高	×	低
非合作目标传感器	人眼视觉	√	×	√	√	×	×	×	2	×	√	×
	高清摄像机	√	×	√	√	×	×	√	1	低	√	低
	光电	√	×	√	√	×	×	√	4	低	√	低
	IRST	√	√	√	√	×	×	√	22+	高	√	高
	红外	√	×	√	√	×	×	√	22+	低	√	低
	Radar	√	√	×	√	√	√	√	22+	高	√	高
	Lidar	√	√	×	√	√	√	√	10	高	√	高

其中,感知范围如图 2 - 12 所示。

图 2 - 12　传感器空间感知能力示意图

因此,针对不同空域的无人机分布如图 2 - 13 所示。无人机感知与规避设备配置见表 2 - 4。

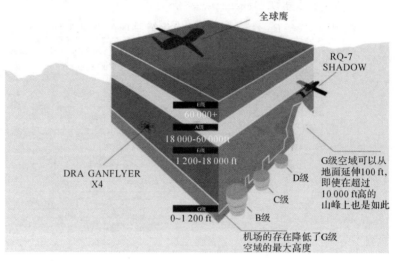

图 2 - 13　不同空域的无人机分布

注:1 ft＝0.304 8 m

表 2 - 4　无人机感知与规避设备配置

	GBSAA	TCAS	ADS - B	EO	IRST	IR	Radar	Lidar	Acoustic
HALE	P	P	P		P		P		
MALE	P	P	P		P		P	P	
Midium	P			P	P	P	P		
Light			P	P		P		P	
Micro				P		P			P

表 2 - 4 中，▨▨▨▨代表满足无人机载荷要求,P 代表其传感器的感知能力满足无人机系统需求。

2.3.2　无人机自主障碍规避路径规划、规避机动控制

基于障碍规避目的的路径规划技术,是指无人机依靠感知信息得到的威胁目标运动状态,根据碰撞规避点、碰撞预留时间等确定一条碰撞威胁最小路径的过程。此外,路径规划同时还可能受燃油、机动等影响。其本质是一类多约束优化问题,目标函数 $J(A)$ 如下:

$$J(A) = \min_A \int_{t \subset T} (P_{cls}(A,t) + \alpha |A(t) - A_0(t)| + \beta u(A,t) + \cdots) dt$$

受限于 $$u(A,t) \in U, \quad A(t) \in A_b$$

其中，A 为目标规避路径；P_{cls} 为碰撞概率，优化第一项的意义为使整个规避过程中碰撞风险最小；第二项中 A_0 为初始航路，第二项的意义为规避机动路径最短；第三项为无人机机动输出，即无人机的机动规避需满足经济性，使机动代价最小；α,β 为权重参数。

另外，优化函数中航线 A 需满足航空相关规则、空层等，即需满足约束 $A(t) \in A_b$。无人机机动需符合无人机本身的操作特性和航空相关的操作规则等，即 $u(A,t) \in U$。

针对无人机路径规划的方法，主要概括见表 2-5。

表 2-5　无人机路径规划的方法

规划方法类型	方法举例	特点
基于采样的路径规划方法	Deterministic Search Approach Probabilistic Search Approach	可用于高维 C 空间的路径规划问题
解耦合路径规划方法	Two-Step Approach Discrete C-space Interpolated with Polynomial Arcs	针对优化项可任意解耦合
数值优化方法	Mixed Integer Linear Programming Nonlinear Programming Dynamic Programming Quadratic Programming Pontryagin's Minimum Principle	对初始值敏感，计算复杂度较高
启发式方法	Genetic Algorithm Particle Swarm Optimization Artificial Bee Colony Optimization Biogeography-based Optimization	动态环境稳定，对信息不完备、不确定敏感
其他	Artificial Potential Field Approach Nonlinear Programming with Artificial Techniques Particle Swarm Optimization＋Nonlinear Mixed Integer Programming	具有局部极小值问题

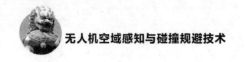

|2.4 小　　结|

　　本章对无人机感知与规避技术的定义、层级定位、政策框架以及技术分解进行了介绍,梳理并明确了我国无人机感知与规避的定义范围,以及在空域安全管理中的定位。无人机感知与规避技术主要分成两个层面,一个是空域感知技术,一个是自主障碍路径规划、规避机动控制技术。后面的章节将分别从这两个方面展开讨论。

|参 考 文 献|

[1]　United States Army Unmanned Aircraft Systems Roadmap 2010－2035: Eyes of the Army[R/OL]. (2010－04－20)[2012－01－10]. http://www. defencetalk. com/us－army－roadmap－unmanned－aircraft－system－2010－2035－25817/.

[2]　DALAMAGKIDIS K, VALAVANIS K P, PIEGL L A. On Integrating Unmanned Aircraft Systems into the National Airspace System[M]. Berlin:Springer Dordrecht,2009.

[3]　安格洛夫.无人机飞行器系统的感知与规避:研究与应用[M].齐晓慧,田庆民,甄红涛,译.北京:国防工业出版社,2014.

[4]　ZEITLIN A D. Standards and Certification of a UAS Sense and Avoid Capability[M]. Berlin:Springer Netherlands,2015.

[5]　ROLAND E, WEIBEL R, HANSMAN J. Safety Considerations for Operation of Different Classes of UAVs in the NAS AIIAA's 3rd. "Unmanned Unlimited" Technical Conference [C]//Chicago, AIAA,2004.

[6]　NOTH K R. Modeling and Simulation of a Ground Based Sense and Avoid Architecture for Unmanned Aircraft System Operations[J]. Air Traffic Control Quarterly,2013,21(1):29－50.

第 3 章

各国无人机感知与规避技术发展现状

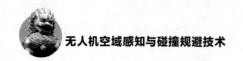

感知与规避作为无人机空域集成的必要条件和核心技术,在无人机发展应用的今天,得到了越来越广泛的关注。无人机技术发展大国均投入大量的资金和精力进行相关技术开发和标准制定,从而推动无人机技术和产业的健康发展。

|3.1　无人机感知与规避相关政策|

随着无人机种类越来越多,无人机应用越来越复杂,并进入军、民用的多个领域。无人机的快速发展要求无人机能够通过类似有人机的机制与法律进入空域飞行。仅仅在美国,有超过 100 家公司、高校和公共组织,设计、制造了超过300 种类型的无人机。我国无人机虽然起步较晚,但近年来发展迅速,对无人机的空域准入需求日益强烈。

然而,由于无人机没有机上驾驶员,无人机进入空域飞行将给现有的空中交通带来巨大的威胁。近年来,无人机飞行造成的安全事故频发。无人机进行空域集成面临着技术、航空法规等多种挑战。多个国家和组织已着手建立无人机进入空域飞行的相关准入政策、标准,见表 3 - 1[1]。

表 3 - 1 各国无人机感知规避标准制定情况

国家	责任机构	主要研发单位	标准制定	SAA 技术研究现状	无人机空域集成情况
美国	美国联邦航空管理局(FAA)	美国国防部(DoD)，美国国家航空航天局(NASA)	FAA Order7610.4(公共无人机)、14CFR(私人无人机)、AC-57(航模)	1. GBSAA 发展进入列装阶段 2. ABSAA 相关系统、技术验证	1. 军用无人机(DoD,DHS) 2. 公共无人机(COA) 3. 民用无人机(试验类、COA)
欧洲	欧洲航空安全局(EASA)	欧洲航空安全组织(EUROCONTROL)	EUROCAE/E_Y013-01	1. 空中避撞系统(MIDCAS)开始演示验证 2. 开始进行无人机空域集成计划(SESAR)	1. 军用无人机(BVLOS/VLOS) 2. 公共无人机(>20 kg、BVLOS/VLOS) 3. 民用无人机(<20 kg、VLOS)
澳大利亚	澳大利亚民航安全局(CASA)	澳大利亚航天宇宙自动控制研究中心(ARCAA)	CASAPt101 AC101-1	1. 无人机空中防撞计划研究 2. 无人机视觉检测系统测试	运营证书 BVLOS/VLOS
加拿大	加拿大交通部(Transport Canada)	USC、CCUVS、AUVSI-Canada	CAR	1. 开展 NRC Civil UAS Program 2. 建立基于 SFOC 的无人机认证制度 3. 成立无人机系统研究组织、设感知与规避研究小组	小型无人机(<35 kg、VLOS)可飞行,>35 kg 还未规定
中国	民用航空局	中航工业、高校	《民用无人机空中交通管理办法》《民用无人驾驶航空器系统驾驶员管理暂行规定》	1. 国内第一次发布低空管理规定 2. 开展无人机感知与规避技术研究	1. 小型无人机(<7 kg、VLOS) 2. 由中国航空器拥有者及驾驶员协会负责驾驶员资质培训

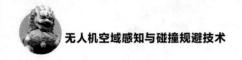

3.1.1　国际民用航空组织

国际民用航空组织（International Civil Aviation Organization，ICAO）致力于推动不同国家和地区的民航组织的合作与交流活动。2005 年，ICAO 在咨询其成员国对 UAS 在空域飞行的需求后，开始着手无人机系统相关活动。在 2006 年的一次非正式会议中，成员国一致认为，ICAO 并不适合充当规则制定的角色，而是应当由欧洲民用航空设备组织或航空无线电技术委员会等组织执行。ICAO 应当充当协调者，保证成员国之间政策的协调性。

在 2007 年的另一次 ICAO 会议中，ICAO 成立了无人机研究组织（UAS Study Group，UASSG），管理和指导其成员国无人机的发展。该组织包括 15 个国家和 8 个国际组织，包括欧洲航空安全局、欧洲民用航空设备组织、国际飞机拥有者和驾驶员协会理事会等。在 2007 年 9 月的第 36 届 ICAO 委员会上，UASSG 的主要工作包括推进无人机相关的航空事故的定义，以及事故的调查工作等。2008 年的第一次无人机组织会议上，对 UASSG 的组织工作重心定为推进无人机在国际无缝空域进行操作，长期目标定为建立民用无人机的相关标准、操作参考、指导材料推进。UASSG 主要包括以下几个分组：

- 无人机适航性和操作小组；
- 指挥控制通信小组；
- 操作人员许可小组；
- 航空规则小组；
- 检测与规避小组。

3.1.2　美国

作为应用无人机最早和最多的国家，美国无人机相关规则的制定经历了漫长的发展过程，大量的公共组织、高校研究机构和军方机构参与了无人机相关规则的制定。其中主导单位为美国联邦航空管理局和美国国防部，其针对无人机发展的主要功能见表 3-2。

另外，大量的组织和研究机构以及公共机构参与了无人机相关规则的制定和技术研究，见表 3-3。

表 3-2　各组织主要功能

组　　织	主要功能
美国联邦航空管理局	·以飞行安全为最终标准； ·制定发起 UAS-NAS 计划和 NextGen 计划； ·无人机规则与标准颁布施行； ·颁发无人机准入证书
美国国防部	·制定军用无人机集成路线； ·军用无人机适航许可证； ·无人机技术

表 3-3　标准与技术研究内容和机构

研究功能	研究内容	研究机构
标准与规则制定	无人机适航性标准 感知与规避标准 训练与执行准则等	航空无线电技术委员会,美国材料与试验协会,国际自动机工程师学会等
技术研究	无人机技术 空域感知与规避技术 数据链路与通信技术等	美国国家航空航天局,MITRE,霍尼韦尔,诺斯洛普·格鲁门公司,伯克利大学,佐治亚理工学院等

美国联邦航空管理局针对无人机空域飞行安全的担忧主要是其不能符合 1968 年美国联邦航空管理局修正的 CFR 91 条[3]。

91.111　任何人不得操作飞行器抵近其他飞行器产生碰撞危险。

91.113　当天气条件允许时,在视距规则飞行或仪表分型规则下,机上操作人员必须保持警觉,能够实现对其他飞行器的看到并规避功能。

2003 年 10 月,美国联邦航空管理局颁布了 N8700.25 号法令。该法令颁布之前,无人机适航许可证的颁布仅限于军方无人机。通过美国联邦航空管理局与美国国防部共同协商决定:基于该法令,美国联邦航空管理局开始向非军用领域开放颁布适航许可证证书,主要用于概念验证等。在该法令中,适航许可证的申请并不向民用无人机领域开放;无人机操作者需遵守通行权规则和看到并规避的要求;对无人机操作的最少人员配置做了说明,必须配备有观察员;法令规定无人机在申请适航许可证时需要提交安全性评估,证明其空中碰撞概率极低。法令还规定了在国家安全领域操作无人机,美国国土安全部和美国国防部具有政策豁免权。

2006 年,美国联邦航空管理局成立无人机程序办公室,用于适航许可证的

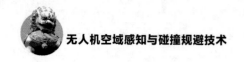

颁发和制定无人机空域集成发展路线图。

2007年2月颁发的一份美国联邦航空管理局通知中,美国联邦航空管理局定义了公用无人机、民用无人机和飞机模型的飞行授权情况,见表3-4。

表3-4　各无人机系统技术授权状态[2]

定　义	状　态
公用无人机系统	• 参考美国联邦航空管理局 UAS Policy 05-01 中描述的无人机飞行授权标准 • 明确了无人机的授权方式为颁发授权证书
民用无人机系统	• 声明只针对实验系统进行特殊空域许可证的颁发 • 严正声明无人机试验系统不能用于商业活动
飞机模型	• 参考 AC915-7 进一步指导 • 严正声明飞机模型不能用于商业活动

2008年3月,FAA发布了美国联邦航空局临时运行批准指南08-01,给出了无人机系统相关的主要安全问题和操作挑战。基于该法令,无人机操作基本限制于视距操作下(除了一些特例)。

2010年,美国国防部(Department of Defense,DoD)基于三次无人机感知与规避研讨会发布了无人机感知与规避技术路线图,路线图中明确了无人机感知规避路线计划组件过程,确定了感知与规避技术的整合目标等。在其发布的2013—2038年无人系统集成路线图中说明,无人机感知与规避系统需具有检测、跟踪、评估、优先级判断、声明、决策、命令、执行等功能。

2012年,美国政府颁布的一项FAA法案中,提出了一系列无人机相关节点。

• 2015年实现无人机系统在国家空域的一体化集成。
• FAA发展计划加速无人机系统在国家空域的集成进程,主要工作包括:
　。2012年前建立6个无人机空域操作试点;
　。发展无人机认证、飞行标准和空中交通要求等;
　。资助无人机认证测试、标准制定、空中交通控制等项目;
　。协调美国国家航空航天局(National Aeronautics and Space Administration,NASA)和DoD的研究计划;
　。在集成计划前核实无人机系统的安全性。
• 美国政府在无人机领域需体现以下功能:
　。允许FAA开展无人机系统发展研究;
　。指导FAA和国家科学院对无人机性能进行评估,并递交评估报告;
　。要求FAA对其最近版本的无人机政策进行修订更新;

◦指导 FAA 在北极地区建立 24 小时无人机固定飞行区域;

◦FAA 参与实验项目加速无人机的空域集成。

2013 年,美国发布了民用无人机空域集成路线图[4],做出了以下发展计划:

- 地基感知与规避系统(Ground Based SAA,GBSAA)

  ◦起草并发布地基 SAA 标准(截至 2015 年);

  ◦GBSAA 运营通过 FAA 以及其他民用和公共团体的批准。

- 机载感知与规避系统(Air Based SAA,ABSAA)

  ◦2016—2020 年,初始证明能够搭载机载 SAA 的无人机系统不需要视觉观察者;

  ◦安装并验证 ABSAA 功能需求,准入 A,E,G 空域,达到 DoD 和其他公共组织的工业标准,证明不需要适航许可证和视觉观察者;

  ◦安装并验证 ABSAA 功能需求,准入全空域,达到 DoD 和其他公共组织的工业标准,证明不需要适航许可证和视觉观察者;

  ◦安装并验证 ABSAA 功能需求,实现所有空域的有人机-无人机一体化空域操作,达到 DoD 和其他公共组织以及民用组织的工业标准。

1. RTCA

航空无线电委员会(Radio Technical Commission for Aeronautics,RTCA)主要针对航空领域内的通信导航监视和空中交通管理系统问题,提出一致性的建议。RTCA 主要履行联邦咨询委员会的职责。由 RTCA 提出的建议被美国联邦航空局用作制定政策、项目和管理决定的依据,也被一些私人公司用作制定发展、投资和其他商业决定的依据。2004 年,RTCA 成立 SC - 203 委员会帮助研究 FAA 的 UAS 相关问题。2007 年,RTCA 发布了一份无人机的指导性文件,"*Guidance Material and Considerations for UAS*"。该组织一直致力于小型飞行器系统性能标准(Minimum Aviation System Performance Standards , MASPS)的制定,包括:

- 无人机系统;

- 无人机通信、指挥、控制系统;

- 无人机感知与规避系统。

2. ASTM

美国材料与试验协会(American Society for Testing and Materials,ASTM)主要解决有关材料规范、试验程序等方面的争议问题。该组织也致力于无人机标准的制定和开发,并成立了 ASTM F38 委员会,专注于建立标准支持MASPS,主要包括以下 4 个不同的主题:

- 适航性;

· 飞行操作；

· 人员训练、测试与认证；

· 执行。

3.1.3 欧洲

在欧洲，无人机的应用和规则制定由于空域归属不同的所有国而稍显复杂。欧洲的主要无人机研究机构及其功能见表 3 - 5。

表 3 - 5 欧洲各无人机研究机构及其功能

研究机构	主要功能
欧洲航空安全局	· 协调欧洲各国的无人航空规则 · 制定欧洲委员会无人机航空规则 · 无人机鉴定政策
欧洲航空安全组织	· 开发升级 ATM 系统实现 UAS 的空域集成 · 完善欧洲空中交通管理研究计划 · 满足空域使用者的合法需求
欧洲民航电子设备组织	开发无人机相关标准、指导，主要职能如下： · 无人机系统操作与感知规避技术 · 适航性分析 · 通信、指挥、控制，通信安全 · 小型无人机系统

1. 欧洲航空安全局

2002 年 6 月，欧盟（European Union，EU）十五国在布鲁塞尔的会议上决定成立"欧洲航空安全局（European Aviation Safety Agency，EASA）"，目标是最大限度地保护公民的安全，促进欧盟航空业的发展。EASA 机构的主要职责是起草民用航空安全法规，它还将给欧盟提供技术方面的专家，并对有关的国际协议的结论提供技术上的帮助。除此之外，该机构执行与航空安全相关的运行颁证工作，例如航空产品和有关设计、制造和维护的组织的认证。这些认证活动有助于确保适航性和环保标准在成员国内达到同等水平。

2006 年，EASA 发布了一个修正案，名为"无人机系统认证政策"，认证的范围只限用于起飞质量大于 150 kg 的无人机，并计划完善无人机政策，覆盖适航性、环境保护、应用、执照颁发、空中交通控制、机场等方面。另外，EASA 还与欧洲民航装备组织（European Organization for CivilAviation Equipment，EUROCAE）接触，希望其发展无人机感知与规避技术。

2009 年,EASA 基于修正案和相关反馈意见出版了无人机认证的政策声明,该声明范围不包含 150 kg 以下的军方和公用无人机,以及试验型号等。另外,该声明只包括类型认证,并不包含无人机的应用说明。

面向未来,EASA 计划发展其他类型无人机相关的规则、政策,包括合规性的可接受的手段。

2. 欧洲航控

欧洲航控(EUROCONTROL)致力于发展面向全欧洲空域的空中交通感知系统。与 EUROCAE 和 EASA 一道,正在开发面向无人机进入空域飞行的空中交通管制的要求。2007 年,EUROCONTROL 发布了军用无人机空中交通操作手册,为全球鹰无人机在欧洲应用提供说明,下一步是为通用空中交通发展类似的说明标准。

EUROCONTROL 的目的是实现整个空域的无缝应用。2008 年,为验证无人机系统对 ATC 的影响,EUROCONTROL 研发了一项无人机 ATC 实时仿真系统,为无人机相关的空中交通管制提供大量帮助。

为了更好地协调无人机的相关活动,2008 年,通过了 EUROCONTROL 无人机空中交通管理集成计划,开发无人机技术、应用、安全、人机因素、通信等技术和规则。该计划包含短期计划和长期计划两部分。其中,长期计划为将无人机系统集成到全欧空管研究计划中。全欧空管计划包括与无人机相关的很多关键技术,如感知与规避、4D 航路管理、先进通信方法等。

3. 欧洲民航装备组织

EUROCAE 是由欧洲及其他地区的航空利益攸关方组成的非营利组织,包括制造商(飞机、机载设备、空管系统和地面设备)、服务供应商、国家和国际航空当局和用户(航空公司、机场和运营人)。EUROCAE 已经发布了许多针对航空界的性能指标和文件,并作为欧洲技术标准规范(Technical Standard Orders,TSO)和其他规章文件的符合性方法。

2006 年,WG.73 成立,为 EASA 提供无人机系统相关的专业意见。目前 EUROCAE 正基于 EASA 和 EUROCONTROL 的报道,主导发展 UAS 相关的标准和应用指南,并形成了以下四个分组:

- 无人机应用于感知规避系统;
- 适航性分析;
- 通信、指挥、控制、通信安全;
- 小型无人机系统。

在整个欧洲的无人机应用发展中,超过 45 个国家,15 个国际组织,50 所高校和研究机构参与 SAA,UAS,通信、指挥、控制的技术研究与开发。

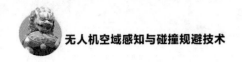

3.1.4　澳大利亚

澳大利亚的无人机管控主要由澳大利亚民航安全局(Civil Aviation Safety Authority, CASA)管辖。该组织在 2002 年首次发布了民用无人机标准。在发布的 CASR PART 101 中,CASA 严格禁止各种可能威胁其他飞行器、人身、财产安全的无人机操作和应用。其中,典型的飞行约束包括人口密集区或高度大于 400 ft 的空域。对于大型无人机的飞行,必须在飞行操作发生前获得飞行许可。在 AC‐101 中提供了获得该许可的相关要求。验证类无人机的飞行需要另外的维护程序和适航许可。

澳大利亚航空自动化研究中心也一直进行规则制定和验证活动,并一直致力于无人机相关技术的验证和测试。近期,其主导的避撞系统研发也取得了可喜的成就。

3.1.5　小结

无人机感知与规避能力发展时序图如图 3‐1 所示。通过图 3‐1 可以发现:各个国际组织和国家对无人机的使用都有严格限制,给出了无人机使用的起飞质量、适用范围、应用高度等种种约束。总的来说,就是对无人机使用的安全性、精确性和高效性给出了约束。

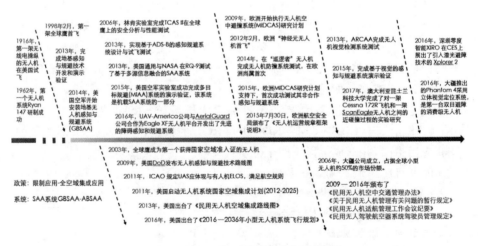

图 3‐1　无人机感知与规避能力发展时序图

|3.2 无人机空域感知与碰撞规避技术研究现状|

无人机 SAA 能力模型构建取决于目标感知、威胁估计、航路规划等技术的发展。无人机安全飞行相关政策和标准影响着无人机使用的安全性、精确性和高效性等指标的制定,也影响着无人机 SAA 能力的确定。

随着无人机应用的日益广泛,越来越多的国家投入技术力量进行无人机 SAA 技术研究,包括关键体系建设、技术研究、系统构建等。笔者梳理了目前无人机 SAA 技术的研究历程,见表 3 - 6。

表 3 - 6　无人机 SAA 技术的研究历程

国家或组织	研究历程
美国	• 开展 UAS - NAS 和 NextGen 计划,支持 SAA 技术的发展研究,并将地基 SAA 技术和空基 SAA 技术分别作为近期和长远技术解决方案 GBSAA • 2013 年,完成 GBSAA 开发和演示验证 • 2014 年,GBSAA 开始在美国空军基地进行列装应用 ABSAA • 2006 年,完成 T - CAS Ⅱ 在 MQ - 4 和 MQ - 9 系统的仿真分析和原理验证 • 2007 年,实现基于视觉的 SAA 系统开发,用于实时检测、跟踪入侵飞机的算法验证以及碰撞场景数据收集 • 2013 年,实现多源信息融合的无人机 SAA 算法设计、数据处理等功能演示;实现基于 ADS - B 的 SAA 系统设计与试飞测试 • 2015 年,美国空军实验室成功完成多目标规避(MIAA)系统的演示验证,该系统是机载 SAA 系统的一部分 • 2017 年,实现在两架 RQ - 4 上基于雷达的 SAA 系统安装应用
欧盟	• 2009 年,欧洲开始执行无人机空中避撞系统(MIDCAS)研究计划 • 2014 年,"巡逻者"无人机完成无人机防撞系统测试,在欧洲尚属首次 • 2015 年,欧洲 MIDCAS 研究计划首次成功测试非合作 SAA 系统
澳大利亚	• 开展无人机空中防撞技术研究 • 2013 年,ARCAA 完成无人机视觉检测系统测试 • 2015 年末,完成基于视觉的 SAA 系统演示验证
加拿大	• 开展 NRC Civil UAS Program 支持无人机的空域集成技术 • 智能无人系统国际组织(ISIUS)成立专门的 SAA 技术委员 • 开展无人机空域感知与碰撞规避的数据获取与算法测试

除了对无人机单机能力的研究之外，美军在《无人机路线图2005—2030》中提出无人机未来的发展将是有人机与无人机协同作战（有人机主导）、无人机与有人机协同作战（无人机主导）、无人机自主作战等。在《无人系统路线图2007—2032》中预测2020年前，美军无人机系统将实现无人机/有人机协同作战。2016年5月，美国在《2016—2036年小型无人机系统飞行规划》提出了横跨航空、太空、网空三大作战领域的小型无人机系统的构想，希望在2036年实现无人机系统自主化集群作战。从2015年3月开始，美国海军就已经开始测试低成本无人机蜂群作战技术（LOCUST）。2016年10月，美国完成3架F/A.18E/F"超级大黄蜂"战斗机投放了103架"灰山鹑（Perdix）"小型无人机，实现集体决策、自修正和自适应编队飞行等"蜂群"演示。2016年11月，中国电子科技集团有限公司披露了我国第一个固定翼无人机集群试验原型系统，实现了67架规模的集群原理验证。英特尔团队分别用100架和500架多旋翼无人机完成了震撼空中灯光秀等。2018年5月，中国某公司在西安实现了1 000多架无人机的灯光秀表演，无人机集群编队数量创造纪录。2018年7月，美国2 000多架无人机的空中表演打破了这个纪录。

从美国"有人机/无人机协同作战"向"自主化无人机集群作战"的作战战略转变，以及目前军、民领域编队/集群无人机的研究状况可以看出：无人机的自主化、智能化、集群化将是无人机的一大发展趋势，而有人/无人、编队/集群等多空域条件下的无人机SAA能力是关键技术之一。目前，无论是多机协同避撞问题还是编队队形变换的避撞问题，无人机SAA能力都是研究热点之一。

3.2.1　空域感知技术

根据空域中被探测目标的类型，无人机SAA系统可分为两类：合作目标SAA系统与非合作目标SAA系统。TCAS与ADS-B主要用于合作目标SAA系统。其中，ADS-B是比TCAS更先进的SAA系统，可以对目标实现自主探测与规避。美国FAA计划在2020年将其广泛应用于无人机上。

对于非合作目标SAA系统，无人机通过搭载各种主/被动式传感器来构成SAA系统。在主动式传感器中，常采用机载雷达作为SAA系统的主要传感器。但是由于机载雷达质量大、功耗高，并不适用于所有类型无人机。因此质量小、功耗低的被动式传感器，如光电或红外传感器构成的SAA系统得到了广泛应用研究。由于光电传感器在空域目标识别中容易受到环境因素影响，如光照、云、雾等，这对目标检测算法的鲁棒性提出了更高的要求，并且光电传感器量测中缺少准确的目标距离信息，这对光电SAA系统的规避决策提出了挑战。目前,佐治亚理工大学、卡耐基梅隆大学、MITRE 公司等高校和研究机构已设计并验证了基于光电传感器的 SAA 原型系统。

无人机可以同时装备多种传感器,克服单一传感器的功能局限性,以组成更为可靠的 SAA 系统。目前 SAA 系统中多传感器融合研究根据传感器组合方式大致可以分为两类:一类是针对不同目标类型传感器间的信息融合,如 ADS－B 与雷达信息融合,以保证 ADS－B 失效情况下对合作目标的跟踪能力并增强无人机对非合作目标的感知能力;另一类是主动传感器与被动传感器的信息融合,如光电/红外与雷达传感器的信息融合,用于获得更加准确的空域目标航迹、航向等信息,为威胁评估提供准确的先验信息。由于传感器性能的限制,例如基于 ADS－B 与雷达的 SAA 系统不能准确获得非合作目标的相对方位信息,因此基于现有融合架构的 SAA 系统并不能完全实现空域中合作与非合作类型目标的精确感知。

笔者整理的无人机 SAA 技术的研究热点见表 3－7,显示了无人机空域感知技术、威胁估计技术和碰撞规避技术在已有技术基础上研究的复杂性。

表 3－7 无人机 SAA 技术研究热点

技术类别	研究热点		
空域感知技术	动态、复杂气象条件下的机载多目标检测、跟踪、识别技术	光学	ISR 任务:实现地面目标的精确定位与识别 SAA 能力:在安全规避门限下实现空中小目标的检测、跟踪、威胁估计
		雷达	ISR 任务:实现空中、地基目标的定位与跟踪 SAA 能力:在安全规避门限下实现全方位、多目标的定位、跟踪、碰撞威胁估计
		多传感器融合	基于多信源的目标检测、跟踪,通过融合框架实现目标感知质量的大幅提高
威胁估计技术	以不确定、不完备的信息实现目标的威胁判断、威胁程度评估、多目标威胁程度排序等任务		
碰撞规避技术	在考虑感知信息属性的情况下,实现基于最安全路径、最小规避机动、最短规避时间等多约束下的目标规避 ISR 任务:以 ISR 任务为优化指标的路径规划技术 SAA 能力:以 SAA 安全准则、政策法规为依据的具有博弈性质的动态路径规划与机动控制技术		

3.2.2 碰撞威胁估计与规避技术

无人机 SAA 能力的性能指标从空域感知、威胁估计和碰撞规避等方面考虑,主要包括传感器作用范围和感知能力水平、威胁估计可靠性、最小分离距离和机动消耗等。

(1)空域感知的主要指标是传感器作用范围和感知能力水平。美国在2012年颁布的《无人机设计标准》中注明了无人机的空间环境感知能力应达到或超过的感知范围。针对多种无人机机载传感器的作用距离、工作方式等进行了综述,给出了多种机载传感器的感知作用范围的比较。无人机环境感知算法的性能评估,与传统的目标检测、跟踪算法性能测试标准无异,主要是基于概率统计意义下的目标检测、跟踪性能等指标。意大利那不勒斯大学在基于雷达的感知性能测试中,采用了均方误差对雷达的跟踪性能进行评估[5]。与之类似,在美国卡耐基梅隆大学的空域感知与碰撞规避技术报告中[6],采用了正/误跟踪概率等概念对基于视觉的感知设备和算法进行了评估。然而上述概念和方法不能解决无人机 SAA 任务中特定环境的感知能力需求。因此,无人机感知设备配置和算法不能通过单一的数字化指标进行评估和测试。

(2)威胁估计的主要指标是可靠性指标(虚警、漏检)。无人机的威胁评估,实际上是不确定、不精确信息的智能化、自主化决策问题,目前所使用的主要指标包括告警虚警概率和威胁漏检概率。Mcfadyen 等人[7]进一步将上述指标细化为正评估正决策(Precautionary Avoidance & Correct Resolution,PACR)、正评估误决策(Precautionary Avoidance & Incorrect Resolution, PAIR)、正规避正决策(Correct Avoidance & Correct Resolution,CACR)、正规避误决策(Correct Avoidance & Incorrect Resolution, CAIR)、决策失败(Missed Avoidance,MA)和误规避(Induced Collision,IC)等决策方法,对无人机感知规避威胁评估能力进行评估,具有一定的参考意义。

(3)碰撞规避的主要指标是最小分离距离和机动消耗(能量最小)。最小分离距离(Closest Point of Approach)即本机与障碍物在规避过程中相距距离应满足的一个最小值。基于该指标,衍生出基于几何方法、概率方法和含约束优化方法等多种路径规划方法。除此之外,在基于约束优化的方法中,最小机动消耗、多维机动约束等多种性能指标也得到了体现。Yasuhiro Kuriki 等人[8]对无人机动力学进行了建模,并基于模型预测控制(Model Predictive Control,MPC)方法进行优化控制求解。在目标函数中对最小分离距离、机动消耗进行了建模,并将无人机动力学约束和非线性模型以 MPC 约束方程的形式嵌入优化求解过程中。最小分离距离的主要缺陷是碰撞规避标准难以在多种应用场合中进行统一定量描述,其作为单一指标,仅能对某一应用场景下的飞行碰撞规避情况进行分析,无法形成综合、直观的 SAA 能力表达。针对该问题,告警预留时间、航线偏离程度等也被综合考虑到控制求解的过程中。

3.2.3　SAA技术过程建模

SAA 技术中的空域感知、威胁估计、碰撞规避等环节针对不同飞行环境已经研究出了多种算法,通过各环节间算法的组合可实现 SAA 能力。但是,SAA 能力缺乏综合、定量的描述。为此,需要综合考虑空域感知、威胁估计、碰撞规避等过程,对无人机 SAA 能力进行全过程建模。

感知模型是运用系统动力学(System Dynamics,SD)进行建模,系统结构框架采用回路方式,各要素间采用因果关系,用信号流图描述系统要素的性质及本质规律,构建了感知性能与威胁评估之间的定量描述。这种方法需要对每个要素给出定量描述,这对涉及更多要素的 SAA 系统来说,定量误差可能导致模型不准确。系统动力学建模是建模方法中常见的机理性建模,然而对于无人机 SAA 系统中可能出现的非线性、分布参数、时变性、时滞性等问题,难以完全从机理上揭示其内在规律。对不同 SAA 系统建立全过程模型,并进行 SAA 能力分析、评估,是当前无人机 SAA 技术研究领域的空白。

由于 SAA 技术中的空域感知、威胁估计、碰撞规避等三个环节均存在各自的性能指标,现有文献在算法设计时,都假定各环节的指标相互独立。但是,SAA 技术过程中是一种串级、反馈的任务流程,环节之间相互耦合,仅通过独立的模块参数指标寻优,不能够有效得到无人机 SAA 能力最优配置解。因此,需要综合三个技术环节的性能指标,充分考虑指标之间的耦合关联,针对无人机 SAA 整个技术过程形成多目标优化框架。

对于多目标优化问题,Parsopoulos 等人[9]基于粒子群多目标优化算法,采用权重聚合的方法求解多目标优化问题。Hu 等人[10]应用了动态邻近的粒子群算法求解多目标优化问题。王寅等人[11]针对多无人机编队自主重构的非线性多目标优化模型运用运筹学中的内点算法求解最优解。针对无人机 SAA 模型优化问题,有学者认为要实现全局最优策略就必须对 SAA 全过程的因果关系有清晰的认识。因为传感器输出的不确定性可能影响规避算法的性能,所以在设计规避算法时必须考虑感知的精确性。在多目标优化求解方面,Abay 等人[12]提出了一种闭环的解析架构用最糟的碰撞几何关系(Worst－Case Collision Encounter Geometries)确定最小感知范围。该过程只考虑了最小感知范围和最小分离距离两个优化指标。

SAA 系统建模与优化从这些文献得到了很好的启示:需要建立 SAA 能力全过程模型,在安全性、精确性和高效性综合指标约束下,优化得到 SAA 能力的最优配置解。

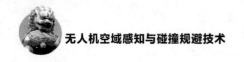

|3.3 小 结|

综上所述,目前无人机感知与规避技术研究主要还是集中在某些算法设计上,不具备 SAA 系统框架设计思想。面向地基/空基、编队/集群、有人/无人等无人机多空域、多任务的无人机安全自主飞行需求,下一章将构造无人机 SAA 全过程能力函数和系统框架,开展多空域多传感器感知的不同表达方式、空域安全威胁评估与碰撞告警模型构建、不同约束条件下 SAA 能力函数的优化求解等研究。

|参 考 文 献|

[1]　AHN H，PARK J，YOO S. A Study of the Status of UAS Certification System and Airworthiness Standards[J]. Journal of the Korean Society for Aeronautical & Space Sciences，2014，42(10)：893 – 901.

[2]　DALAMAGKIDIS K，VALAVANIS K P，PIEGL L A. A Survey of Unmanned Aircraft Systems Regulation：Status and Future Perspectives：16th Meditervanean Conference on Control & Automation [C]. Ajaccio：MCCA，2008.

[3]　Federel Aviation Adiminstralion，General Operating and Flight Rules：Part 91[S]. Washington D C：FAA，1991.

[4]　HUERTA M. Integration of Civil Unmanned Aircraft Systems (UAS) in the National Airspace System (NAS) Roadmap，Second Edition[R]. Federal Aviation Administration，2018.

[5]　ACCARDO D，FASANO G，FORLENZA L，et al. Flight Test of a Radar – Based Tracking System for UAS Sense and Avoid[J]. IEEE Transactions on Aerospace & Electronic Systems，2013，49（2）：1139 –1160.

[6]　GEYER C M，DEY D，SINGH S. Prototype Sense and Avoid System for UAVs. Tech. Rep. CMU – RI – TR – 09 – 09 Carnegie Mellon University Pittsburgh，PA[R]. 2009.

[7] Mcfadyen A，Mejias L. A Survey of Autonomous Vision – based See and Avoid for Unmanned Aircraft Systems［J］. Progress in Aerospace Sciences，2016，80：1 – 17.

[8] KURIKI Y ，NAMERIKAWA T. Consensus – based Cooperative Formation Control with Collision Avoidance for a Multi – UAV System. IEEE 2014 American Control Conference［C］Portland：ACC，2014：2 077 – 2082.

[9] PARSOPOULOS K E，VRAHATIS M N. On the Computation of all Global Minimizers Through Particle Swarm Optimization［J］. IEEE Trans. Evol. Comput. 2004，8(3)：211 – 224.

[10] HU X，EBERHART R. Multiobjective Optimization Using Dynamic Nneighborhood Particle Swarm Optimization：Congress on Evolutionary Computation[C]. Honolulu，CEC，2002.

[11] 王寅，王道波，王建宏. 基于凸优化理论的无人机编队自主重构算法研究[J]. 中国科学：技术科学，2017(3)：33 – 42.

[12] ABAY R. Collision Avoidance Dynamics for Optimal Impulsive Collision Avoidance Maneuvers. International Conference on Recent Advances in Space Technologies[C]. Istanbul：RAST，2017.

第 4 章

无人机感知与规避系统联合优化建模

|4.1 引　　言|

无人机作为一类航空系统,实现其智能化的首要前提是实现对飞行环境的感知与规避功能,而实现感知与规避的首要前提是有效的建模分析。在任务功能方面,无人机感知与规避技术和系统的核心主题包括感知、规划和控制。针对不同的无人机平台属性、操作空间和任务属性,实现对感知与规避功能的有效建模,是实现无人机感知与规避算法研究与系统设计的重要基础。本章从无人机的感知、规划、控制三要素出发,对无人机的空域环境感知、路径规划与机动控制进行建模分析,提出一种统一的无人机感知与规避的功能框架和系统模型,为无人机感知与规避技术和系统的标准化、模块化设计提供参考。

考虑各种无人机在平台属性、操作空间和任务特点的不同,其对感知与规避功能的需求也不尽相同。现阶段,针对感知与规避技术的建模主要是以感知方式和系统属性为导向的建模方法。如对于高空长航时无人机(High Altitude Long Enduranc,HALE),其主要碰撞威胁是来自同一飞行空间的其他飞行器,因此,其感知与规避功能是通过合作式、非合作式的大型感知设备,如雷达、T-CAS等实现对远距离空中飞行目标的有效感知与分离。而对于小、微型无人机,其飞行空间决定了其主要碰撞威胁来自于地面的建筑、森林等静态障碍物,其感知与规避功能是通过低成本的视觉、超声波等传感器实现对飞行空间障碍物的有效建模、重构,并生成规避控制机动,实现碰撞规避。在美国麻省理工学院(MIT)的一项研究中,针对全球鹰大型无人机进行基于 T‐CAS 的感知与规避系统设计,实现了基于空中遭遇模型和故障树安全分析方法的建模,并基于该模型的仿真分析验证了系统的可行性。Lin 等人在其基于合作式 ADS‐B 传感器的感知与规避问题研究中,考虑了 ADS‐B 的数据特点,将感知与规避问题简化建模为路径规划问题,并通过典型的机器人路径规划问题进行求解。在那不勒斯菲里德里克第二大学的一项研究中,采用非合作式雷达传感器实现大、中型无人机的感知与规避功能,通过对雷达的感知模型、目标、本机的动态模型进行建模分析,并基于空间几何关系进行遭遇模型构建,基于最接近距离(Closest‐Point of Approach,CPA)实现碰撞规避。此外,在 MIT 的另一项研究中,对全球鹰无人机的视觉感知与规避方案基于空间遭遇模型进行了建模和数据分析。Dey 等人针对感知与规避任务,对长距离、被动感知视觉传感器的空域感知过程进行建模,见表 4‐1,并基于真实数据进行了验证。

表 4‐1　感知与规避功能分解

	感　知	规　划	控　制
安全性	感知范围/感知维度	最小分离距离	控制器响应时间
精确性	分辨率/频率	最小碰撞概率	路径跟踪,导航控制器精度
高效性	功耗/成本/体积/质量	计算效率/优化性能	机动消耗

上述研究尽管实现了对无人机功能的建模和分析,但该建模和分析方法具有明显的特定平台和传感器特征,这种设计方法虽然能很好地解决特定无人机平台应用下的感知与规避系统设计需求,但很难对其他类的平台形成具有参考价值的设计方法和理论,并且不同的感知与规避系统在工作方式和应用领域也不尽相同,难以对无人机感知与规避的能力进行有效的评估和相关的标准体系构建。针对上述特定平台的建模方法的局限性,本章拟构建一套统一的感知与规避数学模型;通过提出的安全性、精确性和高效性的建模参考标准,对无人机感知与规避功能涉及的感知、规划、控制功能分别进行建模;针对大、中型无人机和小、微型无人机在任务属性和操作方式方面的不同,分别提出对应的感知与规避能力体系和相应的功能设计参考。

|4.2 无人机感知与规避联合优化建模|

本节针对无人机感知与规避的任务特点,定义安全性、精确性和高效性无人机感知与规避技术的性能指标,并从无人机的感知、规划和控制三个角度分别对指标进行阐述。无人机的感知与规避的首要功能是保证无人机的空间飞行安全。在进行感知与规避系统的传感器配置、算法设计过程中首要考虑系统的安全保障能力。无人机感知与规避系统的精确性是衡量感知与规避系统能力的重要指标之一。无人机的环境感知精度、决策正确率和飞行控制器精度对无人机感知与规避的成功与否至关重要。无人机感知与规避系统的传感器、感知控制算法必须满足无人机的相关载荷能力和飞行特性,以保证系统的可行性,并且在此范围内实现最优配置。

4.2.1 无人机空域环境感知模型

在无人机空域感知过程中,通过感知配置,实现对飞行空域环境中的多种属性目标进行有效的量测,并基于量测信息实现对兴趣目标的有效建模。定义无人机传感器的可选集合为 S,对应的感知范围表示为集合 $F \in \mathbf{R}^n$,定义空间状态向量为 $x \in \mathbf{R}^n$,传感器获得目标的感知信息为 $y \in \mathbf{R}^m$。对于感知的安全性、精确性和高效性可进行如下定义。

1. 安全性

安全性即无人机的感知设备需保证对飞行空间中的潜在碰撞威胁具备完备的感知能力。可用于无人机感知与规避的传感器(见表2-3)可分为非合作目标的相对量测传感器和合作式目标的绝对传感器,其中非合作传感器可分为角度传感器 S_b、距离传感器 S_r 和位置传感器 S_p,以及全局坐标下的非合作信息支持 S_g。定义上述传感器的感知范围分别为 F_b,F_r,F_p 和 F_g,则无人机的目标感知范围可表示为

$$F_U = (\bigcup_{S_p} F_p) \bigcup ((\bigcup_{S_b} F_b) \bigcap (\bigcup_{S_r} F_r)) \bigcup F_g \qquad (4-1)$$

此外,可同理获得合作目标的感知范围为 F_c。为保证无人机空域的飞行安全,在无人机的感知配置 S 下,F_U 和 F_c 需大于保证无人机飞行安全的最小感知范围 F。

2. 精确性

无人机的感知手段能够实现对飞行空间环境的精确建模,且精度满足对威

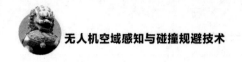

胁评估和规避控制需求,即

$$\min_{S} E(\parallel \tilde{X}_{o,k} \parallel^2 X_{i,k}, Y_{i,1:k}, S) \tag{4-2}$$

其中,在时刻 $k \in \mathbf{Z}^+$,$X_{i,k}$ 是 k 时刻本机的状态;$\tilde{X}_{o,k} = \hat{X}_{o,k} - X_{o,k}$ 定义为目标的估计误差;$\hat{X}_{o,k}$ 为本机对目标的估计;$X_{o,k}$ 为目标的真实状态;$Y_{i,1:k}$ 为对目标的状态观测值。

假设在多种信源 $j \in S$ 下,每种传感器在时刻 k 获得的目标状态估计定义为 $(X_{o,k}, P_{oj,k})$,则目标估计结果可表示为多种信源融合结果:

$$P_{o,k} = \left(\sum_{j \in S} P_{j,k}^{-1} \right)^{-1} \tag{4-3}$$

$$\hat{X}(k) = P_{o,k} \sum_{j \in S} P_{oj,k}^{-1} \hat{X}_j(k) \tag{4-4}$$

此时,根据多源信息融合理论方法,式(4-2)的求解可以近似转化为

问题 4.2.1

$$\min_{S} \mathrm{tr}(P_{o,k})$$

3. 高效性

在感知过程中的高效性,即传感器性能能够提供无人机的安全飞行所需信息,转化为传感器的配置需满足无人机的载荷要求,包括体积、质量、功耗等。定义无人机的载荷能力为 D,则 $D(S) \leqslant D$。其中 $D(\cdot)$ 定义为传感器的载荷评估函数。

4.2.2　无人机碰撞威胁评估与规避路径规划

1. 安全性

碰撞规避可以表示为本机 $x_{i,k}$ 与目标 $x_{o,k}$ 保持一定的分离距离 d,即可定义如下约束:

$$\parallel x_{o,k} - x_{i,k} \parallel \geqslant d, \quad k \in \mathbf{Z}^+ \tag{4-5}$$

据此,可定义以本机为中心的碰撞区域为

$$S_{i,k}^{d} \stackrel{\mathrm{def}}{=\!=\!=} \{ x \in \mathbf{R}^n \parallel X - X_{i,k} \parallel \leqslant d \}, \quad k \in \mathbf{Z}^+ \tag{4-6}$$

在真实的空中遭遇场景中,目标的真实状态通常无法获取,通过一系列的观测 $y_1, y_2, \cdots, y_k$,本机可获得关于目标的状态估计 $x_{o,k} \sim p(x_{o,k} \mid y_{1:k} \mid)$。在此基础上,定义随机环境下的碰撞概率。

定义 4.2.1　碰撞概率。基于目标的状态估计 $x_{o,k} \sim p(x_{o,k} \mid y_{1:k} \mid)$ 和最小分离距离 d,本机与目标的碰撞概率定义为本机与目标的最小分离距离小于规定的分离距离 d 的概率,即目标落入本机的碰撞区域 $S_{i,k}^{d}$ 的概率为

$$p_{o,k} = p(x_{o,k} \in S_{i,k}^{d} \,|\, y_{1:k}) = \int\limits_{S_{I,K}^{D}} P(X \,|\, Y_{1:k}) \, \mathrm{d}x \qquad (4-7)$$

在随机环境中，无人机的感知与规避需满足一定的成功率 ε，即

$$p_{o,k} \leqslant 1 - \varepsilon \qquad (4-8)$$

2. 精确性

在非高斯的随机过程中，概率积分式(4-7)通常难以计算，通常采用粒子表示法(Particle Representation，PR)进行逼近。通过目标的状态估计 $p_{o,k}$ 可采样 N 个粒子 $\{x_{o,k}^{(l)}, w_{o,k}^{(l)}\}$，其中 $x_{o,k}^{(l)}$ 和 $w_{o,k}^{(l)}$ 分别代表第 l 个粒子的目标位置和与之对应的概率权重。因此碰撞概率可以逼近为

$$p_{o,k} \approx \frac{1}{N} \sum_{i=1}^{N} \delta_{r_c}(X_{o,k}^{(l)}) \qquad (4-9)$$

其中

$$\delta_{r_c}(X_{o,k}^{(l)}) = \begin{cases} 1, & \|x_{i,k} - x_{o,k}^{(l)}\| \leqslant d \\ 0, & \|x_{i,k} - x_{o,k}^{(l)}\| > d \end{cases} \qquad (4-10)$$

3. 高效性

规划的高效性表现为在任务的实施过程中，无人机的感知与规避功能不应与任务相悖，即需实现在任务航点追踪与规避路径之间的折中。因此，可将本机的任务规划进行如下优化建模。

问题 4.2.2

$$\min_{x_{i,t}} \sum_{t=k}^{k+h} \|x_{i,t} - x_{i,t}^{r}\|^{2}$$

受限于 $\qquad \|x_{i,t} - x_{o,t}\| > d, \quad t \in [k, k+h]$

4.2.3 无人机规避控制

1. 安全性

无人机的规避控制要保证路径规划的实时性，即基于本机的控制器能够保证规避的路径能够被有效地追踪，无人机的决策能够被有效执行。给定本机的动力模型

$$x_{i,k+1} = f(x_{i,k}, u_{i,k}) \qquad (4-11)$$

给定前述的规划决策环节计算得到的目标，设为 $x_{i,k}^{p}$，则无人机路径规划的安全性在任意时刻 $k > 0$ 应满足

$$x_{i,k} - x_{i,k}^{p} \in C \qquad (4-12)$$

$$x_{i,k} \in X \qquad (4-13)$$

$$u_{i,k} \in U \qquad\qquad (4-14)$$

其中,C,X,U 分别代表跟踪误差、平台状态和平台控制输入的凸集合。

2. 精确性

规避控制器的精确性通常由本机自身的控制执行机构决定,可将执行机构的控制误差定义为控制噪声 $w_{i,k}$,即控制器的真实控制输出为 $u_{i,k} \stackrel{\mathrm{def}}{=\!=} u_{i,k} + w_{i,k}$,此时无人机的动力学模型可以表示为

$$x_{i,k+1} = f_l(x_{i,k}, u_{i,k}, w_{i,k}) \qquad\qquad (4-15)$$

3. 高效性

无人机控制器的高效性即在最小的机动消耗代价下实现对规划路径的跟踪和碰撞规避。因此无人机的规避控制问题可进一步总结为如下优化问题。

问题 4.2.3

$$\min \sum_{t=k}^{k+h} \| u_{i,t} \|^2$$

其中,h 为本机优化的预测窗口。

综合问题 4.2.1,4.2.2,4.2.3 的描述可以总结得到目标的感知与规避功能数学建模的优化问题模型如下。

问题 4.2.4

$$\min_{\mathbb{S}, x_i^{k+1}, u_i^k} \alpha \operatorname{tr}(\boldsymbol{P}_{o,k+1}) + \| \boldsymbol{x}_{i,k} - \boldsymbol{x}_{i,k}^r \|_Q^2 + \| \boldsymbol{u}_{i,k} \|_R^2$$

受限于
$$D(\mathbb{S}) \leqslant D$$
$$F_U \geqslant F$$
$$F_c \geqslant F$$
$$x_{i,k+1} = f_i(x_{i,k}, u_{i,k})$$
$$x_{o,k+1} = f_o(x_{o,k})$$
$$P_{o,k+1} = \left(\sum_{j \in \mathbb{S}} p_{j,k}^{-1} \right)^{-1}$$
$$\hat{x}_{o,k} = P_{o,k} \sum_{j \in \mathbb{S}} p_{oj,k}^{-1} \hat{x}_{oj,k}$$
$$p(x_{i+1,k} \in S_{o,k}^d) \leqslant 1-\varepsilon$$
$$x_{o,k+1} \in X_o$$
$$x_{i,k+1} \in X_i$$

如问题 4.2.4 所述,本节的主题"感知与规避"技术可建模为一类多约束下的最优控制问题。其优化结果为最优的感知配置、路径规划和机动控制输出。

|4.3 无人机感知与规避系统安全|

4.3.1 大、中型无人机自主飞行安全参考架构

1. 大、中型无人机自主飞行安全等级划分

在大、中型无人机系统的应用场景中,无人机的应用空域和飞行特性与有人飞行器极为相似,即在现有的空中交通系统体系下进行任务操作,并遵守相关空域的政策法规和空域管理规则与流程,实现与有人飞行器等价飞行安全(Equivalent Level Of Safety,ELOS)的能力。考虑大、中型无人机在大部分的应用场景中需要与有人飞行器进行空域共享,与现有的空中交通系统进行信息交互,因此在大、中型无人机的系统设计过程中,应充分利用现有的空中交通系统的各类成熟的体系、技术和功能支持,并考虑无人机系统应用可能带来的安全威胁。

(1)感知。考虑大、中型无人机的高价值、高可靠性需求和复杂应用环境挑战,综合大、中型无人机的载荷能力和功能需求,其感知过程需具备大范围、持续稳定、精确的特点。通过结合多种感知信源、通信链路和信息支援,可为后续的任务实现和无人机的空域飞行安全提供支持。在此过程中,通常包含大量的复杂传感器数据处理与信息交互,在保证感知可靠的前提下,适当地使用自动化流程和智能化数据处理方法能够极大地提高无人机系统的数据处理速度和信息提取精度,从而提高无人机系统的任务效率。然而在自主感知技术手段满足大、中型无人机感知的安全可靠飞行之前,无人机系统仍需要人在回路的感知功能,从初级的感知信息实时监测到高级别任务层的状态监督等。特别地,在当前阶段,无人机的感知功能要求针对感知与规避任务中无人机系统获取传感器数据、导航信息和空中交通状态等各类飞行航路环境信息,通过特征提取、目标检测跟踪识别等方法获得潜在的合作式/非合作式目标、气象等安全威胁,辅助完成威胁告警功能。

(2)决策。在大、中型无人机的任务实施过程中,需要综合多种信息,包括任务需求、感知信息、通信链路、空管信息等实现面向任务的判断、优先级排序和无人机的行为决策等。在制定无人机的决策逻辑过程中应充分遵循现有的空中交通系统中的相关政策法规和操作程序,最终形成稳定可靠的无人机的飞行操作程序和决策规则,且在该规则下,无人机应具备与有人机机组等价飞行安全的能

力。相比于有人机系统在空管系统辅助下实现的人在回路的决策功能,无人机应具备更大的自主化水平,即实现人在回路监督功能下的分析、评估和有限决策逻辑下的自主决策等。然而,针对大、中型无人机任务操作中的全自主决策功能仍需进一步的算法研究以及长期性能测试。

(3)控制。大、中型无人机需具备完善的飞行控制器系统,能够实现对空中交通系统、任务指令的有效响应,同时具备挑战环境下的安全、稳定的飞行保障和故障诊断隔离功能。相比于人在回路的遥控驾驶方式,自动驾驶仪(Autopilot)的应用极大地提高了无人机驾驶的控制精度和飞行可靠性,通过优化的路径规划、跟踪功能,无人机能够在极少的人员干预的情况下完成任务飞行。面向未来的大、中型无人机的控制系统应具备完全自主的飞行控制系统,具备在空管体系下的自主飞行能力。

基于无人机感知、决策和控制的能力水平,可对大、中型无人机飞行安全能力等级进行划分,见表4-2。

表4-2 大、中型无人机飞行安全能力等级划分

等级划分	安全能力描述
0	不具备任何安全保障能力和技术手段
1	具备特定任务功能下的局部飞行安全保障能力 (a)具备 VMC 的环境下的有限感知能力与部分通信能力[1] (b)简单任务环境下的决策规则与操作方法 (c)简单的飞行控制操作方法和指令实现
2	具备简单飞行环境下的大范围长航时飞行安全保障能力 (a)具备 VMC 的环境下的大范围感知能力和多链路通信能力 (b)具备大范围任务环境中的态势评估和决策 (c)完全可控的任务指令执行
3	具备复杂气象条件和飞行环境中的全天候飞行安全保障能力 (a)具备 VMC 和 IMC 下的大范围感知能力和高可靠的通信链路[2] (b)具备复杂飞行条件下的环境态势分析和平台健康管理功能 (c)接入空管系统,完全的飞行状态获取和飞行指令执行
4	具备与有人机空域共享过程中的等价安全飞行 (a)具备 VMC 和 IMC 下的大范围感知能力和高可靠的信息交互能力 (b)在多种信源支持下,具备高可靠的态势分析和规避决策能力(达到或超过有人机组系统水平) (c)无缝接入空管体系,实现在空管操作规则和标准体系下的任务飞行

①VMC:Visual Meteorological Condition 目视气象条件,飞行员有足够的能见度来飞行,保持与地形和其他飞机的视觉分离;

②IMC:Instrument Meteorological Condition 仪表气象条件,需要飞行员依靠机载的仪表进行飞行。

2. 大、中型无人机感知与规避系统功能架构

针对上述大、中型无人机的安全飞行的功能描述与等级划分,大、中型无人机的感知与规避功能实现,是在现有的空管体系下基于空中交通信息支持实现无人机的潜在碰撞威胁消减。结合大、中型无人机的任务功能需求和飞行特点,可进行如图 4-1 所示的分层感知与规避功能架构。参考机器人的层次化模型(The Hierarchical Paradigm)采用分层的感知与规避流程,即分为信息感知、路径规划与机动控制三个层次。首先,考虑大、中型无人机的任务操作和飞行空间大多定义为全局坐标体系下,如经度、纬度、高度坐标,因此在感知层面,用于规避控制任务的数据并不仅仅决定于机载传感器的相对感知信息,而需要融合包括地理信息系统、地面信息支持系统和空中交通控制系统的信息,在此需要单独的感知环节将所有的信息融合并转换至全局坐标系下;其次在空域集成的情况下,无人机的规避需要满足相关政策法规的规则和程序,并与空中交通管制系统和地面人员进行信息交互与决策。在整个规划过程中包括威胁声明报告、规避决策、规避路径规划、规避指令下达等标准流程。因此,大、中型无人机的感知与规避过程中除了机载的感知数据有控制决策逻辑外,还有大量的外部信源和决策支持,因此很难形成完全自主的闭环感知与控制结构框架,而是更加适合通过分层次、模块化、以时间轴为基准的层级结构执行。

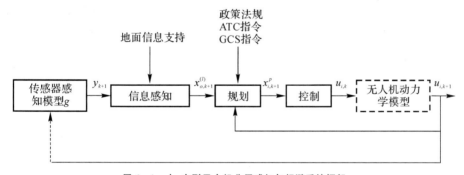

图 4-1　大、中型无人机分层感知与规避系统框架

在感知阶段,无人机通过搭载的大型感知设备,如 T-CAS,ADS-B 等合作式感知设备以及雷达、光电等非合作感知设备的感知配置 S 通过观测模型 g 得到目标的量测 y_k,通过信息融合方法实现对目标的状态估计 $\hat{x}_{o,k+1}$。大、中型无人机的感知需保证远距离、高精度的目标感知,以保证足够的碰撞预留时间(Time To Collision,TTC)。在规划阶段,无人机的规避需遵循相关空域的法律和规程、ATC 指令和地面控制端的指令,如航路优先权,最小分离距离 d 等,综合多种信息后,给出规划的路径 $x_{o,k+1}^p$。在控制阶段,无人机通过对给定的参

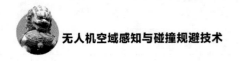

考路径 $x_{o,k+1}^{p}$ 的跟踪,实现对潜在威胁目标规避的最优控制 $u_{i,k}$ 输出。

4.3.2　小、微型无人机自主飞行安全参考架构

1. 小、微型无人机自主飞行安全等级划分

与大、中型无人机比较,小、微型无人机的飞行器特点、任务功能需求完全不同,因此其飞行安全需求与大、中型无人机不同。小、微型无人机体积小、质量轻,难以搭载大型的感知设备进行大范围的环境感知;其飞行空间通常在密集的近地场景中,多种安全威胁并存;小、微型无人机的应用难以通过现有的空中交通系统监管和获得空中交通信息系统支持,其主要依靠视距内的操作人员和飞行器自身携带设备保障飞行安全。因此,小、微型无人机安全系统设计的过程中应充分利用多种感知设备和操作方式,通过感知算法和控制器设计,保证小、微型无人机在近地场景中具有安全保障能力。在小、微型无人机系统的应用中,任务复杂程度在不断提高,这就要求无人机具备更高的系统响应速度和控制精度,而人在回路的视距内的飞行方式逐渐不能满足复杂的任务需求,此时要求无人机系统具备更高的自主性以及自主系统下的安全保障能力。

(1)感知。在小、微型无人机的应用过程中,感知任务需完成局部飞行空间的快速、精细的感知。在近地场景中,无人机与环境需进行近距离的、频繁的交互,这就需要无人机对环境具备连续的、精确的感知能力,即对静止飞行环境的有效定位和动态目标的检测、跟踪,并且在小、微型无人机系统中该功能的实现将更多地依靠机载的各类传感器和处理器。有限的感知与计算资源将给小、微型无人机系统的可靠感知带来一定的挑战。

(2)决策。小、微型无人机在任务应用当中需要实时地与环境进行交互,这就需要无人机具备频繁的决策功能。这种决策功能通常依赖实时的信息感知功能实现短时的预测、评估和指令生成。因此,相比于大、中型无人机的预测功能,自主的决策功能能够极大地提高无人机系统的任务效率和安全飞行能力。

(3)控制。在小、微型无人机飞行过程中,有限的感知和通信距离要求无人机具备快速的反应能力和精确的机动能力。优化的控制器设计能够极大地提高无人机系统的任务效率和安全性能。针对无人机的感知与规避问题,相比于大型无人机系统的长航时路径规划和平滑的机动控制方法,小型无人机系统需要在突发的威胁情况下具备快速的响应能力,这种响应能力通常需要感知环节与控制环节紧密耦合,基于感知信息属性进行控制器设计。

小、微型无人机飞行安全能力等级划分见表 4-3。

表 4 - 3　小、微型无人机飞行安全能力等级划分

等　级	安全性描述
0	视距飞行下的人在回路遥控(100％ 人在回路)
1	具备部分感知与辅助的控制功能(部分人在回路功能) (a)具备稀疏环境下的自主导航与目标感知能力 (b)低级别的辅助判断与告警能力 (c)人在回路控制,具备辅助功能的自动驾驶系统
2	具备人在回路决策的完整任务功能 (a)具备密集环境下的环境、目标建模功能 (b)在线的辅助判断与告警能力 (c)人在回路监督的自主路径规划与机动控制能力
3	具备自主的任务执行能力 (a)智能感知信息处理与环境理解能力 (b)在线的自主判断与决策功能 (c)实时、精准的在线路径规划与控制响应能力
4	集群无人机的协同任务执行能力 (a)多平台协同感知与数据处理分析能力 (b)集群态势感知与智能推理决策能力 (c)分布式多无人机路径规划与协同控制能力

2. 小、微型无人机感知与规避系统功能架构

小、微型无人机应用于低空、复杂局部环境下的任务操作,与大型机的丰富地面支持和空中交通管制介入的情况相比,小、微型无人机由于感知范围有限,飞行空间环境复杂,各种属性的威胁目标繁多,需要频繁进行机动实现障碍规避,以达到更高的时效性和自主性,因此基于串行时序的感知与规避技术难以适用于小、微型无人机中。基于此,针对小、微型无人机的感知与规避系统建立如图 4 - 2 所示的小、微型无人机感知与规避系统框架。

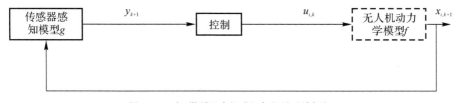

图 4 - 2　小、微型无人机感知与规避系统框架

参考机器人系统中的响应式框架(The Reactive Paradigm),小、微型无人机的感知规避技术中的感知环境获得感知信息直接输入控制器完成对无人机感知

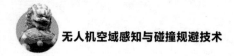

与规避的控制。在如图 4-2 所示的框架中,响应式框架通过感知与控制,从仿生的角度将小、微型无人机的感知与规避功能理解为生物的一系列行为。在感知阶段,通过传感器实现对环境的感知,实现环境状态空间到感知量测空间的映射;在控制阶段,通过基于联测的控制设计,模仿生物行为中由感知到行为动作的映射。在反应式的框架中,感知与控制高度耦合保证其规避机动控制的实时性。

在复杂的低空任务操作环境中,环境的感知主要通过无人机平台搭载的各类相对量测传感器实现。考虑无人机的小范围、局部应用的特点,因此不需要针对传感器信息进行全局的环境地图建模,而是以机体坐标系为中心的本地坐标系下进行环境量测信息建模。在低速、低空环境中,无人机的碰撞威胁主要包括同样的小、慢空中目标以及地面各类静止目标。相比于复杂冗长的路径规划过程,无人机可通过视觉伺服控制器、深度强化学习等方法基于传感器量测信息进行控制器设计,执行控制输出,完成障碍规避控制。如图 4-2 所示,无人机系统通过搭载的轻质、低成本、低功耗的传感器(如相机、超声波等)实现对环境状态的量测 y_{k+1},通过控制器设计,实现由感知量测到控制输出 $u_{i,k}$ 的映射,达到障碍规避的目的。该闭环结构大大简化了无人机感知与规避的主要流程,且感知信息高度耦合于控制器的设计当中,因此保证其感知与规避功能的快速响应。

|4.4　小　　结|

在本章中,针对无人机的感知与规避功能,从机器人学中的感知、规划、控制三个要素出发进行建模。首先,提出了基于安全性、精确性和高效性的感知与规避的指标标准,在此基础上,实现了多约束条件下的无人机感知与规避优化建模;其次,在上述建模基础上,针对大、中型无人机和小、微型无人机的任务特点和操作空间,分别提出了分层式和响应式感知与规避功能流程,从而为后续章节的算法开发和系统设计提供模型和框架基础。

第 5 章

基于立体视觉的无人机自主目标跟踪与避障

|5.1 概　　述|

无人机跟踪与定位系统主要是利用视觉、激光、雷达、红外等多种传感器对目标以及障碍物进行跟踪和定位的。对于小型以及微型无人机而言，因其载荷限制，所搭载的传感器多数为视觉或红外等体积小、质量轻的无源传感器。每种传感器的特性不尽相同，以视觉或红外传感器为例，它们可以较为准确地测得目标、障碍物的方位信息，但却缺少距离信息并且容易受到天气条件的限制；而雷达传感器能准确探测物体的距离信息并且可以在各种天气条件下正常工作，但由于其自身探测覆盖范围较大，不能准确获得方位信息。考虑轻、小型无人机的实际载荷情况，根据视觉传感器获得的目标以及障碍物状态量测进行状态估计具有十分重要的意义。如图 5-1 所示为双目视觉在无人机上的应用。

鱼眼相机
立体相机

图 5-1　双目视觉在无人机上的应用

如果预先知道无人机飞行空域中遭遇物体的一些信息，那么这些物体可以被称为合作式目标，反之则被称为非合作式目标。

合作式目标因为预先知道物体的一些信息，相对位姿的估计比较容易。Opromolla 等人[1]使用了发光二极管，Accardo 等人[2]使用已知的形状作为特征，放在目标的已知位置。Terui 等人[3]使用了一种已知的 3D 模型，应用了一种模型匹配技术，从而从立体匹配中获得 3D 特征点的位置。

然而在陌生环境中，大多数的目标是不可知而且不可预测的，单目视觉只能获得目标的角度信息，而无法获得深度信息，因此无法估计非合作式目标的位置、速度、姿态和结构，同时也无法准确评估周围飞行环境以保障安全飞行。估计非合作目标的位置、速度、姿态和结构的问题复杂性显著地超越了合作式目标。Segal 等人[4]在追赶卫星上安装了两台摄像机，估计非合作式卫星的相对状态，包括位置、姿态、旋转和速度，增加了相对运动滤波算法，克服了不确定因素，具备很强的鲁棒性。Lichter 等人[5]利用三维视觉传感器，提出了一种实时状态、形状以及惯性参数的估计方法。该方法不依赖于特征检测、光流或模型匹配，因此针对空间中苛刻的检测条件具有很强的鲁棒性。Sogo 等人[6]使用了多个全方位的视觉传感器和一种背景消除技术，以测量人的实时位置，该系统还采用了几种观测误差补偿方法，实现了鲁棒测量。J. Cai 等人提出了一种新颖的动态模板匹配方法，可以用于系带空间机器人的单目视觉实时伺服系统，在检测卫星上的特定区域时具有很高的精度，验证了所提出的匹配方法的实验。L. Chen 等人提出了一种新型的非合作目标定位算法，用于识别卫星的支架，还针对标准自然图像和支架图像进行了实验，证明了它对光照变化的鲁棒性。P. Huang 等人提出了一种视觉伺服控制方法，使用了基于重力梯度的边缘线检测方法来寻找卫星支架，并获得其相对位置和姿态。Saifuddin 等人提出了一种计算机视觉特征检测和匹配算法，来识别并定位目标，设计了三种不同的滤波器用于估计目标的相对位置和速度，并且对于它们的性能表现进行了比较，证明使用非线性粒子滤波器和最小二乘技术能够提高估计精度。

综上所述，估计非合作式目标的位置、速度、姿态和结构的问题复杂度显著高于合作式目标。陌生环境中大多数目标是非合作的，单目视觉无法获得目标深度信息，无法估计目标的相应状态，从而无法准确评估周围飞行环境以保障安全飞行。采用立体视觉可以很好地解决该类问题。立体视觉传感器不仅可以被动地搜寻大片区域，而且可以获取目标与周围飞行环境的深度信息，进一步估计出物体的相对位置、速度与形状，同时也能对飞行环境进行评估，在跟踪目标的同时保障飞行安全。

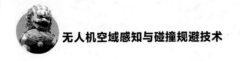

5.1.1　基于视觉的无人机目标检测与跟踪技术研究现状

5.1.1.1　目标检测

随着计算机视觉技术的快速发展,有关目标检测的图像处理技术已日渐成熟,在军用、民用领域得到广泛的应用。在民用领域如人脸检测、犯罪嫌疑人的快速搜索、森林火灾检测等;在军事领域如无人机侦察巡逻、无人机感知与规避技术、无人机的自主着落技术、无人机的精确打击技术等。目标检测技术是无人机执行侦察、巡逻、精确打击等一系列军事任务的前提,是后续任务执行是否成功的关键,国内外学者做出了大量的研究。

目标检测就是使用图像处理等技术从场景中分离出感兴趣的目标。目标检测存在很多不确定因素,目前的研究主要针对以下六个方面:环境,如简单或者杂乱无章[7];目标类型,2D 或者 3D、空中或者地面、移动[8]或者静止[9];光照,如均匀[10]或者变化的亮度[11];相机,如静止[12]或者移动[13];背景,静止[14]或者动态背景[15-16];图像质量,如分辨率的高低等。

针对机载相机的无人机目标检测任务,该类属于移动相机、背景变化的移动目标检测的情况。对于这种复杂的目标检测任务,在考虑到实际的目标的运动状态不确定,相机因为运动导致的平移、颤抖、旋转等因素下,如何选取适当的检测方法对于目标检测技术至关重要。本章主要针对人脸检测进行相关研究。

在计算机视觉领域,在图像中检测特定对象是一项计算成本很高的任务。人脸检测可以通过使用基于外观的方法来解决。相对于基于特征的方法,基于外观的方法优势在于明确地使用了面部知识,包括脸部的局部特征(鼻子、嘴、眼睛……)以及它们之间的结构关系。一方面,这种方法通常用于单一的人脸定位,并且在不同的光照条件、遮挡或视角具有很好的鲁棒性。另一方面,基于外观的方法将人脸检测作为一种模式识别问题,依赖于统计学习方法,从训练样本中构建人脸/非人脸分类器。在实际测试中,基于外观的方法也比基于特征的方法更加有效。

不同的基于外观的目标检测方法主要在分类器的选择上有差异,分类器选择主要有以下几种:支持向量机、神经网络、贝叶斯分类器或隐马尔可夫模型(HMMs)。Keren[17],Viola 和 Jones[18]分别提出了一种著名的人脸检测方法。这两种算法都使用一个 20×20 像素的搜索窗口来进行分类。这两种方法的主要区别在于,将窗口分类为一张人脸或一张非人脸的级联分类器的设计方式不同,或者说是在训练过程中用于性能优化的标准不同。

结合 Haar-like 特征的 Adaboost 学习算法是人脸检测最主要的算法之一。Adaboost 是一种迭代算法,其核心思想是先针对同一个训练集训练不同的分类器(弱分类器),然后把这些弱分类器集合起来,构成一个更强的最终分类器(强分类器)。使用 Adaboost 算法可以减少将窗口分类的次数,可实现实时检测人脸。然而,检测的速度仍然不是非常快,当图像分辨率提高时,性能就会下降,无法满足机载实时性的要求。对于该问题,有些学者提出了一些针对特定架构的硬件开发和软件实现实时检测。M. Hiromoto 等人[19]研究了一种适用于基于 Haar-like 的 Adaboost 检测算法的特殊的处理器,而 Yuehua Shi 等人则开发了一种利用多通道的细胞阵列结构,以加快其计算速度。一些研究人员正在优化众所周知的开源计算机视觉库 Open CV,不仅能在英特尔的平台上运行,而且能在 Cell BE 处理器上运行。对于人脸检测,使用类似于 Haar 的特性和 Adaboost 算法,在视频分辨率为 640×480 的情况下,它们可以实现速度达到 3～11 帧。Ghorayeb 等人[20]提议将 Adaboost 的混合 CPU 和 GPU 实现用于人脸检测,不是使用类似于 Haar 的功能,而是控制点的特性,实现了 15 帧的分类速度,处理的视频分辨率为 415×255,采用 Athlon 64,2.21 GHz 的 CPU 以及一个 6 600 GT 的 GPU。

通过对目标检测技术的整理归纳,针对人脸检测,本书采用基于 Haar-like 与 Adaboost 的目标检测算法,对感兴趣的目标进行学习训练,对典型目标进行搜索检测与识别,先利用 GPU 计算对目标检测算法优化加速,最后进行性能测试,与使用 CPU 的检测性能进行对比分析。

5.1.1.2 目标跟踪

运动目标跟踪问题可以等价为在连续的图像帧之间,构建基于目标位置、速度、形状、纹理、色彩等有关特征的对应匹配问题。一般地,目标跟踪按有无检测过程的参与,可以分为生成式跟踪方法与判别式跟踪方法。

1. 生成式跟踪方法

生成式跟踪方法假设跟踪目标可以由某种生成过程所描述,其目标是从众多候选目标中寻找最优的候选目标。生成式跟踪方法的关键在于如何精确地对跟踪目标进行重构表达,采用在线学习方法对跟踪目标进行表观建模以适应目标表观的变化,实现对目标的跟踪。目前,生成式表观模型的建立可以分为基于核的方法、基于子空间的方法以及基于稀疏表示的方法三类。

基于核的方法通常采用核密度估计的方式构建表观模型,并使用 Meanshift 方法对运动目标位置进行估计。早期的基于核的方法虽然考虑了跟踪目标的颜色及灰度等信息,但其忽略了如梯度、形状等其他重要的视觉信息,在复杂的场景、目标的部分遮挡、快速运动以及尺度变化等情况下容易出现漂移问题。为了解决目标尺度的自适应问题，研究者提出了一系列方法，如 Yilmaz 将非对称核引入 Meanshift 方法，实现了对跟踪目标的尺度自适应以及方向的选择。J. S. Hu 等人[21]通过计算主成分的协方差矩阵来更新跟踪目标的方向，并使用相关特征值检测目标的尺度变化，实现了对跟踪目标尺度及方向的自适应估计。

基于子空间的方法的关键在于如何构建相关的基以及它们所张成的子空间，对目标表观进行表示。Levey 等人与 Brand 采用增量奇异值分解（Singular Value Decomposition，SVD）的方法获取子空间学习的解，将其应用于计算机视觉处理以及音频特征提取中。De 等人提出了一种鲁棒子空间学习（Robust Subspace Learning，RSL）的通用框架，该框架适用于各类线性学习问题，如特征分析、运动结构获取等。

基于稀疏表示的方法通常假设跟踪目标在一个由目标模板所构成的子空间内，其跟踪结果是通过寻求与模板重构误差最小而得到的最佳候选目标。Mei 等人通过对重构系数引入稀疏约束，获取跟踪目标的表观模型，实现了对目标的跟踪。为能充分地利用背景信息，克服生成式跟踪方法的不足，通常采用判别式跟踪方法。

2.判别式跟踪方法

判别式跟踪方法将视觉目标跟踪视为一个二分类问题，其基本思路是寻求跟踪目标与背景间的决策边界。判别式跟踪方法通常采用在线增量学习的方法，获取前景目标与背景的分界面，降低计算成本，提升计算效率。由于该方法通常是对每一帧图像进行目标检测来获取目标状态的，所以这类方法也常被称为基于检测的跟踪方法。目前，判别式跟踪方法可以分为基于在线 Boosting 的方法、基于支持向量机(SVM)的方法、基于随机学习的方法以及基于判别分析的方法 4 类。

(1)基于在线 Boosting 的方法来源于 Valiant 提出的 PAC 学习模型，其基本思路是通过对弱分类器进行重新整合来提升分类性能。由于该类方法具有较强的判别学习能力，因此其已广泛地应用于目标跟踪任务中。

(2)基于向量机的方法通过引入最大化分类间隔约束，学习到具有较强分类性能的 SVM 分类器，对目标与非目标进行划分，最终实现对运动目标的跟踪。Avidan 将 SVM 分类器与基于光流的跟踪方法相结合，提出了支持向量跟踪器(Support Vector Tracking，SVT)对车辆目标进行跟踪，并在分类阶段采用了由粗到精的方法，解决了跟踪目标发生较大运动的问题。

(3)基于随机学习的方法通过对随机特征与输入的选取建立跟踪目标的表

观模型,但由于该类方法的特征选取比较随机,故在不同的应用环境下,该类方法的跟踪性能不够稳定。

(4)基于判别分析的方法的基本思路是通过寻找一个具有高类间差异的低维子空间对跟踪目标表观进行建模,这类方法主要有线性判别分析(Linear Discriminant Analysis,LDA)、基于度量学习的判别分析以及基于图的判别分析等方法。线性判别分析是较简单、使用也较广泛的一种方法。Lin 等人将目标与背景分别看作高斯分布,提出了一种基于增量 Fisher 的线性判别分析的表观建模方法,能较好地自适应目标外观及背景的变化。Nguyen 等人对前景与背景分别进行局部纹理特征提取,并采用线性判别分析对其进行判别跟踪,实现了视角及光照变化下的鲁棒跟踪。

综上所述,生成式跟踪方法在复杂环境中通常拟合结果更加精确,但是易受背景干扰,出现跟踪漂移。判别式跟踪方法克服了生成式跟踪方法的缺陷,对较大的遮挡和变化具有更强的鲁棒性,但是对训练样本的依赖程度相对较高。针对相机与目标实时移动、背景变化剧烈等视频图像处理难点问题,本书采用生成式跟踪方法与判别式跟踪方法结合,在基于核空间的方法基础上添加筛选器,在保证跟踪速度的前提下克服光照变化、遮挡等影响,保证无人机跟踪的实时性与鲁棒性。

5.1.2 基于立体视觉的无人机系统

视觉传感器是无人机系统中的主要传感器,具有体积小、质量轻、价格低,且感知信息丰富等特点,能够实现高分辨率对地观测图像的获取。由于单目相机无法获得位置场景和目标的深度信息,因此,国内外大量研究者将立体视觉技术引入目标检测与跟踪中去。早在 20 世纪 60 年代,双目立体视觉就有了发展。70 年代,随着计算机视觉技术的发展,双目理论在人们的日常生活中使用越来越广泛。双目立体视觉技术借鉴人通过双眼来感知立体空间的能力,经过双目图像采集、图像校正、立体匹配等步骤得到了视差图,并根据映射关系计算出场景的深度信息,进而重建出空间景物的三维信息。通过立体视觉技术做障碍物识别与测距,具备不易被发现、信息量全面,且能获取场景三维深度信息等多种优势。可以预见,该项技术在 UAV 感知和规避领域具有较大的发展潜力。

J.Park 等人[22]提出了一种基于立体视觉的四旋翼无人机的形状映射算法。假设在四旋翼上安装立体视觉,以获得深度图。深度图探测到障碍物后,从深度图中提取距离信息以及四旋翼当前状态的信息来绘制障碍物的形状。K. Chang 等人[23]提出了一种具有避障能力的自主四转子系统的主动干扰抑制控制系统。在此控制系统中,基于 ADRC 技术的控制器是主控制器。基于姿态解耦控制,解决了四转子的鲁棒轨迹跟踪问题。采用 ADRC 姿态解耦控制器,消除了内部和外部干扰引起的状态耦合和不确定性的影响。R. Moore 等人[24]描述了一种基于视觉的无人机制导系统。该系统使用两个摄像头,每个摄像头都与一个特殊形状的反射面相关联,以获取地面高度的立体信息和潜在障碍物的距离。Y. Lyu 等人[25]认为感知与规避是无人机安全融入国家领空的一个关键先决条件。复杂的低海拔环境对小型无人机的安全运行构成了巨大威胁,并提出了基于立体视觉的避碰方法和系统,以提高小型无人机在低海拔环境下的安全性。S. Bhandari[26]介绍了一种利用光流和立体成像技术提高无人机的避障能力,使用双摄像头传感器所获得的深度信息,在障碍距离估计中比单相机提供的精度更高,并进行了地面实验和飞行实验,对碰撞规避算法进行评估和验证。A. J. Barry[27]使用两个嵌入式立体视觉系统在高帧率、低功率和质量要求小的飞行平台上运行。立体视觉系统提供了摄像机所能看到的全部的三维位置,这对于避障和安全飞行非常重要。A. Tan[28]讨论了利用立体视觉作为一种检测障碍物及其他飞行器避碰系统的方法。使用两个摄像头,可以使用深度感知来创建深度地图,帮助感知障碍和距离。J. Park[29]提出了一种利用立体视觉传感器对四旋翼无人机进行避碰的方法。通过引入虚拟输入,对四转子的动力模型进行了分析,对四转子的欠驱动问题进行了处理。先采用立体视觉来获取深度地图,并且通过深度地图来检测一个障碍,然后采用碰撞锥方法进行避碰。Pollini[30]提出了一种基于立体视觉的新型实时障碍检测系统。该系统是为在非结构化环境中运行的无人地面车辆(UGV)而设计的,基于规模不变特征变换(筛选)算法。它允许对固定的惯性参考系统进行检测、跟踪和参考。实验结果证明了该方法的有效性。D. Gallup[31]提出了一种新的多基线、多分辨率立体方法,该方法根据基线和分辨率的不同,来获得深度误差为常数的重建。J. H. Oh[32]利用立体摄像系统对三维深度信息进行了误差建模并进行了评估。定义了一个由立体匹配引起的误差模型,并在估计深度信息的基础上对误差进行了实证检验。R . Opromolla[33]提出了一种基于立体视觉传感器的无人飞行器目标检测与测距系统,从立体视觉传感器获取的深度信息在避碰应用中起着至关重要的作用。T. Hu[34]集中讨论了在混乱的场景中对飞行目标检测的开源实现,对无人飞行器的地面立体自动着陆具有重要意义。

综上所述,目前基于立体视觉的无人机系统还处在离线高速处理、在线仅能运行在单一环境的研究现状,而基于立体视觉的不同环境下无人机在线高速实时处理系统在国内外还很少研究。本书针对轻、小型旋翼无人机自主跟踪与障碍物规避问题,开发出一套基于立体视觉的无人机实时自主跟踪与避障系统。

|5.2 实验系统开发|

考虑实验飞行系统的稳定性,针对无人机自主跟踪与避障的任务需求,本书设计并搭建了基于立体视觉的无人机自主跟踪与避障实验系统,主要由载荷系统、立体视觉传感器、机载处理器和飞行控制系统组成。实验系统以双目相机作为主要传感器,并通过机载处理器实现对目标的实时检测、跟踪,同时规避障碍物。考虑图像数据处理的高复杂度和强实时性要求,系统采用 Jetson TX2 机载处理器实现图像匹配与预处理、目标检测与跟踪、障碍物检测、威胁评估和路径规划,生成的新的航路点通过串口传输到 PIXHAWK 飞行控制系统实现基于航点级的路径规划控制。

5.2.1 实验系统搭建

为验证基于双目立体视觉的无人机非合作式目标自主跟踪与障碍物规避性能,使无人机在飞行过程中能够通过自身搭载的立体视觉传感器感知飞行环境,从而达到目标跟踪与障碍物规避的能力,设计并搭建了实验系统。

5.2.1.1 系统组成

1. 载荷系统

考虑到无人机体型小,可搭载电池容量有限,载荷系统需做到质量轻、耗能少,因此采用全碳纤维材料机架作为载荷平台、无刷直流电机作为动力输入。考虑到无人机飞行过程中可能出现碰撞等情况,增加了四周防护支架,采用碳纤维材料。

(1)机架:DAYA-680 碳纤维四轴机架,轴距 680 mm;

(2)桨叶:T Motor P13×4.4 桨叶;

(3)电机:T Motor Professional Series 无刷直流电机;

(4)电调:Castle LiPo 12S 50V Max;

(5)电池:格氏 ACE LiPo 4S 10 000 mA·h 锂电池。

经过整体设计与优化,技术参数见表 5-1。

表 5 - 1　无人机技术参数

飞机质量	2.5 kg
最大负载	5 kg
尺寸	长×宽×高:50 cm×50 cm×30 cm
最长续航时间	20 min
最大航速	15 m/s
遥控距离	5 km

2.立体视觉传感器

相机是视觉无人机系统中的核心传感器,其功能是实现对空感知性能的最大化,即高分辨能力和大视场感知能力。高分辨率的图像能够提供更多的细节特征,提高目标的感知距离,为目标跟踪与障碍物规避提供更多的时间和空间;大视场感知能力能够保证全方位、多角度的目标感知能力,保障无人机系统的全方位任务执行能力。

针对轻、小型无人机目标跟踪与避障低空应用场景中,对目标的检测范围应在视场的($\pm 15°$(Horizon),$\pm 15°$(Vertical))范围内,障碍物的检测范围应在视场的($\pm 90°$(Horizon),$\pm 90°$(Vertical))范围内。基于以上考虑,采用 ZED 双目相机(见图 5 - 2),具体参数如下:

(1)USB 双目相机,尺寸 175 mm×30 mm;

(2)有效像素:最大分辨率为 2 208×1 242(2.2 K),预设分辨率为 672×376(VGA),100FPS;

(3)视场角:最大 110°;

(4)基线:120 mm;

(5)接口类型:USB3.0;

(6)质量:159 g。

图 5 - 2　ZED 相机

3.机载处理器

数字图像处理器是实现目标实时检测与跟踪算法的核心硬件模块,为满足无人机对目标检测准确性和实时性的要求,需要处理器可以同时处理并行的大量数据,考虑到无人机平台电池容量有限,处理器能耗不能太高,选择基于 Jetson TX2 的图像处理系统进行目标与障碍物检测。

Jetson TX2 是 NVIDIA 推出的新一代开发平台,面向嵌入式市场,号称"嵌入式领域的 AI 超级电脑"(见图 5-3)。这是一块集成 Linux 系统的开发板,使用的是代号"Parker"6 核 Tegra 处理器,256 核 Pascal 架构核心 GPU,具备极强的 AI 运算能力,比上一代 TX1 有更大进步,而且整机功耗低于 7.5 W,专为无人机、智能机器人、无人驾驶、智慧城市以及医疗工业设备等打造。

(1)GPU:NVIDIA Pascal™,256 颗 CUDA 核心;

(2)CPU:HMP Dual Denver 2/2 MB L2 + Quad ARM© A57/2 MB L2;

(3)视频:4 K×2 K 60 Hz 编码 (HEVC)4 K×2 K 60 Hz 解码 (12 Bit Support);

(4)内存:8 GB 128 位 LPDDR4 59.7 GB/s;

(5)显示器:2 个 DSI 接口,2 个 DSI 1.2 接口 / HDMI 2.0 接口/eDP 1.4 接口;

(6)CSI:最多 6 个摄像机 (2 通道) CSI2 D-PHY 1.2 (每个通道 2.5 Gb/s);

(7)PCIE:Gen 2 | 1×4+1×1 或 2×1+1×2;

(8)数据存储:32 GB eMMC, SDIO, SATA;

(9)其他:CAN, UART, SPI, I2C, I2S, GPIOs;

(10)USB:USB 3.0+USB 2.0;

(11)连接:1 KMB 以太网,802.11ac WLAN,蓝牙;

(12)机械:50 mm× 87 mm(400 针兼容板对板连接器)。

图 5-3 Jetson TX2

另外得益于 Pascal 架构核心 GPU，Jetson TX2 同时还能运行 CUDA 编程模型，对图像处理程序进行 GPU 加速，提高目标检测速率，增强实时性。在实验过程中发现，在 Jetson TX2 运行时会对飞行控制系统产生电磁干扰，使得飞机飞行不稳定，采用了轻质铝箔包裹，屏蔽了机载处理器对无人机本身飞行的干扰。

机载处理器输入为飞行控制系统的状态数据、视觉传感器数据，输出为规划航路点数据。

4.飞行控制系统

飞行控制系统的作用是控制并稳定无人机的姿态、速度，从而实现航点级别的目标跟踪与障碍物规避。在这里，采用 PIXHAWK 飞行控制系统（见图 5-4）。

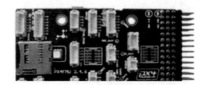

图 5-4　PIXHAWK 飞行控制系统

PIXHAWK 是瑞士苏伊士联邦理工学院（ETH）机器视觉实验室的一款开源飞行控制项目（PX4 open-hardware project）中开发的一款先进的自动驾驶系统。PIXHAWK 支持多种飞行器，其丰富的 I/O 接口可为开发者提供丰富的开发环境。PIXHAWK 率先使用了高性能、低成本的 STM32F4，并且搭载低成本的 MEMS 惯性测量原件，机载软件采用 Nuttx 实时操作系统，具备丰富的硬件和内存管理能力。机载通信采用 MAVLink 小型飞行器通信协议，基于 MAVLink 的通信数据链，保证了飞行控制与外围接口之间通信的实时性与鲁棒性。

飞行控制系统的输入为机载计算机输出的航点数据，输出为电机转动的转速。

5.地面站

地面站系统主要功能包含飞行器状态显示、任务管理等。该系统采用 Q Ground Control 地面站（见图 5-5），来实现地面监控无人机状态等功能。

Q Ground Control 由开源社区联盟 Dronecode 开发，可以提供完整的飞行控制和任务计划，用于任何 MAVLink 通信协议的无人机。它为初学者提供了简单易懂的用法，同时还为有经验的用户提供高端的功能支持。它的主要特点如下：

(1)完整的安装/配置 ArduPilot 和 PX4 Pro 机动车辆。

(2)对运行 PX4 和 ArduPilot(或其他使用 MAVLink 协议进行通信的任何自动驾驶仪)的飞行支持。

(3)自主飞行任务规划。

(4)飞行地图显示车辆位置、飞行轨迹、路标和车辆仪表。

(5)有仪器显示的视频流。

(6)支持管理多种车辆。

(7)QGC 在 Windows,OS X,Linux 平台及 iOS 和 Android 设备上运行。

将上述分系统进行集成,如图 5－6 所示。

图 5－5 Q Ground Control 地面站

图 5－6 无人机平台

5.2.1.2 系统连接与数据流程图

基于立体视觉的无人机自主跟踪与避障实验系统根据功能划分为以下三个部分(见图5-7)。

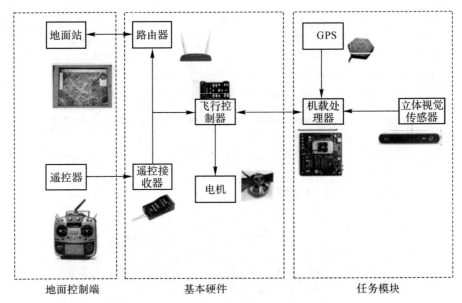

图5-7 系统连接图

(1)地面控制端:主要包含地面站和遥控器,地面站提供起飞前的传感器校准、遥控器的校准以及飞行过程中的状态监测;遥控器实现飞机飞行状态的切换,在紧急情况下进行人工干预。

(2)基本硬件:包含飞行控制系统、载荷系统等,实现无人机的基本飞行功能,并通过通信链路接收机载处理器计算得到下一个无人机航路点。

(3)任务模块:包含机载处理器、立体视觉传感器、GPS等,实现图像获取、图像处理,生成下一个无人机航路点。

如图5-8所示是实验系统的数据流程图。机载处理器(Jetson TX2)驱动立体视觉传感器获得左、右视图,先进行相应的图像预处理、图像匹配之后,发送给目标检测与跟踪模块进行典型目标的检测,并进行实时跟踪,同时发送给障碍物检测模块进行障碍物检测与威胁评估,然后综合分析评估目标信息与障碍物信息,生成下一个无人机航路点发送给飞行控制系统(PIXHAWK)。飞行控制系统通过对四个电机的转速进行调整,以实现无人机的位置控制与姿态控制。

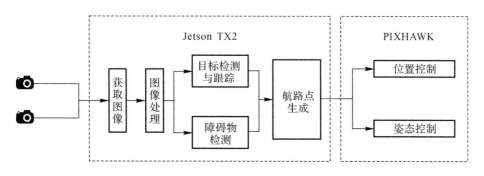

图 5 - 8　数据流程图

5.2.1.3　ROS 编程环境

系统所用双目相机、基于立体视觉的典型目标检测与跟踪算法、障碍物规避算法以及飞行控制等统一使用机器人操作系统(Robot Operating System，ROS)编程环境,实现各个模块之间的信息沟通。

ROS 提供库文件和工具,能够帮助软件开发人员创建机器人应用程序。ROS 提供硬件抽象、设备驱动程序、库、可视化工具、消息传递、包管理等等。ROS 创建了一个网络,其中所有的进程都连接在一起,系统中的任何节点都可以访问这个网络,与其他节点交互,查看它们发送的信息,并将数据传输到网络。ROS 计算图级的基本概念是节点、节点管理器、参数服务器、消息、主题、服务和消息记录包,所有这些都以不同的方式向图提供数据。

(1)节点(Node):节点是计算完成的过程。如果想要一个可以与其他节点交互的进程,则需要创建一个节点,并将其连接到 ROS 网络。通常,系统会有很多节点来控制不同的函数。

(2)节点管理器(Master):Master 为其余节点提供名称注册和查找。如果系统中没有节点管理器,就无法实现节点、服务、消息等通信过程。

(3)参数服务器(Parameter Server):参数服务器提供了在中心位置使用密钥存储数据的可能性。

(4)消息(Messages):节点通过消息相互通信。消息包含将信息发送到其他节点。ROS 有多种类型的消息,开发者也可以使用 ROS 消息标准开发自己的消息类型。

(5)主题(Topics):每个消息必须有一个名称,当一个节点发送数据时,即可以说节点正在发布一个主题。通过订阅主题,节点可以从其他节点接收主题。一个节点可以订阅一个并没有发布的主题,这就能够将主题的发布与订阅分离。

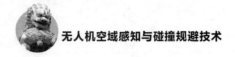
但是,主题的名称必须是唯一的,以避免主题与相同名称之间产生混淆。

(6)服务(Services):服务提供了与节点交互的可能性。另外,服务必须具有唯一的名称。当一个节点有一个服务时,所有的节点都可以与它通信。

(7)消息记录包(Bag):消息记录包是一种保存和打开 ROS 消息数据的格式。包是存储数据的一种重要机制,例如传感器数据,这些数据很难收集,但对于开发和测试算法是必需的。

采用 ROS kinetic 版本用于提供统一的接口函数,使用 opencv 2.4 配置基础的图像处理算法,在 cuda 8.0 上进行快速的立体视觉图像匹配以及视差图获取,所有任务模块集成在 Jetson TX2 开发板。图 5-9 给出了基于立体视觉的无人机自主跟踪与避障系统工作时的 ROS 节点连接和通信拓扑图。

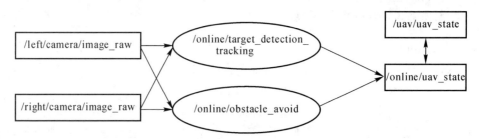

图 5-9 ROS 节点连接和通信拓扑图

在 Jetson TX2 开发板上,通过/left/camera/image_raw 与/right/camera/image_raw 两个节点分别获得左视图和右视图,并发布消息。目标检测与跟踪节点/online/target_detection_tracking 先订阅/left/camera/image_raw 获得左视图,通过订阅/right/camera/image_raw 获得右视图,然后进行目标检测并跟踪,获取目标当前位置信息并预计目标未来状态。障碍物规避节点/online/obstacle_avoid 同样通过订阅/left/camera/image_raw 获得左视图,通过订阅/right/camera/image_raw 获得右视图,进行障碍物检测与新的航路点生成。无人机在线状态更新节点/online/uav_state 通过订阅/online/target_detection_tracking、/online/obstacle_avoid 以及/uav/uav_state 节点,分别获得目标信息、障碍物规避信息以及此刻的无人机状态信息,综合评估给出下一时刻飞机应该要飞到的航点信息。无人机状态信息节点/uav/uav_state 通过订阅/online/uav_state 节点获得下一时刻飞机应该要飞到的航点信息,转换为飞机的控制量,控制飞机飞向新的航点。

5.2.2 摄像机模型及立体视觉原理

5.2.2.1 摄像机模型

1. 坐标系转换

摄像机的成像变换过程涉及三维的真实世界与二维的图像平面。在视觉测量过程中,世界空间中的点被投影到图像平面上,因此需要定义不同的坐标系并掌握各个坐标系之间的变换方法。常用坐标系包括图像坐标系、成像平面坐标系(也叫图像物理坐标系)、摄像机坐标系和世界坐标系。

(1)图像坐标系。摄像机采集的图像是以二维(灰度图)或三维(彩色图像)数组的形式储存在计算机中的。设一张图像的分辨率为 $M \times N$,则相应得到一个 $M \times N$ 的二维数组,数组中每个元素对应图像中一个像素点。如图 5-10 所示,以图像的左上角为坐标系原点,横轴 U 指向右、纵轴 V 指向下,建立直角坐标系 OUV,称之为图像坐标系(或图像像素坐标系)。坐标点 (u, v) 对应图像中第 v 行、第 u 列的像素。

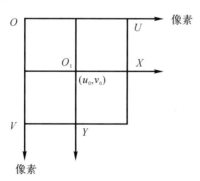

图 5-10 图像坐标系和成像平面坐标系

(2)成像平面坐标系。图像坐标系以像素为基本单位,而现实中以 mm 等物理单位来描述物体的尺寸和位置。因此,定义成像平面坐标系 O_1XY 来建立像素与物理长度之间的联系(见图 5-10)。在 O_1XY 坐标系中,定义图像平面与摄像机光轴的交点 O_1 为坐标原点,也称为图像主点。理想情况下,主点位于图像的中心位置,但现实中制造的摄像机会有一定的偏差。坐标轴 O_1X,O_1Y 轴分别平行于坐标轴 OU,OV。假设主点 O_1 在 O_1XY 坐标系中的坐标为 (u_0, v_0),每个像素在图像宽和高方向的物理尺寸分别为 d_x 和 d_y,则图像中某点在成像平面坐标系下的坐标 (x, y) 和图像坐标系下的坐标 (u, v) 之间的关系可表

示为

$$u = \frac{x}{d_x} + u_0 \\ v = \frac{y}{d_y} + v_0 \Bigg\}$$ (5-1)

为了便于后面的坐标转换,将其表示成齐次坐标的矩阵形式:

$$\begin{bmatrix} u \\ v \\ 1 \end{bmatrix} = \begin{bmatrix} \dfrac{1}{d_x} & 0 & u_0 \\ 0 & \dfrac{1}{d_x} & v_0 \\ 0 & 0 & 1 \end{bmatrix} \begin{bmatrix} x \\ y \\ 1 \end{bmatrix}$$ (5-2)

(3) 摄像机坐标系。沿摄像机光轴方向移动成像平面坐标系,使坐标原点与光心 O_c 重合,定义 O_cZ 轴垂直于成像平面坐标系,即摄像机的光轴,从而得到摄像机坐标系 $O_cX_cY_cZ_c$,如图 5-11 所示。摄像机光心 O_c 到成像平面坐标系原点 O_1 的距离 O_cO_1 即为摄像机的焦距 f。

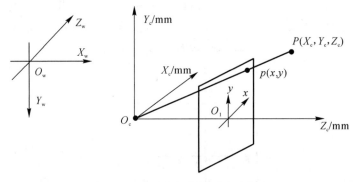

图 5-11 世界坐标系和摄像机坐标系

(4) 世界坐标系。摄像机在三维空间中的位置通常不是固定的,因此为了更方便地描述场景中目标物体的真实位置,需建立一个唯一的世界坐标系 $O_wX_wY_wZ_w$(见图 5-11)。设场景中任一点在世界坐标系和摄像机坐标系下的坐标分别为 (X_w,Y_w,Z_w) 和 (X_c,Y_c,Z_c),则二者之间的转换可以表示为

$$\begin{bmatrix} X_c \\ Y_c \\ Z_c \\ 1 \end{bmatrix} = \begin{bmatrix} \boldsymbol{R} & \boldsymbol{t} \\ \boldsymbol{0}^T & \boldsymbol{I} \end{bmatrix} \begin{bmatrix} X_w \\ Y_w \\ Z_w \\ 1 \end{bmatrix}$$ (5-3)

式中,$\boldsymbol{R}$ 和 $\boldsymbol{t}$ 分别用来描述两坐标系之间的旋转和平移关系,$\boldsymbol{R}$ 为 3×3 阶的正交

矩阵，t 为长度为 3 的向量；$\mathbf{0}^{\mathrm{T}} = \begin{bmatrix} 0 & 0 & 0 \end{bmatrix}$；$\boldsymbol{I}$ 为 4×4 阶的矩阵。

2. 针孔摄像机模型

摄像机的线性模型即针孔（Pinhole）模型，如图 5 - 12 所示。设摄像机焦距为 f，相机到所拍物体的距离为 Z_c，所拍物体的尺寸为 X_c，则利用三角形相似原理可以得到

$$-x = f \frac{X_c}{Z_c} \tag{5-4}$$

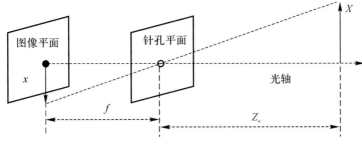

图 5 - 12　摄像机针孔模型

将图像平面放到针孔的右侧，则 $x/f = X_c/Z_c$。因此，摄像机坐标系下的点 $P(X_c, Y_c, Z_c)$ 在成像平面上的坐标可表示为

$$Z_c \begin{bmatrix} x \\ y \\ 1 \end{bmatrix} = \begin{bmatrix} f & 0 & 0 & 0 \\ 0 & f & 0 & 0 \\ 0 & 0 & 1 & 0 \end{bmatrix} \tag{5-5}$$

综合式（5 - 2）、式（5 - 3）和式（5 - 5），可以得到空间中任意一点 P 在世界坐标系和图像坐标系下的坐标转换关系为

$$
Z_c \begin{bmatrix} u \\ v \\ 1 \end{bmatrix} =
\begin{bmatrix} \dfrac{1}{d_x} & 0 & u_0 \\ 0 & \dfrac{1}{d_y} & v_0 \\ 0 & 0 & 1 \end{bmatrix}
\begin{bmatrix} f & 0 & 0 & 0 \\ 0 & f & 0 & 0 \\ 0 & 0 & 1 & 0 \end{bmatrix}
\begin{bmatrix} \boldsymbol{R} & \boldsymbol{t} \\ \mathbf{0}^{\mathrm{T}} & \boldsymbol{I} \end{bmatrix}
\begin{bmatrix} X_w \\ Y_w \\ Z_w \\ 1 \end{bmatrix} =
$$

$$
\begin{bmatrix} \alpha_x & 0 & u_0 & 0 \\ 0 & \alpha_y & v_0 & 0 \\ 0 & 0 & 1 & 0 \end{bmatrix}
\begin{bmatrix} \boldsymbol{R} & \boldsymbol{t} \\ \mathbf{0}^{\mathrm{T}} & \boldsymbol{I} \end{bmatrix}
\begin{bmatrix} X_w \\ Y_w \\ Z_w \\ 1 \end{bmatrix} = \boldsymbol{P}_1 \boldsymbol{P}_2
\begin{bmatrix} X_w \\ Y_w \\ Z_w \\ 1 \end{bmatrix} = \boldsymbol{P}
\begin{bmatrix} X_w \\ Y_w \\ Z_w \\ 1 \end{bmatrix} \tag{5-6}
$$

式中，$\alpha_x = \dfrac{f}{d_x}$，$\alpha_y = \dfrac{f}{d_y}$，$\alpha_x$，$\alpha_y$，$u_0$，$v_0$ 只与摄像机的内部结构有关，为摄像机的内部参数；$\boldsymbol{R}$，$\boldsymbol{t}$ 描述的是摄像机坐标系与世界坐标系的相对位置关系，为摄像机的

外部参数；P_1 和 P_2 分别称为内参矩阵（Intrinsic Matrix）和外参矩阵（Extrinsic Matrix）。对于一部摄像机来说，内部参数是固定不变的，而外部参数可能改变；P 为 3×4 阶的投影矩阵，摄像机将三维空间中的点映射到二维投影平面上的过程叫做投影变换。注意到内参 α_x 实际上是透镜的物理焦距长度 f 与成像尺度因子 $s_x=\dfrac{1}{d_x}$ 的乘积，这样做的意义在于 f 的单位是 mm，s_x 的单位是像素/mm，从而 α_x 的单位是像素。摄像机的标定并不能得到 f 和 s_x，只有组合量 α_x 和 α_y 可以通过标定直接计算出来。

5.2.2.2 双目立体视觉原理

如图 5-13 所示，在单目摄像系统中，三维空间中的物体投影到二维空间的图像平面上。因此，在投影方向上的距离信息就会丢失。然而，立体视觉系统可以计算深度地图，弥补丢失的信息。

立体视觉是采用多摄像机，通过三角定位原理得到目标位置的求解过程。立体视觉至少需要两个及两个以上的摄像机组成摄像机阵列，在物体都在视场中有精确位置的情况下，通过视觉匹配，实现目标的三维坐标点确定。双目立体视觉的成像原理如图 5-14 和图 5-15 所示。

图 5-13 立体视觉测距步骤

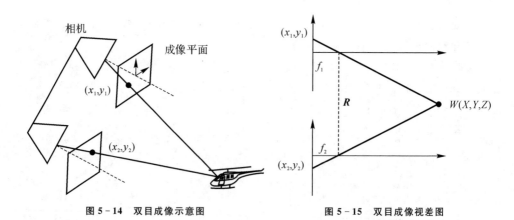

图 5-14 双目成像示意图　　　　图 5-15 双目成像视差图

由图 5-15 所示几何关系可以推得

$$Z=f\left(1+\dfrac{B}{D}\right) \tag{5-7}$$

式中，$D = x_1 - x_2$ 为视差，该值可以求解目标的深度信息 Z。物点 Z 坐标求出以后，由 (x_1, y_1) 和 (x_2, y_2) 可求出 X 和 Y。

　　然而在实际应用中，却很难得到两个摄像机平面的绝对平行坐标点，在计算立体视觉模型中，一般采用汇聚式立体视觉模型，如图 5-16 所示。

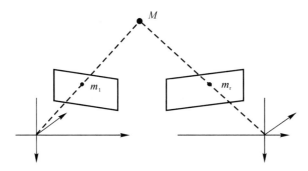

图 5-16　汇聚式立体视觉模型

由式（5-6）可知，通过左、右摄像机投影矩阵分别为 $\boldsymbol{P}_l, \boldsymbol{P}_r$，

$$Z_{cl} \begin{bmatrix} u_l \\ v_l \\ 1 \end{bmatrix} = \boldsymbol{P}_l \boldsymbol{M} = \begin{bmatrix} m_{l11} & m_{l12} & m_{l13} & m_{l14} \\ m_{l21} & m_{l22} & m_{l23} & m_{l24} \\ m_{l31} & m_{l32} & m_{l33} & m_{l34} \end{bmatrix} \begin{bmatrix} X_w \\ Y_w \\ Z_w \\ 1 \end{bmatrix} \tag{5-8}$$

$$Z_{cr} \begin{bmatrix} u_r \\ v_r \\ 1 \end{bmatrix} = \boldsymbol{P}_r \boldsymbol{M} = \begin{bmatrix} m_{r11} & m_{r12} & m_{r13} & m_{r14} \\ m_{r21} & m_{r22} & m_{r23} & m_{r24} \\ m_{r31} & m_{r32} & m_{r33} & m_{r34} \end{bmatrix} \begin{bmatrix} X_w \\ Y_w \\ Z_w \\ 1 \end{bmatrix} \tag{5-9}$$

通过联立式（5-8）和式（5-9），消去 Z_{cl}, Z_{cr}，可以得到关于 X_w, Y_w, Z_w 的线性方程组

$$\begin{bmatrix} u_l m_{l31} - m_{l11} & u_l m_{l32} - m_{l12} & u_l m_{l33} - m_{l13} \\ v_l m_{l31} - m_{l21} & v_l m_{l32} - m_{l22} & v_l m_{l33} - m_{l23} \\ u_r m_{r31} - m_{r11} & u_r m_{r32} - m_{r12} & u_r m_{r33} - m_{r13} \\ v_r m_{r31} - m_{r21} & v_r m_{r32} - m_{r22} & v_r m_{r33} - m_{r23} \end{bmatrix} \begin{bmatrix} X_w \\ Y_w \\ Z_w \end{bmatrix} = \begin{bmatrix} m_{l14} - u_l m_{l34} \\ m_{l24} - v_l m_{l34} \\ m_{r14} - u_r m_{r34} \\ m_{r24} - v_r m_{r34} \end{bmatrix}$$

$$\tag{5-10}$$

该方程的几何意义为通过直线 $O_l m_l$ 和 $O_r m_r$ 交点来确定空间目标点的位置 $M(X_w, Y_w, Z_w)$。

可以看出，坐标点 $M(X_w, Y_w, Z_w)$ 可通过左、右图像 (u_l, v_l)，(u_r, v_r) 得出。因此，立体视觉求解目标在世界坐标系中的位置需要经过以下三个步骤得到：

1) 立体视觉标定,求解出内外参。

2) 求解目标在左、右摄像机中位置(u_l, v_l),(u_r, v_r),匹配图像中对应的点。

3) 经过坐标系转换将图像坐标系转换为世界坐标系。

5.2.3 摄像机标定

摄像机标定就是确定其内部参数和外部参数的过程。对于双目摄像机,标定分为两步:首先分别标定两个摄像机得到其内部参数,然后再求解它们之间的相对位置关系,即旋转矩阵和平移向量。

5.2.3.1 单目摄像机标定

摄像机标定方法主要可分为传统标定方法和自标定方法。传统的标定方法又称为强标定,一般需要在摄像机前放置一个标定参照物,摄像机拍摄标定物后获得标定物上特征点在图像上的坐标,同时在世界坐标系下测量标定物特征点的坐标,利用图像坐标系下和世界坐标系下坐标的对应关系,借助非线性优化方法计算摄像机的内外参数。自标定方法由 Faugerasa 等人提出,仅利用图像间成像点的对应关系就可以得到摄像机参数。

传统标定方法标定精度较高,但计算复杂且需要标定模板;自标定方法操作简便灵活,但鲁棒性差、精度低。张正友于 1999 年提出了一种介于传统标定和自标定方法之间的新方法,只需要一个平面的标定板,操作简单,鲁棒性好,精度较高,近年来被广泛应用。本章使用这种方法进行摄像机的标定。

张正友标定法的基本思想是,摄像机的外部参数变化而内部参数恒定,使用一个确定规格的标定板从不同角度进行拍摄,每张图像可以用来确定一个单应性(Homography),能提供 8 个方程,同时引入了 6 个未知量(三维空间的旋转和平移),故得到 2 个约束条件。使用多张图片即可求解所有内参值,具体算法原理如下。

设空间中任一点 P 在图像坐标系和世界坐标系下的坐标分别为 $\boldsymbol{m} = \begin{bmatrix} u & v \end{bmatrix}^{\mathrm{T}}$ 和 $\boldsymbol{M} = \begin{bmatrix} X & Y & Z \end{bmatrix}^{\mathrm{T}}$,齐次坐标形式为 $\widetilde{\boldsymbol{m}} = \begin{bmatrix} u & v & 1 \end{bmatrix}^{\mathrm{T}}$ 和 $\widetilde{\boldsymbol{M}} = \begin{bmatrix} X & Y & Z \end{bmatrix}^{\mathrm{T}}$。对于线性模型,二者具有如下关系:

$$s\widetilde{\boldsymbol{m}} = \boldsymbol{A}\begin{bmatrix} \boldsymbol{R} & \boldsymbol{t} \end{bmatrix}\widetilde{\boldsymbol{M}} \tag{5-11}$$

式中,s 为尺度因子;$\boldsymbol{R}$ 和 $\boldsymbol{t}$ 为摄像机的外参;$\boldsymbol{A}$ 为摄像机内参矩阵。

相较 5.2.2 节中建立的线性模型,在模型中多考虑了摄像机两个轴之间的倾斜,因此 $\boldsymbol{A}$ 表示为

$$A = \begin{bmatrix} \alpha_x & \gamma & u_0 \\ 0 & \alpha_y & v_0 \\ 0 & 0 & 1 \end{bmatrix} \tag{5-12}$$

γ 描述摄像机两个轴之间非严格正交所造成的影响,其余参数的定义与 5.2.2 节线性模型中的定义相同。为了简化问题,假定标定板图像所在平面与世界坐标系中 $X_w OY_w$ 平面重合,故所有点的坐标 $Z=0$。使用 r_i 表示矩阵 R 的第 i 列,则式(5-11)可简化为

$$s \begin{bmatrix} u \\ v \\ 1 \end{bmatrix} = A \begin{bmatrix} r_1 & r_2 & r_3 & t \end{bmatrix} \begin{bmatrix} X \\ Y \\ 0 \\ 1 \end{bmatrix} = A \begin{bmatrix} r_1 & r_2 & t \end{bmatrix} \begin{bmatrix} X \\ Y \\ 1 \end{bmatrix} \tag{5-13}$$

从而,点 P 在两个坐标系下的坐标变换可以用单应性矩阵 H 来表示:

$$s\widetilde{m} = H\widetilde{M} \tag{5-14}$$

式中,$H = A \begin{bmatrix} r_1 & r_2 & t \end{bmatrix}$ 是 3×3 阶的矩阵。令 $H = \begin{bmatrix} h_1 & h_2 & h_3 \end{bmatrix}$,那么

$$\begin{bmatrix} h_1 & h_2 & h_3 \end{bmatrix} = \lambda A \begin{bmatrix} r_1 & r_2 & t \end{bmatrix} \tag{5-15}$$

其中,λ 是常数。由于 R 是正交矩阵,其列向量 r_1 与 r_2 相互正交,故有

$$\left. \begin{aligned} h_1^T A^{-T} A^{-1} h_2 &= 0 \\ h_1^T A^{-T} A^{-1} h_1 &= h_2^T A^{-T} A^{-1} h_2 \end{aligned} \right\} \tag{5-16}$$

式(5-16)表示的是一个单应性对摄像机内部参数施加的两个约束。单应性矩阵有 8 个自由度,但额外引入了 6 个外部参数(三维空间的旋转和平移),因此只能得到 2 个约束条件。要求解所有的内部参数,需要使用多个单应性的信息。

$$B = A^{-T} A^{-1} \equiv \begin{bmatrix} B_{11} & B_{12} & B_{13} \\ B_{21} & B_{22} & B_{23} \\ B_{31} & B_{32} & B_{33} \end{bmatrix} =$$

$$\begin{bmatrix} \dfrac{1}{\alpha_x^2} & -\dfrac{\gamma}{\alpha_x^2 \alpha_y} & \dfrac{v_0 \gamma - u_0 \alpha_y}{\alpha_x^2 \alpha_y} \\ -\dfrac{\gamma}{\alpha_x^2 \alpha_y} & \dfrac{\gamma^2}{\alpha_x^2 \alpha_y^2} + \dfrac{1}{\alpha_y^2} & -\dfrac{\gamma(v_0 \gamma - u_0 \alpha_y)}{\alpha_x^2 \alpha_y^2} - \dfrac{v_0}{\alpha_y^2} \\ \dfrac{v_0 \gamma - u_0 \alpha_y}{\alpha_x^2 \alpha_y} & -\dfrac{\gamma(v_0 \gamma - u_0 \alpha_y)}{\alpha_x^2 \alpha_y^2} - \dfrac{v_0}{\alpha_y^2} & \dfrac{(v_0 \gamma - u_0 \alpha_y)^2}{\alpha_x^2 \alpha_y^2} + \dfrac{v_0^2}{\alpha_y^2} + 1 \end{bmatrix} \tag{5-17}$$

注意到 B 是对称阵,可以定义一个 6 维向量来表示:

$$b = \begin{bmatrix} B_{11} & B_{12} & B_{22} & B_{13} & B_{23} & B_{33} \end{bmatrix}^T \tag{5-18}$$

令 H 的第 i 列为 $h_i = \begin{bmatrix} h_{i1} & h_{i2} & h_{i3} \end{bmatrix}^T$,则有

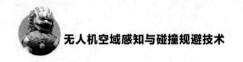

$$\boldsymbol{h}_1^{\mathrm{T}} \boldsymbol{B} \boldsymbol{h}_j = \boldsymbol{v}_{ij}^{\mathrm{T}} \boldsymbol{b} \tag{5-19}$$

其中

$$\boldsymbol{v}_{ij} = \begin{bmatrix} h_{i1}h_{j1} & h_{i2}h_{j2}+h_{i2}h_{j1} & h_{i2}h_{j2} & h_{i3}h_{j1}+h_{i1}h_{j3} & h_{i3}h_{j2}+h_{i2}h_{j3} & h_{i3}h_{j3} \end{bmatrix}^{\mathrm{T}}$$

从而两个约束方程式(5-16)可以改写为 $\boldsymbol{b}$ 的齐次方程组：

$$\begin{bmatrix} \boldsymbol{v}_{12}^{\mathrm{T}} \\ (\boldsymbol{v}_{11}-\boldsymbol{v}_{22})^{\mathrm{T}} \end{bmatrix} \boldsymbol{b} = \boldsymbol{0} \tag{5-20}$$

对标定板的 n 幅图片，则联立 n 个方程组为

$$\boldsymbol{V}\boldsymbol{b} = \boldsymbol{0} \tag{5-21}$$

$\boldsymbol{V}$ 是一个 $2n \times 6$ 阶的矩阵。如果 $n \geqslant 3$，可以得到 $\boldsymbol{b}$ 的唯一解；如果 $n=2$，可以令 $\gamma=0$，从而得到唯一解；如果 $n=1$，则只能假设一部分内参数已知来求解另外 2 个内参数。方程组(5-21)的解是 $\boldsymbol{V}^{\mathrm{T}}\boldsymbol{V}$ 最小特征值对应的特征向量。

在求得 $\boldsymbol{b}$ 之后，即可通过以下公式来计算摄像机所有的内部参数：

$$\left.\begin{aligned}
v_0 &= (B_{12}B_{13}-B_{11}B_{23})/(B_{11}B_{22}-B_{12}^2) \\
\lambda &= B_{33}-[B_{13}^2+v_0(B_{12}B_{13}-B_{11}B_{23})]/B_{11} \\
\alpha_x &= \sqrt{\lambda/B_{11}} \\
\alpha_y &= \sqrt{\lambda B_{11}/(B_{11}B_{22}-B_{12}^2)} \\
\gamma &= -B_{12}\alpha_x^2\alpha_y/\lambda \\
u_0 &= \gamma v_0/\alpha_x - B_{13}\alpha_x^2/\lambda
\end{aligned}\right\} \tag{5-22}$$

求得 $\boldsymbol{A}$ 后即可用式(5-23)计算外部参数：

$$\boldsymbol{r}_1 = \lambda\boldsymbol{A}^{-1}\boldsymbol{h}_1, \quad \boldsymbol{r}_2 = \lambda\boldsymbol{A}^{-1}\boldsymbol{h}_2, \quad \boldsymbol{r}_3 = \boldsymbol{r}_1\boldsymbol{r}_2, \quad \boldsymbol{t} = \lambda\boldsymbol{A}^{-1}\boldsymbol{h}_3 \tag{5-23}$$

式中，$\lambda = \dfrac{1}{\| \boldsymbol{A}^{-1}\boldsymbol{h}_1 \|}$。一般计算得到的矩阵 $\boldsymbol{R}$ 并不满足旋转矩阵的性质，可以使用奇异值分解等方法获得更好的解。

由于拍摄图片中存在噪声，提取的角点会存在误差，可以通过最小化式(5-24)中的目标函数来得到各角点坐标的最大似然估计：

$$\sum_{i=1}^{n}\sum_{j=1}^{m}\| m_{ij}-\hat{m}(\boldsymbol{A},\boldsymbol{R}_i,\boldsymbol{t}_i,M_j) \|^2 \tag{5-24}$$

式中，$\hat{m}(\boldsymbol{A},\boldsymbol{R}_i,\boldsymbol{t}_i,M_j)$ 表示点 M_j 在图像 i 中的投影。该非线性最小化问题可利用 Levenberg-Marquardt 算法迭代求解，使用前面的结果作为初值。优化时可以加入畸变项以得到畸变参数。

5.2.3.2　双目摄像机标定

双目摄像机标定是在完成两个单目摄像机标定的基础上，求解它们之间的旋转矩阵 $\boldsymbol{R}$ 和平移向量 $\boldsymbol{t}$ 的过程。设左、右摄像机的外部参数分别为 $(\boldsymbol{R}_1,\boldsymbol{t}_1)$ 和

$(\boldsymbol{R}_r, \boldsymbol{t}_r)$,世界坐标系下某点 X_w 在两个摄像机坐标系下的坐标分别表示为 $\boldsymbol{x}_1$ 和 $\boldsymbol{x}_r$,则

$$\boldsymbol{x}_1 = \boldsymbol{R}_1 + \boldsymbol{t}_1, \quad \boldsymbol{x}_r = \boldsymbol{R}_r + \boldsymbol{t}_r \tag{5-25}$$

联立两式,根据公式(5-6),消去 x_w,得到 $\boldsymbol{x}_1$ 和 $\boldsymbol{x}_r$ 的关系为

$$\boldsymbol{x}_1 = \boldsymbol{R}_1 \boldsymbol{R}_r^{-1} \boldsymbol{x}_r + (\boldsymbol{t}_1 - \boldsymbol{R}_1 \boldsymbol{R}_r^{-1} \boldsymbol{t}_r) \tag{5-26}$$

从而可知两摄像机之间的旋转和平移关系分别为

$$\boldsymbol{R} = \boldsymbol{R}_1 \boldsymbol{R}_r^{-1}, \quad \boldsymbol{t} = \boldsymbol{t}_1 - \boldsymbol{R}_1 \boldsymbol{R}_r^{-1} \boldsymbol{t}_r \tag{5-27}$$

5.2.3.3 标定结果

实验使用的摄像机为 ZED 双目摄像机,分辨率设置为 720 p(1 280×720)。标定板上的图案为棋盘格,每个方格的边长为 10 cm,共有 7×6 个方格,故每行有 6 个角点,每列有 5 个角点。使用 ZED 摄像机在室外采集了 31 组图片,部分标定图像如图 5-17 所示。双目摄像机标定结果见表 5-2,重投影误差如图 5-18 所示。

表 5-2 ZED 双目摄像机标定结果

内参数	左摄像机	右摄像机	外参数		
α_x	701.983 0	703.676 5			
α_y	701.747 2	703.321 2	0.999 0	$-1.851\ 1 \times 10^{-4}$	$-0.010\ 8$
u_0	604.611 3	618.423 5	$6.837\ 3 \times 10^{-5}$	0.999 9	$-0.010\ 8$
v_0	366.477 6	346.841 9	0.010 8	0.010 8	0.999 9
畸变系数 k_1	$-0.160\ 3$	$-0.164\ 8$	$\boldsymbol{t} = [\,-120.112\ 3 \quad 0.100\ 7 \quad 2.049\ 2\,]^{\mathrm{T}}$		
畸变系数 k_2	0.013 8	0.017 4			

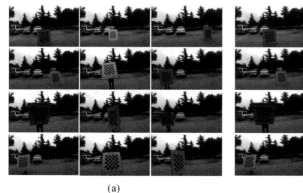
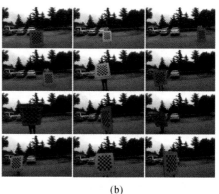

(a)   (b)

图 5-17 部分标定图片
(a)左摄像机采集图; (b)右摄像机采集图

分别使用基于 Open CV2.4.13 编写的 C++程序和 MATLAB 双目摄像机标定工具箱进行标定操作。经过多次实验,发现 Open CV 标定的结果中畸变参数变化很大,结果并不可靠,故在此只给出使用 MATLAB 标定工具箱得到的结果(见图 5-19)。由于采集图像时光线较暗,标定工具箱共接受了 31 组图片中的 15 组,标定结果见表 5-2,重投影误差如图 5-18 所示,平均重投影误差(Mean Reprojection Error)为 0.126 2,小于一个像素,故可以认为标定精度较高,能够满足本实验要求。

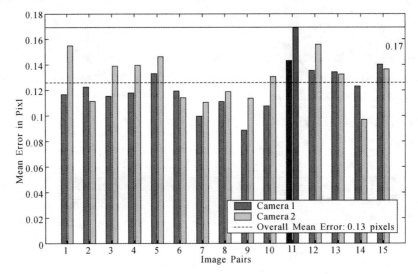

图 5-18　重投影误差

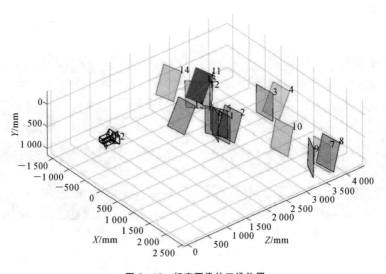

图 5-19　标定图像的三维位置

|5.3 基于Haar-like与Adaboost的 立体视觉目标检测跟踪|

针对机载相机的无人机目标检测与跟踪任务,该类属于移动相机、背景变化的移动目标检测与跟踪的情况,因为无人机平台以及目标运动状态的不确定,实际飞行过程中会出现目标平移、颤抖、旋转等情况,同时由于相机视野的有限性,会出现目标遮挡、丢失等情况。对于这种复杂的目标检测任务,保证目标检测与跟踪的实时性与鲁棒性,是所有工作的首要前提。

本章采用基于 Haar-like 与 Adaboost 的目标检测算法,对感兴趣的目标进行学习训练,对典型目标进行搜索检测与识别,利用计算对目标检测算法优化加速,极大地提高了检测速度,并且进行了性能测试,与使用 CPU 的检测性能进行了对比分析;针对在线感知目标的特点,提出基于改进 KCF 的目标跟踪算法,解决被跟踪目标在被跟踪过程中发生的形变、遮挡等问题,从而使得跟踪效果更加稳定、鲁棒、可靠。基于搭建的立体视觉无人机平台,在不同场景、不同天气进行了飞行实验验证。

5.3.1 基于GPU计算的Haar-like与Adaboost人脸检测

5.3.1.1 采用类 Haar 的特征的 Adaboost 人脸检测

结合 Haar-like 特征的 Adaboost 学习算法是人脸检测的最主要的算法之一。Haar-like 的特性在人脸检测中得到了广泛应用,通过 Adaboost 学习算法,已经有许多训练好的分类器用以准确地检测人脸。这些训练的结果可以在开源 Open CV 库中获得,从中可以找到用于正面或部分旋转面的级联分类器的 XML 描述文件。Viola 和 Jones[35] 提出了四种人脸检测的基本特征类型。在本节中,使用了五种不同类型的 Haar-like 特性,如图 5-20 所示。每个特征可以位于搜索窗口内的任何子区域,形状和大小不同。因此,对于一个大小为 20×20 像素的窗口,可以有成千上万个不同的特征。

图 5-20 中类 Haar 的特征是使用式(5-28)计算的,其中 $h_j(x,y)$ 是相对于原始灰度图上窗口的位置在坐标(x,y)上窗口的 Haar 特征 j。每个矩形 r 在位置(m,n)的像素总数符合 Haar 特征,并且根据 w_{jr} 因子加权。h_j 和相关权重的选择是在训练过程中决定的。Adaboost 级联的各个阶段由越来越多的 Haar

特征 j 组成,如式(5-29)所示。判断是人脸或非人脸取决于一个阈值 θ,它的值在训练过程中计算。不同的 Haar 特征在强分类器的最终形成中有不同的权重。必须选择合适的阈值最大化正确检测的数量,同时保持低水平的误检率。

$$h_j(x,y) = \sum_{r=1}^{R} \left[w_{jr} \sum_{(m,n) \in r} i(m,n) \right] \qquad (5-28)$$

检测结果用 H 表示,见式(5-29),其中 $H(x,y)=1$,1 代表正确,$H(x,y)=0$,0 代表错误。

$$H(x,y) = \begin{cases} 1, & \sum_{j=1}^{J} h_j(x,y) < 0 \\ 0, & \text{其他} \end{cases} \qquad (5-29)$$

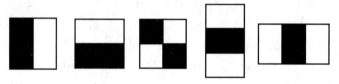

图 5-20 五种类型的矩形 Haar 特征

图 5-20 中特征是标量,计算方法是把白色区域的像素加起来,并去除暗区的像素。

5.3.1.2 基于 GPU 计算的 Haar-like 与 Adaboost 人脸检测算法

1. 积分图的并行计算

训练时,将每一个特征在训练图像子窗口中进行滑动计算,获取各个位置的各类矩形特征。每一个 Haar 特性都是一个弱分类器,它的评估是基于一种强度的总和,因此需要在特征区域内获取每个像素。这涉及大量的搜寻,会降低计算速度。通过生成一个积分图,可以添加预处理阶段来加速弱分类器的计算。在积分图中,如式(5-30)中所描述的,$i(x',y')$ 是输入图像上的值,$ii(x,y)$ 是积分图上的值。

$$ii(x,y) = \sum_{x' \leqslant x, y' \leqslant y} i(x',y') \qquad (5-30)$$

一旦计算出积分图,计算一个类似 Haar 的特性每个矩形只需要 4 个内存读取。矩阵在任何位置和尺度下的强度相加都可以用式(5-31)来计算,如图 5-20 中对三个不同的矩形所描述的那样,只需要使用两个相对的加权矩形来表示。

$$S = ii(x_C, y_C) + ii(x_A, y_A) - ii(x_B, y_B) - ii(x_D, y_D) \qquad (5-31)$$

2. 并行计算的 CUDA 实现

通过检测过程分配给几个 CUDA 内核,从而利用多个 GPU 线程并行执行程序的代码。线程块和网格数据组织被映射到掩码向量上,其中包含正在处理的窗口的信息,如果窗口在前一个阶段被丢弃了,那么赋值为 0。初始 CUDA 网格定义为一维,并有掩码的长度。每个线程在给定的阶段和规模上对单个窗口进行分类,并按顺序计算所有必需的弱分类器。在一个线程块中,特性描述在计算之前被上传到共享内存中。图 5-21 显示了掩码向量,以及对于一个像素大小为 $M \times N$ 的图像,如何将处理传递到线程块和网格块。掩码中的每个整数都标识了原始图像上的一个滑动窗口,其坐标为 $(x, y) = (v \% M, v/M)$,其中 v 是掩码矢量读取的值,$\%$ 是模块化操作。

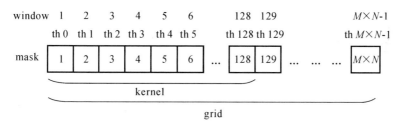

图 5-21 并行计算数据组织(第 1 阶段)

一旦计算出分类器级联的第一个阶段,掩码中的几个值将为 0。相应的窗口将不需要在后续阶段进行处理。然而,当一个内核映射到一个网格并用于计算时,硬件就会并行执行最小的线程组合。从掩码中读取一个 0 值的线程将不会有任何操作,因此它将空闲等待组合中的其余线程。避免空闲线程的一种方法是将掩码压缩,在掩码开始时将不为零的值放在一起,如图 5-22 所示。掩码的大小在压缩之后将是 $M' \times N'$。可以动态调整运行内核的大小以获得最大的性能。在处理比较大的掩码和输入图像上,GPU 上的压缩性能比 CPU 好,而且在 CPU 上进行压缩是不实际的,因为它将涉及两个额外的内存副本。压缩过程的优点之一是它返回掩码中有效点的数量。

获得下一阶段存活窗口的数量,可以进行另一个优化。在级联的第一个阶段,有少量的特征以及许多窗口需要计算。在级联过程中,候选窗口的数量呈指数级下降,特性的数量呈线性增长。因此,可以将级联的计算分为两个不同的阶段:并行计算窗口(内核 1),并行化窗口内的特征(内核 2)。

内核 1 在级联的第一个阶段使用。窗口的数量很大,在一个窗口内计算的特征数目较小。每个线程都按顺序计算窗口内的特征。块的大小是可以动态调整的,调整的幅度取决于在强分类器中生存的窗口数。

当窗口的数量足够小,并且窗口内的特征数量很大时,可以使用内核2代替内核1,这样就值得使用一个线程块来并行计算窗口内的特征。图5-23显示了如何将一个窗口的计算映射到一个线程块。块的大小取决于在给定的阶段中必须计算的特征的数量。每个线程存储在共享内存中,计算单个特征的结果,然后根据每个特征的阈值修改这个值。不同的块在不同的多处理器上执行,因此可以并行计算存活的窗口。最后的结果与强分类器相比,窗口在必要时被丢弃。

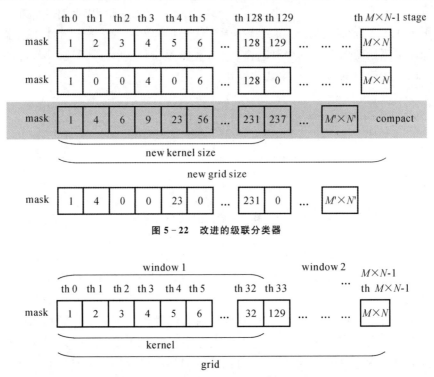

图5-22 改进的级联分类器

图5-23 并行计算的数据流程图(阶段2)

3.进一步优化

处理输入图像上所有可能的窗口是一项非常复杂的计算任务。根据5.3.1.1节所考虑的执行情况,图像的所有像素被认为是潜在的窗口原点。因此,为了检测鲁棒性,全部都进行 face/non-face 区域归类。然而,通过增加窗口之间的距离,可以提高检测速度。为了获得更好的性能,CPU 在窗口之间使用 $y = 2px$ 的偏移量,因此只处理输入奇数行。当前面的窗口被分类为一个潜在的脸,使用 $x = 1px$ 的偏移量,而当前窗口被分类为非人脸时,$x = 2px$。对于 CUDA 实现,可以将掩码定义为大小$(M/2) \times (N/2)$,因此它将包含1/4可能的窗口。在视频序列的奇数和偶数帧中,可以使用相同大小的重叠掩码,但是使用

$x=1px$ 的偏移量。对于给定的掩码,窗口的坐标可以表示为 $(x,y)=(v\%M, v/M)*(\text{offset}_x,\text{offset}_y)$。

此外,在寻找不同大小的对象时,需要重新扩展滑动窗口和相关的 Haar-like 特征。可以使用相同的积分图,但是这样对纹理的查找访问就会变得更加分散,引发缓存失败并减慢检测进程。另一个改进在于调整输入图像的大小并保持滑动窗口的大小,因为在 GPU 上调整输入图像几乎不耗费任何资源。

5.3.1.3 性能测试

在 5.3.1.2 节中描述的基于 GPU 的人脸检测算法开发出来的程序,可以处理静态图像或视频序列。为了验证 GPU 实现的性能,进行了性能测试,使用了不同大小、分辨率的图像和视频,分别在 Intel Core i5 3.6 GHz CPU 和 NVIDIA GeForce GTX285 1GB GPU 上实现。根据 Open CV 库提供的人脸检测程序分别对 GPU 和 CPU 进行了测试对比。CPU 和 GPU 程序的实现都使用相同的 XML 级联分类器来检测。

图 5-24 表示在 CPU 和 GPU 上检测一张脸所需的时间。

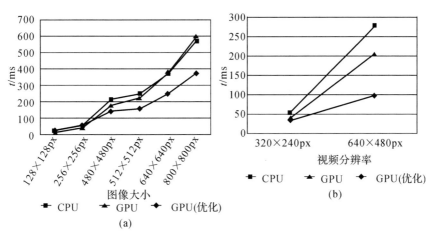

图 5-24 在不同分辨率下的静态图像和视频序列的性能测试
(a)静态图片; (b)视频序列

(1)图 5-24(a)显示了不同分辨率的静态图像检测 10 张图片平均耗费的时间,并且给出了两种不同的 GPU 实现方式:CUDA 版本和算法优化后的版本。从图 5-24(a)可以看出,CUDA 版本在 GPU 上的运行速度和 CPU 版本的运行速度大致相同。在图像为 800×800 像素时,GPU 算法优化版本处理速度为原来的 1.6 倍。

(2)图 5-24(b)显示了视频序列中人脸检测的时间比较。同样,GPU 优化实现是最快的。640×480 的视频分辨率相比于 CPU 实现速度可以提升 3.3 倍。因为当内核首次启动时,需要在 GPU 上进行初始化进程,因此对于处理视频获得的速度比静态图像更大。人脸检测程序的初始化只有在启动时的第一帧进行。在使用 Open CV 时,内存和算法的初始化也使得单张图片的人脸检测速度慢于视频序列。

5.3.2　基于改进KCF的目标跟踪算法

5.3.2.1　KCF 跟踪算法

KCF 跟踪算法通过对岭回归分类器的学习来完成对目标的跟踪,具体流程如图 5-25 所示。

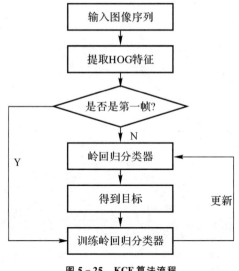

图 5-25　KCF 算法流程

在训练阶段,利用循环矩阵理论,对图像目标区域进行稠密采样,获取正负样本,提取方向梯度直方图[36](Histogram of Oriented Gradients,HOG) 特征,将所有样本对岭回归分类器进行训练。在检测阶段,以图像前一帧目标位置为中心进行稠密采样,将得到的所有样本输入岭回归分类器,经过岭回归分类器的分类,得到目标的位置。

1.稠密采样

稠密采样 KCF 跟踪算法为了保证跟踪的准确度,引入循环矩阵理论知识,对目标区域采取稠密采样的策略,训练的样本是利用基样本的循环移动进行稠密采样。稠密采样的示意图如图 5－26 所示,其中,实线矩形框所包含的图像块为基样本,以 $\boldsymbol{x}=[\begin{matrix} x_1 & x_2 & \cdots & x_n \end{matrix}]^{\mathrm{T}}$ 表示,虚线矩形框表示在水平方向上,分别向左、右两个方向移动采样的结果,移动后分别为 $\boldsymbol{x}=[\begin{matrix} x_2 & \cdots & x_n & x_1 \end{matrix}]^{\mathrm{T}}$ 和 $\boldsymbol{x}=[\begin{matrix} x_n & x_1 & \cdots & x_{n-1} \end{matrix}]^{\mathrm{T}}$。如此在水平方向和垂直方向进行循环,则可以以基样本为中心,对其周围的所有可能图像块进行采样,由此得到完备的样本空间。

图 5－26　稠密采样示意图

2. 岭回归分类器

对线性岭回归分类器进行训练的目标就是找到一个函数 $f(\boldsymbol{x})=\boldsymbol{w}^{\mathrm{T}}\boldsymbol{x}$,使得损失函数最小,即

$$\min_w \sum_i (f(x_i)-y_i)^2 + \lambda \parallel \boldsymbol{w} \parallel^2 \tag{5-32}$$

式中,$\boldsymbol{x}=[\begin{matrix} x_1 & x_2 & \cdots & x_n \end{matrix}]^{\mathrm{T}}$ 表示样本;λ 为正则项,防止过拟合;$\boldsymbol{w}$ 为所求的参数。由式(5－32)求得一个封闭解的模式:

$$\boldsymbol{w}=(\boldsymbol{X}^{\mathrm{T}}\boldsymbol{X}+\lambda\boldsymbol{I})^{-1}\boldsymbol{X}^{\mathrm{T}}\boldsymbol{y} \tag{5-33}$$

式中,矩阵 $\boldsymbol{X}$ 为基样本组合的循环矩阵;$\boldsymbol{y}$ 为每个样本的标签值的集合。针对那些不能在原始空间进行分类的样本,则需要引入核函数理论,将低维空间中线性不可分的模式通过核函数映射到高维空间实现线性可分,核函数的格式如下:

$$k(\boldsymbol{x},\boldsymbol{z})=\varphi(\boldsymbol{x})\varphi(\boldsymbol{z}) \tag{5-34}$$

式中,$k(\boldsymbol{x},\boldsymbol{z})$ 为核函数;$\varphi(\boldsymbol{x})$ 和 $\varphi(\boldsymbol{z})$ 为低维空间到高维空间的映射函数。当使用核函数将样本 $\boldsymbol{x}$ 映射为 $\varphi(\boldsymbol{x})$ 时,所求的分类器 $f(\boldsymbol{x})=\boldsymbol{w}^{\mathrm{T}}\boldsymbol{x}$ 中的系数 $\boldsymbol{w}$ 转化为对偶空间中的 a。由 Representer Theorem 知,系数 $\boldsymbol{w}$ 是样本 $\boldsymbol{x}$ 的线性组合,即

$$\boldsymbol{w}=\sum_i a_i\varphi(x_i) \tag{5-35}$$

$$f(\boldsymbol{x})=\sum_i a_i k(\boldsymbol{x},x_i) \tag{5-36}$$

由式(5－32)和式(5－36)联合求得

$$a = (K + \lambda I)^{-1} y \qquad (5-37)$$

式中,K 为映射之后的核矩阵,$K_{i,j} = k(x_i,x_j)$。在检测阶段,输入的图像经过岭回归分类器的分类来确定最终的目标位置信息,将得到的目标位置信息继续训练岭回归分类器,如此反复,完成对目标的跟踪。

5.3.2.2　改进的 KCF 算法

KCF 跟踪算法因其在准确度和速度方面的综合优势,在目标跟踪中获得了优异的表现。尽管如此,其仍不能够有效地抵抗遮挡,在把目标跟丢之后,也无法重新找回目标进行跟踪。针对这两个问题,对 KCF 算法进行了改进,增加了筛选模块,将筛选模块和跟踪得到的目标位置信息进行融合处理,最终得到准确的目标位置信息,提高准确度。具体的流程如图 5－27 所示。

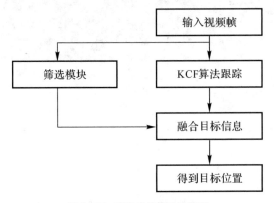

图 5－27　改进后的算法流程图

1.筛选模块设计

筛选模块设计 3 个分类器,输入视频帧的样本只有通过这 3 个分类器的筛选才有可能成为目标区域,具体流程如图 5－28 所示。

(1)方差筛选。在该阶段,要检测的图像块中如果所有像素点的灰度值方差总体小于被跟踪的目标区域中所有像素整体方差的 50%,这个图像块就被方差分类器丢弃掉。图像块 p 中的所有像素点的灰度值方差可以用式 $E(p^2) - E^2(p)$ 来表示,其中利用积分图来获得 $E(p)$。经过方差筛选之后,大约能过滤掉一半与目标无关的图像块。

(2)级联决策树筛选。在该阶段,由多个串联的决策树对图像块进行筛选。每个决策树 i 会对输入的图像块中特定位置的像素点进行灰度值检测,将输入图像块的像素点与已知灰度值进行对比,用对比的差值结果来生成一个二进制

的编码 x。决策树中某个叶子节点的后验概率 $P_i(y/x)$ 用编码 x 代表，其中 $y \in (0,1)$。由于决策树是相互独立的，因此要计算出各个决策树的后验概率的平均值，如果计算出的后验概率的均值大于 50%，则该图像块通过筛选。每个决策树是基于初始化时确定的一组像素点对的比较。但是在离线的情况下，随机生成像素点对，并且在运行过程中，保持像素点对的稳定性。首先，用高斯卷积对要跟踪的图像进行模糊，从而使图像的鲁棒性有所加强，进而还能对图像噪声有所降低。接着按照预先生成的像素点对，在图像块中比较像素点对的差值，每个像素对比较的差值返回 0 或 1，这些返回值顺序地连接到一起，就完成了对 x 的编码。

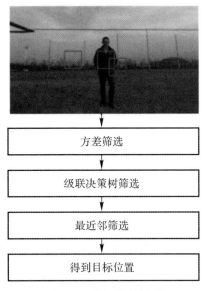

图 5 - 28　检测模块流程图

该阶段至关重要的条件是各个决策树是相互独立的。因此采取以下措施：首先把图像块进行归一化，然后把像素点的位置进行离散化处理，进而在图像块中生成所有可能的垂直和水平方向的像素点对的比较值。这些像素对的比较值，就是图像块的特征值。接下来，把像素对的比较值合并，并将合并后的像素对比较值分发到决策树中。因此，每一个决策树都可以保证是基于一组不同的特性值组合，并且所有的这些特征值结合在一起唯一地表示一个样本。

每一个决策树 i 维持着一个后验概率 $y \in (0,1)$，总共有 2^d 个后验概率。其中 d 是像素对比较的个数，通常像素对 d 取值为 13 个，因此对于二进制编码 x 就有 8 192 种可能的编码方式，而对于所有的二进制编码 x 都用其各自的后验

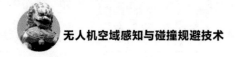

概率所代表。

(3)最近邻筛选。在该阶段,将通过方差筛选和级联决策树筛选的图像块与已有的目标模板进行相似度检测。如果一个图像块与已有模板的相关相似度大于给定的阈值,即 $S_r(p,M) > \theta_{NN}$,就把这样的图像块分类为目标样本,认为其含有目标。

2. 融合目标信息

该部分将筛选得到的结果与跟踪算法得到的结果进行融合,共同输出目标位置信息。其中,存在以下几种情况。

(1)当跟踪算法与筛选算法都能得到目标的位置信息(筛选算法可能得到多个目标位置信息),并且位置信息比较接近(目标矩形框的重叠率较大)时,将跟踪算法得到的目标位置信息与筛选算法得到的目标位置信息按10∶1的权重进行加权平均,得到一个新的目标位置信息。

(2)当跟踪算法与筛选算法得到的目标位置信息相差较大,并且筛选算法得到的结果更加准确时,则以筛选算法的结果为准重新初始化目标信息。

(3)当筛选算法无法得到目标信息时,则以跟踪算法的结果作为目标最终位置信息。

5.3.2.3　性能测试

为了验证算法的有效性,采用两组图像序列,将改进算法与 KCF 算法进行对比。

图像序列一为无人机实际飞行过程中采集,飞行场景为无人机自主跟踪实验,重点验证动态背景、运动目标以及目标形变、偏离视野等情况下两种算法的跟踪效果。图像序列一对比结果如图 5-29 所示,其中矩形框 2 表示改进后算法的结果,矩形框 2 表示 KCF 跟踪算法的结果。

由图像序列一对比结果展示可以看出,改进算法较 KCF 算法更具有鲁棒性。

(1)在没有干扰的情况下,改进算法和 KCF 算法都能够在运动过程中对目标进行准确跟踪(序列第 1 300 帧和第 1 801 帧)。

(2)当目标偏离视野之外时(1 847 帧),KCF 算法丢失目标并错误输出目标位置,在目标重新出现时(1 887 帧)也不会重新锁定目标;当目标偏离视野之外时,改进算法丢失目标但是不会错误标记目标位置,在目标重新出现时能够自动重新锁定目标继续跟踪。

图像序列二为摄像机固定位置拍摄,重点验证遮挡情况下两种算法的跟踪效果。图像序列二对比结果如图 5-30 所示,其中矩形框 2 表示改进算法的结果,矩形框 1 表示 KCF 跟踪算法的结果。

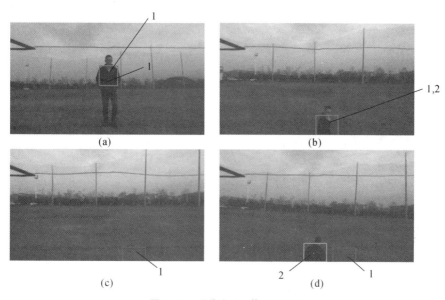

图 5－29　图像序列一算法结果图

(a)第 1 300 帧(正面)；　(b)第 1 801 帧(形变)；

(c)第 1 847 帧(丢失)；　(d)第 1 887 帧(重新出现在视野)

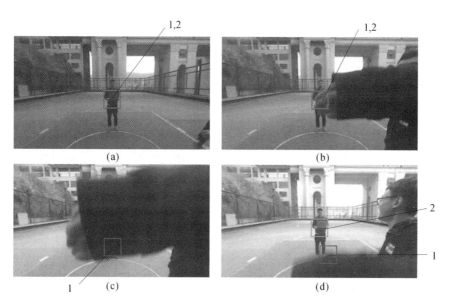

图 5－30　图像序列二算法结果图

(a)第 3 400 帧(正面)；　(b)第 3 479 帧(部分遮挡)；

(c)第 3 514 帧(完全遮挡)；　(d)第 3 518 帧(重新出现在视野)

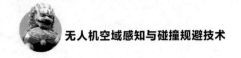

由图像序列二对比结果展示与序列一对比结果一致可知,改进算法较 KCF 算法更具有鲁棒性。

(1)在没有干扰或者部分遮挡的情况下,改进算法和 KCF 算法都能够对目标进行准确跟踪(序列第 3 400 帧和第 3 479 帧)。

(2)当目标被完全遮挡时(3 514 帧),KCF 算法丢失目标并错误输出目标位置,在目标重新出现时(3 518 帧)也不会重新锁定目标;目标被完全遮挡时,改进算法丢失目标但是不会错误标记目标位置,当目标重新出现时能够自动重新锁定目标继续跟踪。

5.3.3　无人机自主目标跟踪飞行实验

为了验证本章所开发的目标检测与跟踪算法的实时性与鲁棒性,在不同场景、不同天气下,基于立体视觉无人机平台进行了自主跟踪飞行实验。

跟踪目标为人,当无人机悬停在空中时,目标面对无人机,以便于双目摄像头获取人的面部信息进行人脸检测;在人脸检测程序检测并确认目标之后,将目标信息发送给跟踪程序,进行后续的实时目标跟踪,并输出目标在双目相机坐标系下的三维坐标,通过坐标系转换之后生成位置参考量,发送给飞行控制系统,驱动无人机飞向下一个跟踪航路点。自主跟踪实验统一设定无人机跟踪位置在目标正后方 3 m、左右 0 m,飞行高度 2 m,并以此为准计算跟踪误差。

在实际的飞行实验过程中发现:

(1)在检测并识别到人脸之后,当发送的目标信息仅仅为人脸时,在人脸与背景特别相近时会产生比较大的干扰,致使出现目标丢失的情况;

(2)考虑到双目立体视觉获取深度信息采用的是视差的方法,当目标比较小时,而且在运动的状态下,会对连续获取深度信息提出比较大的挑战。

综合以上两个问题,考虑到目标(人)的特殊性,在检测并识别到人脸之后,根据头肩比将跟踪目标拓展到人的上半身,结果证明该方案很好地解决了上述两个问题。

5.3.3.1　场景一:球场、阴天、无风

初始设置无人机面向东,目标在无人机正前方 4 m 处,无人机垂直起飞至离地 2 m 高度,悬停在空中进行目标搜寻,在检测到目标并确认之后,保持无人机在目标正后方 3 m,离地高度 2 m,进行跟踪飞行,见表 5-3。

表 5 - 3　部分跟踪结果图以及对应的深度图

序列号	目标检测与跟踪结果图	深度图
1		
2		
3		
4		
5		

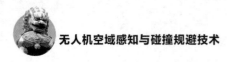
续表

序列号	目标检测与跟踪结果图	深度图

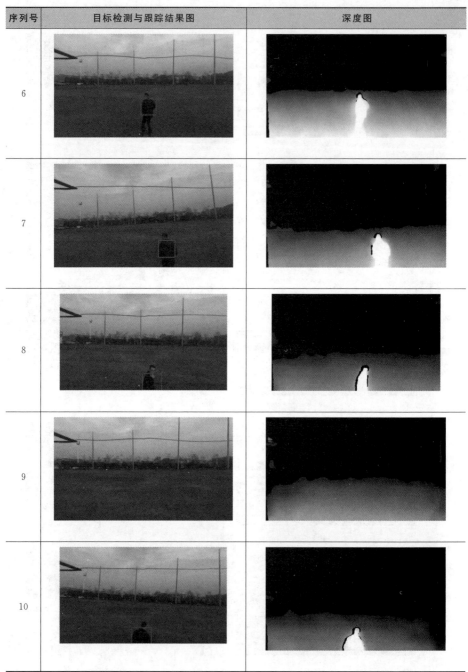

无人机东向最大跟踪误差 error_east＝1.148 0 m；无人机北向最大跟踪误差 error_north＝1.160 8 m；无人机高度方向最大跟踪误差：error_high＝0.458 8 m(见图5－32～图5－34)。

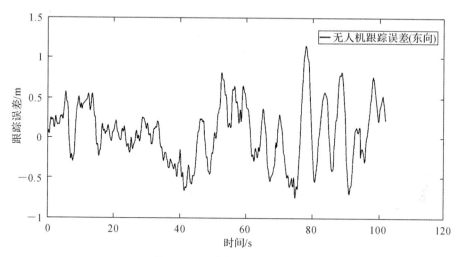

图 5 － 32　无人机跟踪误差(东向)

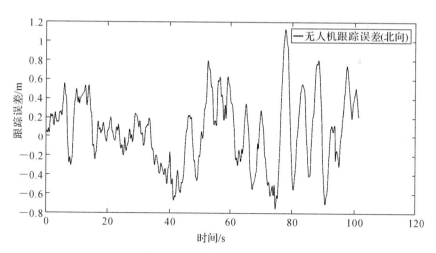

图 5 － 33　无人机跟踪误差(北向)

通过对实验数据进行分析,在该场景中:

(1)双目视觉感知系统能够对典型目标进行有效的检测、识别与跟踪。

(2)在动态背景、运动目标以及目标形变、偏离视野等情况下,自主跟踪系统均能克服干扰,实现对目标的稳定跟踪。

(3)在高度方向上的跟踪误差明显小于其他方向上的跟踪误差,主要是因为实验中人为设定了2 m高度,所以在高度方向上无人机的位置参考量固定不变,而东、北两个方向上的位置参考量随着目标的运动一直在变化。一方面目标的运动会对双目视觉感知系统产生干扰,导致目标定位的不准;另一方面由于飞机本身存在惯性,在目标运动时,无人机会产生一定的滞后。

(4)从上述结果图中可以看出,在东、北、高三个方向无人机的跟踪误差始终都小于1.2 m,验证了笔者设计的一套应用于无人机的实时目标检测、识别与跟踪算法的鲁棒性与实时性,同时也检验了搭建的基于立体视觉的无人机硬件系统的稳定性与实用性。

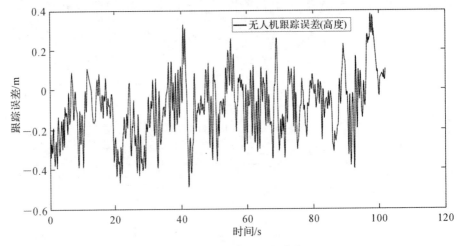

图 5-34　无人机跟踪误差(高度)

5.3.3.2　场景二:广场、晴天、微风

初始设置无人机面向北偏东一定角度,目标在无人机正前方3.25 m处,无人机垂直起飞至离地2 m高度,悬停在空中进行目标搜寻,在检测到目标并确认之后,保持无人机在目标正后方3 m,离地高度2 m,进行跟踪飞行,见表5-4。

无人机东向最大跟踪误差 error_east=1.787 0 m;无人机北向最大跟踪误差 error_north=0.804 7 m;去除起飞阶段,在无人机高度稳定之后,无人机高度方向最大跟踪误差:error_high=0.185 4 m(见图5-35~图5-37)。

表 5 - 4　外场试验部分截图

序号	地面视角	序号	地面视角
1		7	
2		8	
3		9	
4		10	
5		11	
6		12	

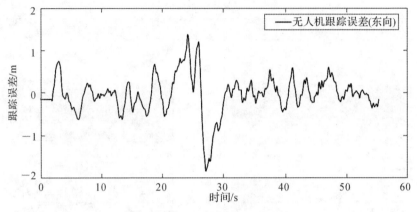

图 5-35　无人机跟踪误差(东向)

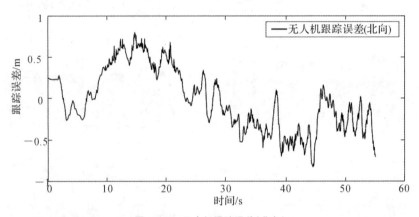

图 5-36　无人机跟踪误差(北向)

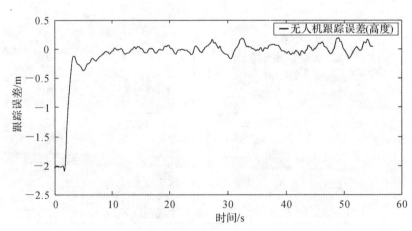

图 5-37　无人机跟踪误差(高度)(图示包含了起飞阶段)

通过对实验数据进行分析,在该场景中:

(1)双目视觉感知系统能够对典型目标进行有效的检测、识别与跟踪。

(2)在动态背景、运动目标以及目标形变等情况下,自主跟踪系统均能克服干扰,实现对目标的稳定跟踪。

(3)在高度方向上的跟踪误差明显小于其他方向上的跟踪误差,主要是因为实验中人为设定了2 m高度,所以在高度方向上无人机的位置参考量固定不变,而东、北两个方向上的位置参考量随着目标的运动一直在变化。一方面目标的运动会对双目视觉感知系统产生干扰,导致目标定位的不准;另一方面由于飞机本身存在惯性,在目标运动时,无人机会产生一定的滞后。

(4)从上述结果图中可以看出,在东、北、高三个方向无人机的跟踪误差始终都小于1.8 m,验证了算法和系统的稳定性与实用性。

5.3.3.3 场景三:雪地、晴天、微风

初始设置无人机面向东,目标在无人机正前方8 m处,无人机垂直起飞至离地2 m高度,悬停在空中进行目标搜寻,在检测到目标并确认之后,保持无人机在目标正后方3 m,离地高度2 m,进行跟踪飞行。在此场景中,目标保持不动,故无人机在搜寻到目标之后以1 m/s速度飞向目标,并在距离目标3 m处保持悬停,见表5-5。

表5-5 外场试验部分截图

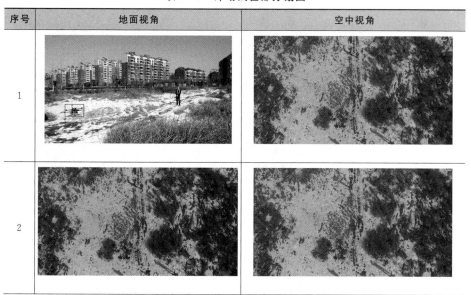

序号	地面视角	空中视角
1		
2		

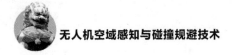
续表

序号	地面视角	空中视角
3		
4		
5		
6		

　　因为整个飞行过程中目标保持静止,所以无人机起飞并搜寻到目标之后,便飞行到预期位置悬停。悬停之后无人机东向最大跟踪误差 error_east = 0.189 1 m;无人机北向最大跟踪误差 error_north = 0.165 6 m;无人机高度方向最大跟踪误差 error_high = 0.130 4 m(见图 5-38～图 5-40)。

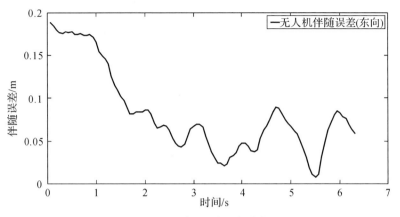

图 5 - 38　无人机跟踪误差 (东向)

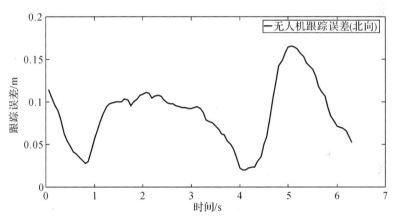

图 5 - 39　无人机跟踪误差 (北向)

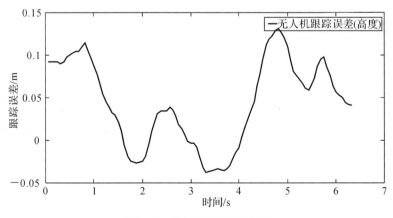

图 5 - 40　无人机跟踪误差 (高度)

通过对实验数据进行分析,在该场景中:

(1)双目视觉感知系统能够对典型目标进行有效的检测、识别与跟踪。

(2)在动态背景、运动目标以及目标形变等情况下,自主跟踪系统均能克服干扰,实现对目标的稳定跟踪。

(3)雪地场景中东、北、高三个方向上的跟踪误差均小于0.2 m,但是高度方向跟踪误差小于东、北两个方向的跟踪误差。这主要是因为在该场景中目标保持不动,高度方向的参考量保持2 m不变,无人机本身存在的抖动以及检测误差会使得东、北两个方向上的参考量在标准跟踪位置附近小幅波动,因为目标保持不动,波动幅度很小,因此三个方向的跟踪误差都比较小,又因为存在波动,所以在东、北两个方向的跟踪误差大于高度方向的跟踪误差。

(4)从上述结果图中可以看出,跟踪稳定之后,在东、北、高三个方向无人机的跟踪误差始终都小于0.2 m,验证了算法和系统的稳定性与实用性。

5.3.3.4 场景四:马路路口、晴天、微风

初始设置无人机面向东,目标在无人机正前方3.25 m处,无人机垂直起飞至离地2 m高度,悬停在空中进行目标搜寻,在检测到目标并确认之后,保持无人机在目标正后方3 m,离地高度2 m,进行跟踪飞行,见表5-6。

表5-6 外场试验部分截图

序号	地面视角	空中视角
1		
2		

续表

序号	地面视角	空中视角
3		
4		
5		
6		
7		

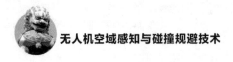
续表

无人机东向最大跟踪误差 error_east＝0.958 9 m；无人机北向最大跟踪误差 error_north＝1.253 6 m；去除起飞阶段，在无人机高度稳定之后，无人机高度方向最大跟踪误差 error_high＝0.214 8 m(见图 5-41～图 5-43)。

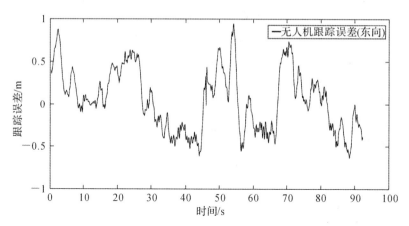

图 5-41　无人机跟踪误差(东向)

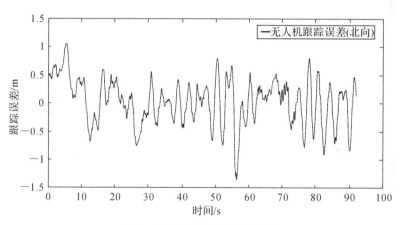

图 5-42　无人机跟踪误差(北向)

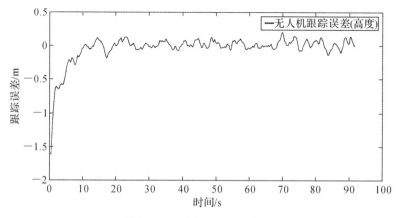

图 5-43　无人机跟踪误差(高度)

通过对实验数据进行分析,在该场景中:

(1)双目视觉感知系统能够对典型目标进行有效的检测、识别与跟踪。

(2)在动态背景、运动目标以及目标形变等情况下,自主跟踪系统均能克服干扰,实现对目标的稳定跟踪。

(3)在高度方向的跟踪误差明显小于其他方向上的跟踪误差,主要是因为实验中人为设定了2 m高度,所以在高度方向上无人机的位置参考量固定不变,而东、北两个方向上的位置参考量随着目标的运动一直在变化。一方面目标的运动会对双目视觉感知系统产生干扰,导致目标定位的不准;另一方面由于飞机本身存在惯性,在目标运动时,无人机会产生一定的滞后。

(4)从上述结果图中可以看出,在东、北、高三个方向无人机的跟踪误差都是始终小于1.3 m,验证了算法和系统的稳定性与实用性。

上述四种场景下的实验结果(见表5-7)表明,在这些场景中双目视觉感知系统均能够对典型目标进行有效的检测、识别与跟踪,东、北、高三个方向的最大跟踪误差均不超过1.8 m,所提出的算法能够满足实时性与鲁棒性要求,同时验证了本章搭建的立体视觉无人机硬件系统的稳定性与实用性。

表5-7 不同场景下自主跟踪结果对比表

场 景	最大跟踪误差(东向)	最大跟踪误差(北向)	最大跟踪误差(高度)
球场、阴天、无风	1.148 0 m	1.160 8 m	0.458 8 m
广场、晴天、微风	1.787 0 m	0.804 7 m	0.185 4 m
雪地、晴天、微风	0.189 1 m	0.165 6 m	0.130 4 m
马路、晴天、微风	0.958 9 m	1.253 6 m	0.214 8 m

通过进一步分析可以发现:

(1)在可见度区别不大、风力不是很强的情况下,场地和天气对跟踪误差的影响不明显,进一步证明双目视觉感知系统在不同环境中均能够对典型目标进行有效的检测、识别与跟踪,实时性与鲁棒性能够满足系统需要,同时无人机飞行也十分稳定,在上述环境中不受场地影响,具有一定的抗风性。

(2)除了雪地场景以外,其余三个场景在高度方向上的跟踪误差明显小于其他方向上的跟踪误差,主要是因为实验中人为设定了2 m高度,所以在高度方向上无人机的参考量固定不变,而东、北两个方向上的参考量随着目标的运动一直在变化。一方面目标的运动会对双目视觉感知系统产生干扰,导致目标定位的不准;另一方面由于飞机本身存在惯性,在目标运动时,无人机会产生一定的滞后。

(3)雪地场景中东、北、高三个方向上的跟踪误差均小于0.2 m,但是高度方向跟踪误差仍然小于东、北两个方向的跟踪误差。这主要是因为在该场景中目标保持不动,高度方向的参考量保持 2 m 不变,无人机本身存在的抖动以及检测误差会使得东、北两个方向上的参考量在标准跟踪位置附近小幅波动。因为目标保持不动,波动幅度很小,所以三个方向的跟踪误差都比较小,又因为存在波动,所以在东、北两个方向的跟踪误差大于高度方向的跟踪误差。

针对机载相机的无人机目标检测与跟踪任务存在的相机移动、背景变化等特点,考虑目标检测与跟踪的实时性与鲁棒性,提出了基于 GPU 计算的 Haar – like 与 Adaboost 人脸检测算法以及基于改进的 KCF 跟踪算法,并进行了相应的性能测试,还进行了基于立体视觉的无人机自主跟踪实验,验证了所提出的算法的可行性与鲁棒性。

(1)描述并测试了基于 GPU 的 Haar – like 特征实现 Adaboost 人脸检测方法。在 Adaboost 算法中,通过对分级过滤器的评估来提高检测速度:不含目标的窗口容易识别,通过简单快速的滤波器进行分类;对于包含类似感兴趣对象的像素,通过更复杂的和较慢的滤波器进行分类。对于静态图像,GPU 算法优化版本处理速度为原来的 1.6 倍。对于视频,相比于 CPU 实现速度 GPU 算法优化之后可以提升 3.3 倍。验证了基于 GPU 的 Haar – like 特征实现 Adaboost 人脸检测方法的有效性、快速性。

(2)在 KCF 算法的基础之上,提出了一种具有鲁棒性的能够对在线目标进行实时跟踪的算法。在对在线目标进行跟踪时,筛选算法与 KCF 跟踪算法共同输出目标的位置信息。经过实验证明,提出的算法能够有效地抵抗动态背景、运动目标以及遮挡等干扰,尤其是在目标一度消失的情况下,能够重新初始化目标的准确位置,提高了跟踪的鲁棒性。

(3)基于搭建的立体视觉无人机平台,在四种不同场景、不同天气进行了实验,结果表明在这四种场景中双目视觉感知系统均能够对典型目标进行有效的检测、识别与跟踪,东、北、高三个方向的最大跟踪误差均不超过 1.8 m,所提出的算法能够满足实时性与鲁棒性要求,同时验证了本章搭建的立体视觉无人机硬件系统的稳定性与实用性。

|5.4 小 结|

基于视觉载荷的无人机可开发出视觉辅助飞行、目标跟踪、地形测绘和视觉导航等功能,执行搜索救援、监视、目标探测和跟踪等任务,扩展无人机的应用空间。陌生环境中,大多数目标是非合作的,基于单目视觉载荷的无人机无法估计空域中目标的位置、速度、姿态和结构等信息,从而无法准确评估飞行环境并保障安全飞行,执行飞行任务。针对该问题,立体视觉载荷是解决方案之一。

本章针对轻、小型旋翼无人机目标自主跟踪与障碍物规避问题,设计并搭建了一套基于立体视觉的无人机自主跟踪与避障实验系统。从环境数据感知、机载数据处理、无人飞行控制等方面进行了硬件系统设计,根据自主跟踪与避障系统能力要求,对立体视觉感知系统进行建模和标定。

针对相机与目标实时移动、背景变化剧烈等视频图像处理难点问题,实现了基于 Haar – like 与 Adaboost 的实时目标检测算法,并利用 GPU 计算对目标检测算法优化加速实现算法实时性要求,同时进行了性能测试,相比于 CPU,实现检测速度提高了 3.3 倍。在不同场景、天气下进行了非合作式目标自主跟踪飞行实验,实验结果表明:该系统能实现典型目标的检测、识别与跟踪,在东、北、高三个方向的最大跟踪误差均不超过 1.8 m。

目标检测与跟踪技术是未来无人机的重要应用,将会在智能作战、边防巡检、城市安防、摄影等不同领域获得关注,该技术涉及目标检测与识别、目标跟踪,以及相应的传感器配置;然而随着无人机的大量使用,中空、低空、超低空的空域变得越来越“拥挤”,无人机与民航客机、楼宇、高压线等相撞的事故愈加频发,对人民的生活及财产安全造成巨大威胁。因此,在无人机执行不同任务时,如何实现无人机和有人飞机安全共享空域,以及无人机自主安全飞行是无人机发展的一个关键问题。这就涉及无人机障碍物规避技术,如何在复杂的环境中,使得无人机在安全性、高效性、准确性的原则下不仅完成障碍物规避,还能完成相应的任务,这将是未来工作的一大挑战。

|参 考 文 献|

[1] OPROMOLLA R, FASANO G, RUFINO G, et al. Pose Estimation for Spacecraft Relatine Navigation Using Model-Based Algonithms [J]. IEEE Transations on Aerospace and Electronic Systems, 2017, 53(1): 431 – 447.

[2] FASANO G, GRASSI M, ACCARDO D. A Stereo – vision Based System for Autonomous Navigation of an In – orbit Servicing Platform: Proceedings of AIAA Intotech at Aerospace Conference and AIAA Unmanned Unlimited Conference[C]. Seattle: AIAA, 2009.

[3] TERUI F, KAMIMURA H, NISHIDA S. Motion Estimation to a

Failed Satellite on Orbit Using Stereo Vision and 3D Model Matching: 9th International Conference on Control, Automation, Robotics and Vision[C]: Singapore:ICARCV,2006.

[4] SEGAL S, CARMI A, GURFIL P. Vision - based Relative State Estimation of Non - cooperative Spacecraft Under Modeling Uncertainty: 2011 Aerospace Conference [C]. Big Sky: IEEE Aerospace Conference,2011.

[5] LICHTER M D, DUBOWSKY S. Estimation of State, Shape, and Inertial Parameters of Space Objects from Sequences of Range Images [J]. Intelligent Robots and Computer Vision XXI: Algorithms, Techniques, and Active Vision. International Society for Optics and Photonics, 2003, 5267: 194 - 206.

[6] SOGO T, ISHIGURO H, TRIVEDI M M. Real - time Target Localization and Tracking by N - ocular Stereo:Proceedings IEEE Workshop on Omnidirectional Vision[C]. Permsylvania: OMNIVIS, 2000. IEEE, 2000: 153 - 160.

[7] JOHNSON E N, CALISE A J, WATANABE Y, et al. Real - time Vision - based Relative Aircraft Navigation[J]. Journal of Aerospace Computing, Information, and Communication, 2007, 4(4): 707 - 738.

[8] JONGHYUK K, SUKKARIEH S. SLAM Aided GPS/INS Navigation in GPS Denied and Unknown Environment: the 2004 International Symposium on GNSS/GPS[C]. International Symposium on GSS/GPS. Sydney:2004.

[9] LI X R, JILKOV V P. Survey of Maneuvering Target Tracking. Part I. Dynamic Models[J]. IEEE Transactions on Aerospace and Electronic Systems, 2003, 39(4): 1333 - 1364.

[10] LIN F, LUM K Y, CHEN B M, et al. Development of a Vision - based Ground Target Detection and Tracking System for a Small Unmanned Helicopter[J]. Science in China Series F: Information Sciences, 2009, 52(11): 2201.

[11] LUDINGTON B, JOHNSON E, VACHTSEVANOS G. Augmenting UAV Autonomy[J]. IEEE Robotics & Automation Magazine, 2006, 13(3): 63 - 71.

[12] MEINGAST M, GEYER C, SASTRY S. Vision Based Terrain

Recovery for Landing Unmanned Aerial Vehicles：43rd IEEE Conference on Decision and Control（CDC）[C]. Bahamas：IEEE，CDC，2004，2：1670－1675.

[13] MEJIAS L, SARIPALLI S, CAMPOY P, et al. Visual Servoing of an Autonomous Helicopter in Urban Areas Using Feature Tracking[J]. Journal of Field Robotics，2006，23（3－4）：185－199.

[14] CORBY N R. Machine Vision for Robotics[J]. IEEE Transactions on Industrial Electronics，1983（3）：282－291.

[15] SHTARK T, GURFIL P. Tracking a Non－cooperative Target Using Real－time Stereovision－based Control：an Experimental Study[J]. Sensors，2017，17（4）：735.

[16] PANG J, SUN W, REN J S J, et al. Cascade Residual Learning：A Two－stage Convolutional Neural Network for Stereo Matching[C]. Venice：ICCV，Proceedings of the IEEE International Conference on Computer Vision. 2017：887－895.

[17] KEREN D, OSADCHY M, GOTSMAN C. Anfifaces：a novel，fast method for image detection[J]. IEEE Transaction on PAMI，2001，23（7）：747－761.

[18] VIOLA P, JONES M. Rapid Object Detection Using a Boosted Cascade of Simple Features. IEEE Computer Society Cenference On Computer Vision and Pattern Recogmition [C]. Kauai：CVPR，2001，1：511－518.

[19] HIROMOTO M, SUGANO H, MIYAMOTO R. Partially Parallel Architecture for Adaboost－based Detection with Haar－like Features [J]. IEEE Transactions on Circuits and Systems for Video Technology，2009，19（1）：41－52.

[20] GHORAYEB H, STEUX B, LAURGEAU C. Boosted Algorithms for Visual Object Detection on Graphics Processing Units：Asian Conference on Computer Vision[C]. Berlin：ACCV，2006：254－263.

[21] HU J S, JUAN C W, WANG J J. A Spatial－color Mean－shift Object Tracking Algorithm with Scale and Orientation Estimation[J]. Pattern Recognition Letters，2008，29（16）：2165－2173.

[22] PARK J, KIM Y. 3D Shape Mapping of Obstacle Using Stereo Vision Sensor on Quadrotor UAV：AIAA Guidance, Navigation, and Control

Conference[C]. SanDiego：AIAA GNC, 2014：0975.

[23] CHANG K, XIA Y, HUANG K, et al. Obstacle Avoidance and Active Disturbance Rejection Control for a Quadrotor[J]. Neurocomputing, 2016, 190：60 – 69.

[24] MOORE R J D, THURROWGOOD S, BLAND D, et al. A Stereo Vision System for UAV Guidance：International Conference on Intelligent Robots and Systems [C]. St. Louis：IEEE/RSJ, 2009：3386 – 3391.

[25] Lyu Y, Pan Q, Zhao C, et al. Autonomous Stereo Vision Based Collision Avoid System for Small UAV[M]//AIAA Information Systems – AIAA Infotech @ Aerospace [C]. Grapevine：AIAA, 2017：1150.

[26] BHANDARI S, SRINIVASAN T, GRAY J, et al. Collision Avoidance System Using Stereoscopic Vision for Unmanned Aerial Systems：AIAA Infotech@ Aerospace[C]. Son Diego：AIAA,2016：1985.

[27] BARRY A J, OLEYNIKOVA H, HONEGGER D, et al. Fast Onboard Stereo Vision for UAVs：Vision – based Control and Navigation of Small Lightweight UAV Workshop, International Conference On Intelligent Robots and Systems (IROS)[C]. Hamburg：IROS,2015.

[28] BHANDARI S, TAN A, BANUELOS J, et al. Flight Test Results of the Collision Avoidance System for a Fixed – Wing UAS Using Stereoscopic Vision：AIAA Information Systems – AIAA Infotech @ Aerospace[C]. Grapevine：AIAA,2017：0909.

[29] PARK J, KIM Y. Stereo Vision Based Collision Avoidance of Quadrotor UAV：12th International Conference on Control, Automation and Systems[C]. Jeju：ICCAS,IEEE, 2012：173 – 178.

[30] POLLINI L, GRECO F, MATI R, et al. Stereo Vision Obstacle Detection Based on Scale Invariant Feature Transform Algorithm AIAA Guidance, Navigation and Control Conference and Exhibit[C]. Hilton head：AIAA GNC, 2007：6612.

[31] GALLUP D, FRAHM J M, MORDOHAI P, et al. Variable Baseline/ Resolution Stereo：2008 IEEE Conference on Computer Vision and Pattern Recognition[C]. Anchorage. CVPR,IEEE, 2008：1 – 8.

[32] OH J H, PARK J, LEE S H, et al. Error Modeling of Depth Measurement Using FIR Stereo Camera Systems: Proceedings of the Third International Conference on Digital Information Processing and Communications (ICDIPC2013). The Society of Digital Information and Wireless Communication[C], Dubai: ICDIPC, 2013: 470 – 475.

[33] OPROMOLLA R, FASANO G, RUFINO G. Performance Evaluation of 3D model-based techniques for autonomous pose initialization and tracking: Proceedings of AIAA Infortech at Aerospace Conference[C]. AIAA, 2015.

[34] HU T, ZHAO B, TANG D, et al. ROS – based Ground Stereo Vision Detection: Implementation and experiments [J]. Robotics and biomimetics, 2016, 3(1): 14.

[35] Viola P, Jones M. Robust Real – time Object Detection [J]. International Journal of Computer vision, 2001, 4(34 – 47): 4.

[36] Harris M, Sengupta S, Owens J D. Parallel Prefix Sum (scan) with CUDA[J]. GPU gems, 2007, 3(39): 851 – 876.

第 6 章

无人机碰撞规避与编队防撞集结控制

对单架无人机而言,由于无人机上并没有像有人机上的机组人员来承担威胁检测和威胁规避的职能,无人机系统只能单纯地依靠装载在无人机上的一系列传感器与处理器来完成障碍物探测与自主规避,实现与有人机"探测与规避"相同的功能,这个过程称为"感知与规避",而在无人机上承担这一职能的系统被称为"感知与规避系统"。从狭义来讲,无人机自主感知与规避技术即指无人机系统通过机载传感器实现对空中交通环境的有效观测、威胁评估,预测可能的碰撞威胁,并生成有效的规避路径和机动控制,从而实现碰撞规避和保障空域交通安全。由于无人机进入空域进行任务操作时,碰撞冲突可能在不同的相对距离通过不同的方式被检测到,因此,从广义来讲,无人机感知与规避系统主要功能可以分为自主飞行空间远距离空间分离功能与近距离障碍检测、识别与碰撞规避功能,即无人机可以通过数据链和空中交通管制系统获得空中交通环境中的各类目标信息,实现远距离的"自我"分离,而通过狭义的感知与规避技术实现近距离的威胁规避,通过这两种功能的结合,实现无人机在复杂空域环境中的自主安全飞行。

无人机飞行环境的日益复杂化使无人机与高动态、强实时的空间操作环境之间的交互达到新的水平,给无人机的自主能力和安全性提出了新的要求。首先,无人机需具备对任务空间的环境感知能力。在未来高动态、强实时性要求的战场环境中,无人机要安全地完成既定任务,需要对地面、空中的静止目标和动态飞行器等多种潜在安全威胁具有高精度、可靠的感知能力,感知内容既包括对地面静止目标,如建筑、高山等的位置估计,也包括对动态空中目标的有效检测、跟踪。其次,无人机能够完成任务空间的态势评估和威胁估计。对飞行空间环境的态势理解与目标威胁属性判别,是保证无人机飞行安全的重要前提。在自主化、智能化的要求下,无人机能够利用感知数据,通过自主逻辑判断,形成对目标态势和威胁程度的准确判断,为进一步的任务执行和安全保障提供参考。最后,无人机具有碰撞规避和安全保障能力。面对静止的地形、建筑以及运动的飞行器等多种碰撞威胁,无人机能够通过路径重规划、机动控制等功能,高效、安全地形成威胁消减和碰撞风险规避,从而保障无人机任务执行的高可靠性和安全性,如图 6-1 所示。

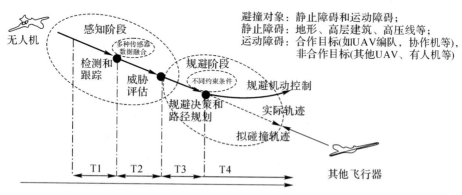

图 6-1　无人机感知与规避示意图

首先,对于无人机来说,感知规避能力极其重要。其中,无人机规避技术,即航迹规划能力在现实生活中扮演着一个很重要的决策者,可以选择所需要的规划算法移植到无人机的开发设备当中去,从而使无人机可以自动规划路径。鉴于该技术在民用生活与军事领域的迫切需求,研究无人机的避障技术具有重大意义。

其次,针对多无人机编队控制技术的研究,尽管无人机具备众多的优势,但仍存在很多的问题亟待解决。如在执行侦察任务时,由于自身质量所限,仅能携带单一的任务设备,这就有可能受到天气、地形等客观因素的影响,不能顺利完成任务;如在某一区域飞行时,由于角度受限制,可能需要多次飞行才能全部完成测绘拍照任务,这将大大降低使用效率,提高整体运行成本。针对上述问题,人们经过多年的努力,提出了一种解决方案,即无人机编队飞行。这一措施将尽可能地发挥单机的作用,并拓展整体的使用范围,达成高效、安全地执行多种任务的目的。无人机编队飞行就是将两架及两架以上同种类或者不同种类的无人机按照特定的编队构型完成飞行任务,若任务改变、环境变化,必须根据实际情况实施编队重构。编队飞行相比于单架无人机飞行有如下优点:一是编队飞行时,编队成员可以通过相互之间的配合,提高完成任务的成功率。例如,无人机编队在对某一目标进行搜索定位时，可以协同合作，分别使用各自携带的传感器设备实施多次扫描，就能够提高定位目标的概率，同时节省任务时间。二是编队成员不同功能机型间可相互配合，提高执行任务的效率。比如在战场环境中，多无人机由攻击机、侦察机、预警机和加油机等组成编队共同执行空袭打击任务，按照各自不同的能力依次对敌方进行侦察、攻击，战场评估，资源补充等。三是多无人机编队执行任务时，无人机之间可以互相交换位置，保证任务的成功率。比如处于战斗状态时，假设某一个编队成员被攻击或者由于被控制而不能执行当前任务时，多无人机系统可以通过内部任务再分配，保证任务能够得到有效执行。四是可以通过并行执行分配任务来提高效率，无人机编队完成任务的效率在执行地区搜索目标时要远高于单独的一架无人机，如图6-2所示。

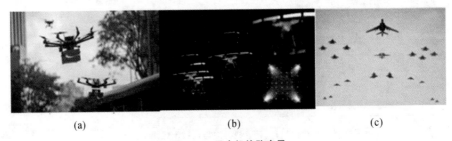

(a)　　　　　　　　　　(b)　　　　　　　　　　(c)

图 6-2　无人机编队应用

(a)编队运输；　(b)编队表演；　(c)编队飞行

近年来，国内外科研工作者就无人机编队飞行控制系统展开了深入的探索和钻研。对于一个无人机编队系统来说，如果要保证系统能顺利执行指定的工作，其中首要一点就是要保证该编队能够正常安全地飞行，无人机编队之间不能出现碰撞、冲突等自毁的情况，这是执行后续任务的前提。如果要保持无人机编队飞行的安全，就必须对编队系统无人机的位置、速度、方向等进行最佳的协同控制，从而实现无人机编队的飞行控制。

综上所述，针对无人机编队的协同控制、队形集结研究以及编队间碰撞避免的研究具有重要的研究意义与研究价值。

|6.1　多无人机编队控制技术研究现状|

编队控制技术最早是针对空间飞行器而提出的，用于降低卫星的研制与发射成本，提高卫星对地观测的覆盖率。近年来，国内外在无人机编队控制方面开展了大量理论探索和实物研究。在21世纪初，美国NASA和空军就将其确定为21世纪的关键技术之一。无人机编队控制具体为,当多个无人机组成编队联合飞行时,相互之间要保持固定的几何形态,同时又要满足任务需求和适应周边环境约束(例如障碍规避,对其他飞行器的规避)。无人机编队控制大致可分为运动协调与覆盖协调:运动协调主要包括编队队形保持、编队集结、编队解散、编队重构、队形变换和编队避撞/障;覆盖协调是指无人机编队的任务规划和分配,包括部署、搜救、勘探,以及攻击目标的分配等。

多无人机协同飞行的首要问题是如何实现编队的组建、解散。在这一方面,国内外学者已开展了一些研究。C. W. Reynolds[1]提出了一种多无人飞行器的集结控制方案,主要是防止各成员之间分离。S. Rohde[2]在此基础上进行了改进,虽能快速集结,却没有考虑如何防止机间发生碰撞。V. Gazi[3]用势场方法来模拟群聚集行为和凝聚力,Olfati-Saber使用结构势函数来实现防碰撞、分析集群的稳定性。另外,基于行为法的集结模式是又一种重要方法,如模拟鸟类、蚂蚁和鱼类的集群行为,还有长机-僚机法[4]、虚拟结构法[5]和最优集结路径法[6],等等。有时由于特定的需要,对编队无人机的位置或者编队队形进行改变,此时就需要进行队形变换;或者有新的无人机进入或者脱离编队时,编队需要进行队形变换。在队形变换的过渡过程中,应考虑众多约束,如时间、碰撞避免、安全距离保障等等。恰当的队形变换方案不仅效率高,而且安全性和可靠性好。无人机编队集结与变换主要的应用场景:当无人机编队执行任务时,在空旷区域需要以低耗能要求飞行,此时需要菱形编队或三角形编队;当无人机编队需要穿过峡谷或隧道时,此时需要以一字形编队飞行;当无人机编队遇到障碍物时,此时可以选择队形解散避开障碍物之后再进行编队集结。其关键研究问题集中在如何制定每架无人机的运动轨迹,使队形变换从初始状态到终态这段时间内满足一定的约束集[7]。Seiya Ueno[8]提出了基于Dijkstra算法的队形变换方法。队形变换的控制律需满足运算时间和一定约束下最优两项要求,变换方法和编队队形有关,也和队形变换前后的编队具体特征有关,此外也可以考虑先将编队解散,再进行编队集结。

在编队集结顺利完成以后,最为核心的问题是队形控制和队形保持。根据协同编队飞行定义的基本要求,机群的队形结构在编队飞行过程中必须保持不变,这主要依赖编队飞行的控制策略。编队飞行的控制策略分为两方面,一方面是多机间信息的交互,另一方面是队形控制算法。无人机因任务要求往往要保持其在编队中的相对位置基本不变,无人机编队要保持一定的编队形状,它们之间必须有信息的交互。

在信息交互的控制策略方面,一般有集中式控制、分布式控制和分散式控制三种方式,每一种方式都有其独特的定义和优势,又有各自的缺点。

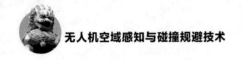

1.集中式控制[9]

编队中每架无人机都要将自己的状态信息(位置、速度、姿态和运动目标等)与其他无人机进行交互,故每架无人机都知道整个编队的信息,控制效果最好,但是大量的信息交互在途中容易产生冲突,计算量大,对机载计算机的性能要求较高,同时系统和控制算法较为复杂。

2.分布式控制[10]

编队中每架无人机要将自己的状态信息(位置、速度、姿态和运动目标等)与相邻的其他无人机进行交互,故在此控制策略中每架无人机知道与之相邻的无人机的状态信息,虽然控制效果相对较差,但信息交互较少,大大减少了计算量,系统实现相对简单。

3.分散式控制[11]

编队中每架无人机仅需要保持自己和编队中约定点的相对关系,无须与其他无人机进行交互,此控制策略控制效果最差,基本没有信息的交互,计算量也最小,但结构最为简单。

在近距编队中,不仅是编队队形的保持,也应该十分注意避免无人机间碰撞发生,因为一些干扰因素会引起扰动,比如编队运动方式发生突然变化、队形改变等,防止冲突的避撞策略就是要避免在扰动下可能发生的机间碰撞。无人机自主防碰撞控制涉及许多理论和技术问题。O.B.Khatib[12]利用势场函数研究出第一个无人机间防碰撞方法,此方法基于人工势场法,当两机之间的距离小于固定值时,排斥因子起主要作用,两机分离以避免碰撞。该方法的主要缺点是不能保证相对距离大于最小安全距离。T.McLain利用协同航迹规划方法解决多机防碰撞,但只适用于合作型无人机,且适用情况较少。Shin Hyo‐Sang用几何分析法预测碰撞冲突,对通过只控制偏航角的冲突规避法的实用性和稳定性进行了分析,但只考虑了二维情况。K.D.Bilimoria[13]使用几何最优法,以入侵机为原点修正本机速度和位置,速度向量和保护圆相交则冲突,选择改变偏航角使速度和圆相切,但该方法也只在二维平面内适用。K.Kant将防碰撞处理当成威胁类型中的一种,作为航迹规划中的约束条件加以考虑,把避碰问题分解为路径规划和速度规划两种方式。

一般意义上的智能体是指,能够自主地感知外部环境以及自身状态的变化,并能主动地做出相应改变的一类具有交互性特点的个体,广泛应用于人工智能领域。由于单一智能体所拥有的资源有限,因此面对复杂环境和任务时,解决问题的能力将被极大地限制,如何解决这一难题,是学术界的共同课题之一,因此,多智能体系统概念应运而生。多智能体系统是由分布配置的大量单一智能体通过网络互联所构成的整体,是一种大规模的复杂系统,其具有对环境变化的自我调节能力,并且能够通过智能体相互之间的联系,共同完成复杂的任务。如多机器人系统、多无人飞行器系统、传感器网络等都是多智能体系统。由于多智能体系统中的个体可以根据任务不同而采取异构模式,因此相比单个子系统,多智能体系统具有更好的鲁棒性和可扩张性。

在多智能体系统控制问题中,系统中的个体必须能够同时获得彼此的信息,根据这些共享信息达到一致性的状态。所谓系统的一致性,从控制理论的角度分析,就是指各智能体的状态在一定的控制协议作用下,最终达到一致的性质。将状态变量定义为协同变量,将最终的一致状态定义为决策值。最近几年来,一致性问题已经引起了各学科领域的关注,并且广泛应用于群集、蜂拥、编队控制和传感器网络中。越来越多的研究人员开始致力于探索充分利用信息交互的控制理论,力求降低算法的解算工作量,其中多智能体信息一致性就是其中的典型代表,它的产生和发展极大地推进了无人机编队控制的进展。对于一致性问题的研究起源于生物系统中的群体行为,如蜂群的整体运动,动物的大规模迁徙以及细菌群落等现象,在这些群体行为中,可以发现一个明显的事实,即这些简单的行为体能够通过大量的群体行为,完成复杂而庞大的任务。这给科研人员很多的启示,因此逐渐开始对这一领域有所研究探索。

随着多智能体系统技术的快速发展,协同控制过程中的信息一致性问题引起了国内外研究人员的强烈关注。信息一致性可使各个智能体的状态或目标通过相互作用最终达到一致。信息一致性是一种优秀的智能化控制策略,在许多领域具有十分广泛的应用价值,例如,无人机编队控制、卫星编队、水下自治机器人作业、平面移动机器人、无线传感网络通信等。对于无人机编队来讲,将每架无人机当作智能体,而整个编队就是多智能体系统,无人机之间的通信数据共同构成信息流。相互通信的多智能系统形成了彼此关联的网络结构。研究信息一致性问题需要借助于图论工具,它通过线性代数理论来研究图的表示、变换和性质等。一般使用图的顶点来描述单个智能体;有向边用来描述智能体间信息流的传输关系和方向,它存在于两个顶点之间;信息的重要度通过有向边的权重来表示。图论中的邻接矩阵、关联矩阵、拉普拉斯矩阵等概念可以系统地表示智能体的通信拓扑,特别是拉普拉斯矩阵及其特征值在多智能体系统的稳定性和稳定速度上扮演着重要角色。图论可以清晰地描述多智能体的通信拓扑结构,并且图论的发展已经相对成熟,是目前研究信息一致性的主要工具。通过图论对多智能体建模后,可以分析系统的稳定性,即信息一致性的稳定判据。信息一致性稳定判据是多智能体协同控制的重中之重,研究稳定判据具有十分重要的理论和实践意义。

A. Jadbabaie利用切换系统和随机矩阵理论对Vicsek模型进行了稳定性分

析。使用 Reynolds 模型也能使智能体最终达到与运动方向收敛到同一方向,速度大小收敛到同一终值。Olfati - Saber 指出,如果多智能体的拓扑结构是强连通的有向图,那么对于任意初始状态,系统的状态渐近一致性稳定,并且在强连通的有向拓扑结构下,系统平均一致性稳定的充分必要条件是信息交换图是平衡图。真正使一致性理论取得了重大进展的是任伟,他是美国加州大学的教授,曾获得美国国家自然科学基金会杰出学术发展奖。任伟给出固定通信拓扑结构下,连续或离散系统达到渐近一致的充分必要条件,即通信拓扑中包含最小生成树。这个条件比 Olfati - Saber 提出的强连通条件弱,适用范围更广,促进了信息一致性理论的快速发展,他的理论在 2005 年之后引起了全球广大学者的强烈兴趣。关于非线性情形,最小生成树仍然是一致性稳定的充分条件,并得到了数学上的证明。Z. Lin 考虑了一种连续系统的一致性问题并给出了充分必要条件。L. Moreau 指出每个智能体根据非线性更新的下一步状态要求落在一个由它的邻居个体和它自己生成的凸集里,进而所考虑的一致性问题就完全依赖于图的连通性。在工程应用中,多智能体之间的通信会存在时间延迟、干扰、控制输入有界等现象。考虑了这些因素后,一致性稳定判据的研究会更具实际意义。对于时间延迟,基于广义 Nyquist 理论和盖尔圆定理,可以给出带时延线性系统的一致性稳定判据。Yao Chen 将时延的研究推广到非线性和离散系统中去,给出了一致性稳定的充分条件。

在许多实际应用场合,对多智能体的协同控制是在某些约束条件下进行的。例如,控制输入是有界的,期望所有的智能体最终都收敛到一个特定终值或是特定区域。任伟分析了有界控制输入约束条件下二阶积分系统的渐近一致性稳定问题。F. Xiao 则是在切换拓扑结构下,研究了具有有界时变通信时间延迟的离散多智能体系统一致性问题。Bauso 还在固定拓扑结构下讨论了非线性一致性协议的稳定问题,使得所有智能体最终收敛到一个特定值。近年来,多智能体信息一致性理论逐渐应用于无人机编队研究,关于多无人机信息一致性问题的研究取得了长足进展,依靠信息交互的一致性算法日渐成熟,T. McLain 将一致性算法应用于编队控制问题,它指出对于任意有向信息流,只要存在有向生成树就能实现精确的编队保持,进而将前述长机-僚机法、基于行为法和虚拟结构法统一到基于相对位置的一般框架之下。K. Bilimoria 针对二阶多智能体的旋转编队控制问题,基于一致性算法给出编队控制协议,并利用 Lyapunov 方法和复杂系统理论进行理论分析。M. Douglas 等人考虑具有非完整性约束机械系统(例如轮式移动机器人)的协同控制问题,基于图论方法和一致性算法给出协同控制律,并进行了 Lyapunov 稳定性分析。

综上所述,在多无人机编队协同控制技术中,单无人机必须具备飞行所必需的飞行控制、传感器以及信息融合等技术,协同控制的研究涉及众多学科和技术领域,虽然国内外技术人员在此方面已经取得了不少成绩,但距离实际工程应用还有一段很长的距离,因此,多无人机编队控制是一个十分艰巨的研究课题,原因主要有以下几个方面。

(1)大多数算法均以简化的无人机模型为研究对象,对无人机在定高飞行下的编队控制问题进行探讨,这使得编队的运动变得单一化,不能进行机动调整,无法适用于空间机动过程中的编队形成和队形保持。

(2)多数多机协同控制理论基于长机-僚机模型。即便如此,大多数研究中只有两架无人机形成编队,对长机不作控制,协同控制策略只对僚机起作用,通过调整僚机的航迹和姿态实现对整个编队的控制,这其实是一种僚机跟随控制,与真正多机协同编队控制还有较大的差距。

(3)现代飞行控制系统对实时性的要求很高,很多优化控制算法,如神经网络、H^∞控制和预测控制方法设计出来的控制器阶次往往很高,运算时间长,难以在工程上实现,这也成为很多优化算法在实际应用中的障碍。

(4)信息一致性算法是一种现代智能算法,同时运算代价低,实时性好。但目前其研究理论仍处于发展阶段,其本身的许多相关理论需要深入探讨。而结合无人机运动特点,将其应用到编队控制中,更是处于起步阶段。因此如何将其在多机编队中进行实际应用,是一个热点,也是一个难点。

(5)多无人机的分布式控制必然要考虑无人机之间通信时间延迟和数据丢包现象、部分通信链路发生故障等情况,遗憾的是,目前对这些因素的研究成果极少有公布。

|6.2 无人机规避与编队集结防撞技术|

6.2.1 单架无人机基本航迹规划方法

无人机航迹规划为在特定约束条件(包括任务要求、威胁分布、环境约束和飞行器自身约束)下,寻找飞行器从起始点到目标点满足某种性能指标和某些约束(包括有效避开敌方雷达的探测和敌方威胁的攻击,且避开可能影响飞行的险要地形、恶劣气候和人工障碍等不利因素)的最优运动路径,其实质是轨迹优化问题。本章主要关注无人机规避相关算法技术,无人机规避技术也就是无人机航迹规划问题。

航迹规划的约束条件较多,如燃油的不等式约束、飞行总时间的不等式约束、飞行器性能的不等式约束等。这些因素之间往往相互耦合,改变其中某一因素通常会引起其他因素的变化,因此在航迹规划过程中需要协调多种因素之间的关系。在本章中具体来说,无人机航迹规划需要考虑如下因素:飞行器的物理限制、飞行任务要求、实时性要求。表6-1展示了多种航迹规划算法的基本思路和优、缺点。

表6-1 多种航迹规划算法的基本思路和优、缺点

类别	基本思路	优点	缺点
人工神经网络（ANN）	引入"能量函数"概念,先将数字地图地形信息映射到一个Hopfield神经网络上,然后基于约束条件构造一个合适的能量函数,最后通过网络的收敛使能量最小来获取希望的航迹	在静态和动态环境中有较好的效果	有时不能收敛,或者很快达到了收敛状态,但是得到的航迹不满足题意,且求解运算量大
模拟退火（SA）	模拟热力学经典粒子系统的降温过程来求解规划问题的极值,将"加热"在起始点附近一定范围内的所有点不断进行迭代运算,使所有点的温度逐渐冷却,冷却速度根据一个随机产生的冷却时间表决定。在迭代一定时间后,通过寻找规划区域的最低温度,可以得到最优航迹	求解速度快,能找到合法的解,虽然不一定最优,但基本满足要求	该方法最大缺点是需要一个相当长的优化过程,最优性大大取决于冷却时间表的选择,而且这种算法也无法避免陷入局部极小状态
遗传算法（GA）	模拟生物在自然环境中的遗传和进化过程而形成的一种自适应全局优化概率搜索算法,根据问题中个体适应度大小按照相应规则挑选个体,借助自然遗传学的遗传算子进行组合交叉和变异,产生代表新解集的种群,导致种群像自然进化一样的后生代种群比前代更加适应于环境,末代种群中的最优个体经过解码,可以作为问题近似最优解	提供了一种求解复杂化问题的通用框架,对问题的具体细节要求不高,对问题的处理有很强的鲁棒性,不受搜索空间限制性假设约束,不要求优化函数具备连续、导数存在和单峰等假设,并隐含并行性	比较费时,一般不适合用来进行实时规划,收敛速度慢,且容易陷入局部最优,无法保证收敛到最优点,对于超高维、多局部极值的复杂函数,遗传算法往往在优化的收敛速度和精度上难以达到期望的要求

续表

类别	基本思路	优点	缺点
蚁群算法（AA/ACO）	这也是一种模拟进化算法,利用生物信息激素作为蚂蚁选择后续行为的依据,并通过蚂蚁的协同来完成寻优过程	具有很好的通用性和鲁棒性,是一种结合了分布式计算、正反馈机制和贪婪式搜索的算法,有很强的搜索较优的能力,具有很强的并行性和更好的可扩充性	一般需要较长的搜索时间,容易出现停滞现象,不利于发现更好的解
A-star算法	这是一种经典的最优启发式搜索算法,主要思路是将航迹约束条件与规划空间的划分结合起来。启发信息的选取至关重要,因为若太简单,则展开的中间节点数会增多;若太复杂,则计算估计值花费的时间也增多,因此应折中考虑	该算法通过启发信息引导搜索达到减小搜索范围、提高计算速度的目的,可得到实时可行航迹,且缩小了搜索空间,提高了规划效率。该算法也可用于解决静态的规划问题	目前较好的启发函数要靠试凑方法获得,使得算法应用受到很大的限制
粒子群算法（PSO）	这是基于群体智能的一种进化计算方法,是一种新型的进化计算技术,粒子的位置代表被优化问题在搜索空间中的潜在解。所有的粒子都有一个由被优化问题在搜索空间中的潜在解。所有的粒子都有一个由被适应度函数决定的适应值（Fitness value）,每个粒子还有一个速度决定它们飞翔的方向和距离。粒子们追随当前的最优粒子在解空间中搜索	概念简单、容易实现,同时又有深刻的智能背景,并且需要调整的参数少。该算法最大的优点就是算法简单,运算速度快,收敛时间短,占用内存少,不受函数约束条件的限制,隐含并行搜索特性,从而减小了陷入局部极小的可能,可以提高算法性能和效率	对高维复杂问题,往往都会遇到早熟收敛和收敛性能差的缺点,无法保证收敛到最优点
可行性方向法（FDA）	该方法是由梯度法演化而来的,与一般梯度搜索寻优法一样,通过不断改变控制量,直到性能指标最优。可行性方法的独到之处在于,它先找到控制量的"最佳"（容许）方向,然后再沿该方向改变控制量	可直接计算三维最优航迹,该方法在调节控制变量使性能指标变小的同时,还能满足约束条件	局限性在于收敛速度慢,而且可能得到一个局部最优解而非全局最优解,基于梯度法的所有方法收敛速度都具有较大的不确定性,其收敛速度受地形轮廓影响较大

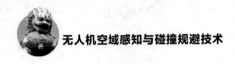

续表

类别	基本思路	优点	缺点
动态规划（DP）	该方法是解决多阶段决策最优化问题的一种思想方法，将复杂的多变量决策问题进行分段决策，从而将其转化为多个单变量的决策问题。在问题的多阶段决策中，按某一顺序，根据每一步所选决策的不同，将随即引起状态的转移，最终在变化的状态中产生一个决策序列	可以得到全局优化结果，当飞机偏离航线时可加以校正，该法利用现代计算机的存储能力来提高实时计算速度；按照得出的递推关系式进行递推，这种递推相对于计算机来说，只要设计得当，效率往往是比较高的，这样在时间上溢出的可能性不大	计算效率不高，需要很大空间存储中间产生的结果，这样可以使包含同一个子问题的所有问题共用一个子问题解，从而体现动态规划的优越性，但是以牺牲空间为代价的，为了有效地访问已有结果，数据也不易压缩存储，因而空间矛盾比较突出
非线性规划（NP）	将航迹分为若干段，应用低阶多项式来表达每一段内状态变量，通过调整状态变量和控制变量使性能指标取最小	用低阶多项式表达每一段内状态变量，通过调整状态变量和控制变量使性能指标取最小	变量数目很多，用一般求解非线性规划的方法速度很慢，甚至难以求解
Voronoi 图	根据雷达阵地、导弹阵地的布置情况依次作相邻两阵地的中垂线，形成围绕各个雷达和导弹阵地的多边形，多边形边界就是可飞的航迹	把复杂的空间区域内航迹搜索问题转化成简单的加权图的搜索问题，便于实现，且直观性能较好，可行性较高	一般只适用于二维航迹规划
随机路标图法（PRM）	通过在规划空间随机进行采样生成路标图，在该路标图中搜索航迹	可以在规划时间和路径质量之间进行权衡，其复杂度主要依赖于寻找航迹的难度，跟整个规划环境的复杂度和规划空间的维数基本无关，适合工程上的应用	该算法不适合在线实时应用，一般来说所规划的也不是最优航迹，可能会产生绕弯路的情况，这就需要对规划出来的航迹进行优化
快速扩展随机树（RRT）	这是一种随机生成航迹的方法，相对于PRM而言，它不需要预先设置路标图，而是通过伸向随机生成目标节点的树枝来在线构造可行的轨迹树。另外，PRM在预处理阶段对路径空间进行了彻底的搜索	能快速有效地在尽可能小的空间中搜索，可以和系统内在的动态特性结合起来，避免了对空间的建模，能够有效解决高维空间和复杂约束的运动规划问题	可重复性比较差，且规划出的航迹经常远离最短航迹

续表

类别	基本思路	优点	缺点
人工势场法（APFM）	不需要利用图形的形式表示规划空间，而是将物体的运动看成是将运动物体拉向目标点的吸引力和使物体远离障碍物和威胁源的排斥力这两种力作用的结果，这样物体总是沿着合力的方向运动	显著特点是规划速度快，在线计算能力强，实时性好	可能找不到路径，从而导致规划失败，原因是在吸引力和排斥力相等的地方存在局部最小点
数学规划法（MPM）	将避障问题表示成一系列不等式约束，这样，航迹规划问题就可以表示成带有约束条件的最优化问题	除距离和障碍之外，还可以综合考虑多种与路径相关的其他要素	解决非线性问题，且带有多个约束，需用数字方法进行求解，计算量很大，且易受局部最小值的影响

通过表 6-1 中对多种航迹规划算法简单原理的描述，以及优、缺点的分析，可看出现有的航迹规划方法仍存在着不足：收敛时间较长，不同的输入条件下规划时间相差很大，规划时间随问题规模的增大而迅速增长，约束条件比较简化以及不是最优解等问题。此外，无人机的飞行环境比较复杂，这就对航迹规划算法研究提出了更高的要求，因此对于无人机自主避障航迹规划的研究是十分必要的。

6.2.1.1　人工势场法理论

人工势场法路径规划的基本思想是将机器人在周围环境中的运动，设计成一种抽象的人造引力场中的运动，目标点对移动机器人产生"引力"，障碍物对移动机器人产生"斥力"，最后通过求合力来控制移动机器人的运动。如图 6-3 所示，通过两张图形象地描绘了引力势场和斥力势场。

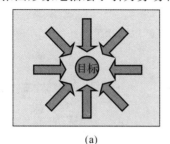
(a)

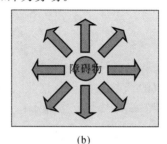
(b)

图 6-3　人工势场法势场示意图

（a）引力势场；　（b）斥力势场

人工势场法可以采用不同形式的势场函数描述,路径规划效果也因势场函数形式的不同而存在较大的区别,但基本原理大致不变。常用的势函数为梯度势场,该方法采用与位置相关的势函数来进行载体的路径规划,使载体具有较好的适应环境变化的能力。已知势场由两部分组成:引力势场和斥力势场,如图6-4所示。势场法计算简单,有良好的实时性;结构简单,便于底层的实时控制,易于实现,因而得到了广泛的应用。

但传统人工势场法也存在不少缺陷:

(1)存在陷阱区域;

(2)在相近的障碍物群中不能识别路径;

(3)在障碍物前震荡;

(4)在狭窄通道中摆动;

(5)障碍物附近目标不可达。

由于引力势场的范围比较大,而斥力的作用范围只是局部的,当机器人和障碍物的距离超过障碍物影响范围时,机器人不受斥力势场的影响,因此,势场法只能解决局部空间的避障问题,它缺乏全局信息,这样,它就很容易陷入局部最小值。所谓局部最小值点,就是在引力势场函数和斥力势场函数的联合分布的空间内,在某些区域受到多个函数的作用,造成了局部最小点。当机器人位于局部最小点时,机器人容易产生振荡或者停滞不前。障碍物越多,产生局部最小点的可能性就越大,产生局部最小点的数量也就越多。

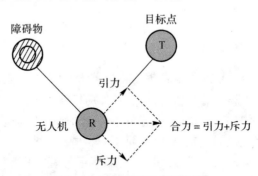

图6-4 人工势场中无人机受力图

传统人工势场法的定义如下:

若无人机的当前位置坐标向量为 $\boldsymbol{X} = (x,y)$,目标点的坐标向量为 $\boldsymbol{X}_g = (x_g, y_g)$,则定义引力势场函数如下:

$$U_{att} = \frac{1}{2} k \rho^2 (\boldsymbol{X}, \boldsymbol{X}_g) \qquad (6-1)$$

式中,k 为大于 0 的引力势场函数的系数常量;无人机到目标点的距离为 $\rho(\boldsymbol{X},$

$X_g) = \| \boldsymbol{X} - \boldsymbol{X}_g \|$,引力为引力势场函数的负梯度,则定义引力如下:

$$F_{\text{att}}(\boldsymbol{X}) = -\nabla(U_{\text{att}}(\boldsymbol{X})) = k(\boldsymbol{X}_g - \boldsymbol{X}) \tag{6-2}$$

定义斥力势场函数如下:

$$U_{\text{rep}}(\boldsymbol{X}) = \begin{cases} \dfrac{1}{2}m\left(\dfrac{1}{\rho(\boldsymbol{X},\boldsymbol{X}_0)} - \dfrac{1}{\rho_0}\right)^2, & \rho(\boldsymbol{X},\boldsymbol{X}_0) \leqslant \rho_0 \\ 0, & \rho(\boldsymbol{X},\boldsymbol{X}_0) > \rho_0 \end{cases} \tag{6-3}$$

式中,m 为大于 0 的斥力势场系数常量;$\boldsymbol{X}_0$ 为障碍物的位置坐标向量;无人机到障碍物的距离为 $\rho(\boldsymbol{X},\boldsymbol{X}_0) = \| \boldsymbol{X} - \boldsymbol{X}_0 \|$;$\rho_0$ 为障碍物的最大影响范围,则定义斥力如下:

$$F_{\text{rep}}(\boldsymbol{X}) = -\nabla(U_{\text{rep}}(\boldsymbol{X})) =$$
$$\begin{cases} m\left(\dfrac{1}{\rho(\boldsymbol{X},\boldsymbol{X}_0)} - \dfrac{1}{\rho_0}\right)\dfrac{1}{\rho^2(\boldsymbol{X},\boldsymbol{X}_0)}\dfrac{\partial\rho(\boldsymbol{X},\boldsymbol{X}_0)}{\partial\boldsymbol{X}}, & \rho(\boldsymbol{X},\boldsymbol{X}_0) \leqslant \rho_0 \\ 0, & \rho(\boldsymbol{X},\boldsymbol{X}_0) > \rho_0 \end{cases}$$
$$\tag{6-4}$$

其中
$$\frac{\partial\rho(\boldsymbol{X},\boldsymbol{X}_0)}{\partial\boldsymbol{X}} = \left(\frac{\partial\rho(\boldsymbol{X},\boldsymbol{X}_0)}{\partial x},\frac{\partial\rho(\boldsymbol{X},\boldsymbol{X}_0)}{\partial y},\frac{\partial\rho(\boldsymbol{X},\boldsymbol{X}_0)}{\partial z}\right)$$

可知无人机受到的合力为

$$F(\boldsymbol{X}) = F_{\text{att}}(\boldsymbol{X}) + F_{\text{rep}}(\boldsymbol{X})$$

针对传统人工势场法存在的目标不可达问题,最为普遍的改进斥力函数的方法是在斥力函数中引入无人机和目标点之间的相对距离,具体实现如下:

若无人机的当前位置为 $\boldsymbol{X} = (x,y,z)$,目标点的位置为 $\boldsymbol{X}_g = (x_g,y_g,z_g)$,障碍物的位置为 $\boldsymbol{X}_0 = (x_0,y_0,z_0)$,则定义改进后的斥力势场函数如下:

$$U_{\text{rep}}(\boldsymbol{X}) = \begin{cases} \dfrac{1}{2}m\left(\dfrac{1}{\rho(\boldsymbol{X},\boldsymbol{X}_0)} - \dfrac{1}{\rho_0}\right)^2\delta(\boldsymbol{X}-\boldsymbol{X}_g)^n, & \rho(\boldsymbol{X},\boldsymbol{X}_0) \leqslant \rho_0 \\ 0, & \rho(\boldsymbol{X},\boldsymbol{X}_0) > \rho_0 \end{cases} \tag{6-5}$$

式中,n 为大于 0 的可变常数,一般取值为 2;$\delta(\boldsymbol{X}-\boldsymbol{X}_g)^n = |(x-x_g)^n| + |(y-y_g)^n|$ 为无人机与目标点之间的相对距离,定义斥力为斥力势场的负梯度如下:

$$F_2(\boldsymbol{X}) = -\nabla(U_2(\boldsymbol{X})) = \begin{cases} F_{11}(\boldsymbol{X}) + F_{12}(\boldsymbol{X}), & \rho(\boldsymbol{X},\boldsymbol{X}_0) \leqslant \rho_0 \\ 0, & \rho(\boldsymbol{X},\boldsymbol{X}_0) > \rho_0 \end{cases} \tag{6-6}$$

式中,

$$F_{11} = m\left(\frac{1}{\rho(\boldsymbol{X},\boldsymbol{X}_0)} - \frac{1}{\rho_0}\right)\frac{1}{\rho^2(\boldsymbol{X},\boldsymbol{X}_0)}\delta(\boldsymbol{X}-\boldsymbol{X}_g)^n\frac{\partial\rho(\boldsymbol{X},\boldsymbol{X}_0)}{\partial\boldsymbol{X}} \tag{6-7}$$

$$F_{12} = \frac{1}{2}m\left(\frac{1}{\rho(\boldsymbol{X},\boldsymbol{X}_0)} - \frac{1}{\rho_0}\right)^2\frac{\partial\delta(\boldsymbol{X}-\boldsymbol{X}_g)^n}{\partial\boldsymbol{X}} \tag{6-8}$$

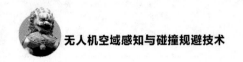

$$\frac{\partial \delta \ (\boldsymbol{X}-\boldsymbol{X}_{\mathrm{g}})^n}{\partial \boldsymbol{X}}=\left(\frac{\partial \delta \ (\boldsymbol{X}-\boldsymbol{X}_{\mathrm{g}})^n}{\partial x},\frac{\partial \delta \ (\boldsymbol{X}-\boldsymbol{X}_{\mathrm{g}})^n}{\partial y}\right) \qquad (6-9)$$

6.2.1.2 蚁群算法理论

蚁群算法(Ant Colony Optimization，ACO)是一种在图中寻找优化路径的智能算法。蚁群算法由 Macro Dorigo 于 1991 年受蚂蚁觅食过程中的路径行为启发而提出。经过生物学家长期研究发现，每只蚂蚁在没有事先预知的情况下独自开始寻找食物。在其中一只蚂蚁找到食物后，它会向周围环境释放一种挥发性分泌物，即信息素，信息素浓度的大小决定了路径的远近，且该信息素会随着时间的推移逐渐挥发，直至完全消失。随着信息素释放得越来越多，蚂蚁们探测到信息素并沿着释放信息素的路线行进，最终找到食物。若有蚂蚁开辟出一条更短的路径，由于信息素的影响，越来越多的蚂蚁会逐渐移动到这条更优路径上，经过一段时间后，就可以规划出一条最短的路径。

蚁群算法的基本数学模型首先被成功运用于旅行商问题。在旅行商问题中使用的蚁群算法，有 n 个城市和 m 只总数的蚂蚁，每只蚂蚁选择下一个城市按照一致的距离移动，并沿线释放强度一致的信息素。在基本蚁群算法模型里，从 i 城市到 j 城市第 k 只蚂蚁的转移概率为

$$p_{ij}^k(t)=\begin{cases}\dfrac{[\tau_{ij}(t)]^{\alpha}[\eta_{ij}]^{\beta}}{\sum\limits_{k\in \mathrm{allowed}k(t)}[\tau_{ij}]^{\alpha}[\eta_{ij}]^{\beta}}, & i,j\in \mathrm{allowed}k(t)\\ 0, & \text{其他}\end{cases} \qquad (6-10)$$

其中 allowed$k(t)$ 表示蚂蚁 k 下一步允许选择的节点，用公式表示为

$$\mathrm{allowed}k(t)=\{1,2,\cdots,n\}-\mathrm{tabu}_k \qquad (6-11)$$

式中，tabu_k 为蚂蚁设置的禁忌表，用来记录蚂蚁 k 走过的路径；α 为信息素浓度启发因子，α 越大，蚂蚁越趋向于选择多数蚂蚁走的路径；β 为期望启发因子，是蚂蚁选择下一个位置的依据，β 越大，蚂蚁越趋向于选择距离终点近的栅格。η_{ij} 为期望启发函数，表示位置 i 和位置 j 之间距离 d_{ij} 的倒数：

$$\eta_{ij}=\frac{1}{d_{ij}} \qquad (6-12)$$

蚂蚁会在经过的路径上留下信息素，信息素会随时间的推移挥发，信息素的更新规则为

$$\tau_{ij}(t+n)=(1-\rho)\tau_{ij}(t)+\Delta\tau_{ij} \qquad (6-13)$$

式中，ρ 为信息素浓度挥发因子，$\rho\in(0,1)$，

$$\Delta\tau_{ij}=\sum_{k=1}^m\Delta\tau_{ij}^k \qquad (6-14)$$

式中, $\Delta\tau_{ij}^{k}$ 为蚂蚁在 t 到 $t+n$ 时刻留在 i 和 j 位置间的信息素,依据 Ant - cycle 模型

$$\Delta\tau_{ij}^{k}=\begin{cases}\dfrac{Q}{L_k}, & (i,j)\in P_k(\mathrm{begin},\mathrm{end})\\ 0, & 其他\end{cases} \qquad (6-15)$$

式中, Q 为信息素强度; L_k 为蚂蚁 k 在本次循环中的路径长度; $P_k(\mathrm{begin},\mathrm{end})$ 为蚂蚁 k 在本次循环中从起点到终点所走的路径。

在 Ant - quantity 模型中

$$\Delta\tau_{ij}^{k}=\begin{cases}\dfrac{Q}{d_{ij}}, & (i,j)\in P_k(\mathrm{begin},\mathrm{end})\\ 0, & 其他\end{cases} \qquad (6-16)$$

在 Ant - Density 模型中

$$\Delta\tau_{ij}^{k}=\begin{cases}Q, & (i,j)\in P_k(\mathrm{begin},\mathrm{end})\\ 0, & 其他\end{cases} \qquad (6-17)$$

这种迭代过程一直持续到满足终止条件:到达预定迭代次数或最佳路径没有变化。算法收敛的快慢与蚂蚁数 m、信息素浓度启发因子 α、期望启发因子 β、信息素浓度挥发因子 ρ 均有关。蚂蚁数量 m 越大,路径搜索的随机性越高,因此收敛就越慢, m 太小,则会出现搜索过早停滞现象。蚁群算法的优、缺点如下。

1.蚁群算法的优点

大量的实验研究表明,基本蚁群算法具有很强的发掘较优解的能力,蚁群算法具有以下优点:

(1)蚁群算法与其他启发式算法相比,在求解性能上具有很强的鲁棒性和搜索能力。

(2)蚁群算法是一种基于种群的进化算法,具有本质并行性,易于并行实现。

(3)蚁群算法很容易与多种启发式算法结合,以改善算法性能。

2.蚁群算法的不足

蚁群算法也存在一些不足之处:

(1)如果参数设置不当,求解速度会很慢且所规划路径的质量特别差。

(2)基本蚁群算法计算量大,求解所需时间较长。虽然能通过信息交换得到较优解,但是当问题内容过多过大时,会不可避免地增加搜索时间,降低效率。

(3)基本蚁群算法中理论上要求所有的蚂蚁选择同一路线,该线路即为所求的最优线路;但在实际计算中,在给定一定循环数的条件下很难达到这种要求。

(4)蚁群算法收敛速度慢,易陷入局部最优。

(5)蚁群算法一般需要较长的搜索时间,其复杂程度可以反映这一点;而且

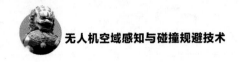

该方法容易出现停滞现象，即搜索到一定程度后，所有个体发现的解完全一致，不能对解空间进一步进行搜索，不利于发现更好的解。

如今，蚁群算法已被成功运用于无人机路径规划。如图 6-5 所示为蚁群算法路径规划流程图。

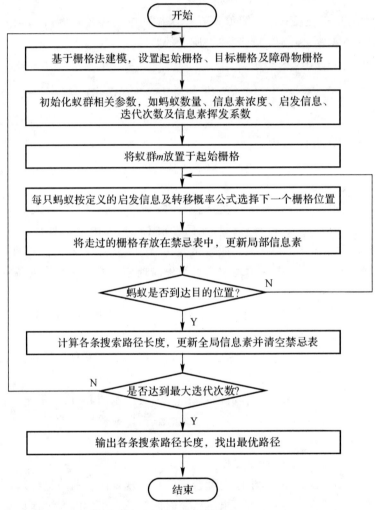

图 6-5 基本蚁群算法路径规划流程图

6.2.1.3 模糊逻辑控制算法理论

模糊控制是建立在人工经验基础上的不需知晓被控对象的数学模型就可以对系统实施控制的一种算法。模糊控制算法易对不确定系统或非线性系统进行控制,对被控对象的参数变化有较强的鲁棒性。模糊控制系统由输入通道、模糊控制器、输出通道、执行机构与被控对象组成,其基本结构如图6-6所示。

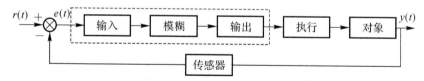

图 6 - 6　模糊控制系统基本结构

如图6-7所示为模糊控制器的各功能模块,模糊控制器由模糊化模块、数据库和规则库构成的知识库、模糊推理模块和解模糊模块组成[17]。模糊逻辑控制过程为,传感器把受控对象的相关物理量转换成数值量,将输入测量值作标准化处理并转换成相应语言变量的术语,构成模糊集合。

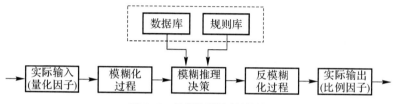

图 6 - 7　模糊控制器功能模块

模糊化是将输入值匹配成语言值的过程,模糊化模块接口的作用是将一个确定的点 $\boldsymbol{x} = [\begin{matrix} x_1 & x_2 & \cdots & x_n \end{matrix}]^{\mathrm{T}} \in U$ 映射为 U 上的一个模糊集合 A。知识库包括数据库和规则库,数据库提供必要的定义,如隶属度函数的定义等,规则库则存放与过程操作有关的经验型知识。

模糊推理机的作用是根据模糊逻辑法则,把模糊规则库中的“if - then”规则转换成某种映射,即实现 $U_1 \times U_2 \times \cdots \times U_n$ 上的模糊集合到 V 上的模糊集合的映射。模糊规则可以表示成积空间 $U \times V$ 上的模糊蕴涵 $F_{l1} \times F_{l2} \times \cdots \times F_{ln} \rightarrow G_l$。模糊推理的过程则是根据这一蕴涵关系,将模糊输入映射为模糊输出。

推理决策逻辑是模糊控制的核心,它利用知识库的信息运用模糊数学理论对模糊控制规则进行计算推理,以得到一个定性的用语言表示的量,即模糊输出量。模糊控制中常用推理形式有 Mamdani 型、Takagi - Sugeno 型加权平均法。

1. Mamdani 型推理方法

如果 x 是 A_1,则 y 是 B_1;

如果 x 是 A_2,则 y 是 B_2;

……

如果 x 是 A_n,则 y 是 B_n;

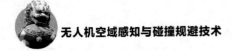

则 y_1 是 Y_1；……；y_n 是 Y_n。

2. Takagi‐Sugeno(T‐S)型模糊推理方法

如图 6‐8 所示为 Takagi‐Sugeno(T‐S)模糊逻辑系统框架图。

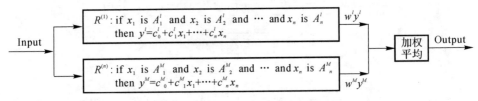

图 6‐8　Takagi‐Sugeno 模糊逻辑系统框架图

模糊规则：如果 x_1 是 A_1^l，且 x_2 是 A_2^l，且 …… 且 x_n 是 A_n^l，则 $y^l = c_0^l + c_1^l x_1 + \cdots + c_n^l x_n$。模糊推理所得的结果是一个模糊集或者是它的隶属函数，不能直接用于输出，因而还需要运用解模糊化模块，其作用是把 V 上的一个模糊集合映射为一个确定的点 $y \in V$，即将模糊输出集转换为系统的数值输出。

模糊逻辑算法是一种基于实时传感信息，通过查表获取规划信息来实现局部路径规划的智能算法。在基于模糊逻辑的无人机路径规划算法中，算法分为目标搜寻（Goal Searching Behavior）、障碍规避（Obstacle Avoidance Behavior）、数据融合（Fusion Weight Behavior）三个部分来进行。算法框架如图 6‐9 所示。

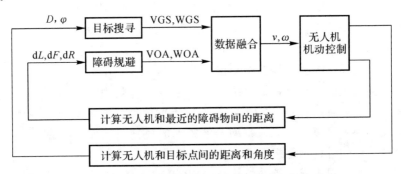

图 6‐9　基于模糊逻辑算法的无人机路径规划框架图

假设无人机仅在同一水平面上运动，构建如图 6‐10 所示的平面坐标系，无人机当前位置坐标为 (x_m, y_m)，目的地位置坐标为 (x_g, y_g)。无人机与目的地间的直线距离为 D，无人机与目的地间连线与 x 轴的夹角为 θ，角度 φ 定义为无人机速度方向与 x 轴的夹角减去夹角 θ，无人机角速度为 ω，方向如图 6‐10 所示。dL,dF,dR 分别表示障碍物最左端、中心、最右端距无人机的距离。

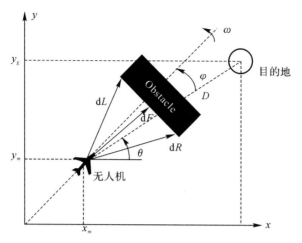

图 6-10　无人机路径规划平面图

无人机模型(此处不考虑垂直方向的运动,假设 UAV 仅在水平方向移动):

$$\left.\begin{array}{l} \dfrac{\mathrm{d}x}{\mathrm{d}t}=v\cos\theta \\[2mm] \dfrac{\mathrm{d}y}{\mathrm{d}t}=v\sin\theta \\[2mm] \dfrac{\mathrm{d}\theta}{\mathrm{d}t}=w \end{array}\right\} \tag{6-18}$$

式中,v 为 UAV 的线速度;ω 为 UAV 的角速度;θ 为 UAV 速度方向与 x 轴的夹角。

3. 目标搜寻(Goal Searching Behavior)

在此模块中,仅考虑目标向着目的地方向行进的运动,以确保无人机最终能正确地到达目的地。式(6-19)给出了距离 D、角度 φ、夹角 θ 的计算方式:

$$\left.\begin{array}{l} D=\sqrt{(x_\mathrm{g}-x_\mathrm{m})^2+(y_\mathrm{g}-y_\mathrm{m})^2} \\[2mm] \varphi=\theta_\mathrm{m}-\theta \\[2mm] \theta=\arctan\dfrac{y_\mathrm{g}-y_\mathrm{m}}{x_\mathrm{g}-x_\mathrm{m}} \end{array}\right\} \tag{6-19}$$

在无人机的控制过程中,运用两个模糊控制器控制无人机向着目的地的线速度 v_GS 和角速度 ω_GS。

(1) 定义模糊控制规则。UAV 目标搜寻线速度 v_GS 模糊控制规则表见表 6-2。UAV 目标搜寻角速度 ω_GS 模糊控制规则表见表 6-3。

表 6 - 2   UAV 目标搜寻线速度 v_{GS} 模糊控制规则表

输入 D	VN	N	M	F	VF
输出 v_{GS}	VS	S	M	B	VB

表 6 - 3   UAV 目标搜寻角速度 ω_{GS} 模糊控制规则表

输入角度 φ	NB	NM	NS	ZE	PS	PM	PB
输出 ω_{GS}	PB	PM	PS	ZE	NS	NM	NB

（2）无人机线速度模糊控制状态关系如图 6 - 11 所示。

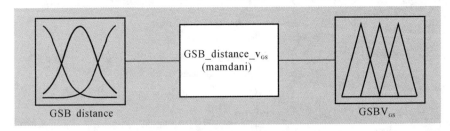

图 6 - 11   无人机线速度 v_{GS} 模糊控制状态关系图

（3）无人机距离目标点的距离 D 隶属度函数以及无人机线速度 v_{GS} 隶属度函数如图 6 - 12 和图 6 - 13 所示。

（4）无人机角速度模糊控制状态关系，如图 6 - 14 所示。

（5）角度 φ 隶属度函数和无人机角度 ω_{GS} 隶属度函数如图 6 - 15 和图6 - 16 所示。

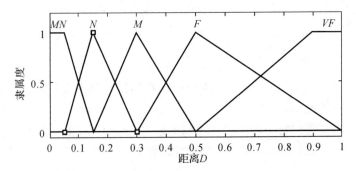

图 6 - 12   无人机距离目标点的距离 D 隶属度函数

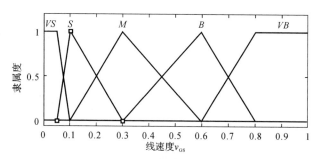

图 6 - 13   无人机线速度 v_{GS} 隶属度函数

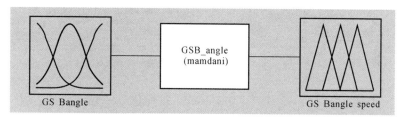

图 6 - 14   无人机角速度 ω_{GS} 模糊控制状态关系图

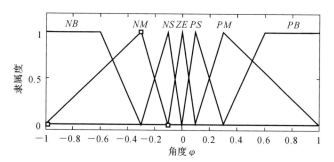

图 6 - 15   角度 φ 隶属度函数

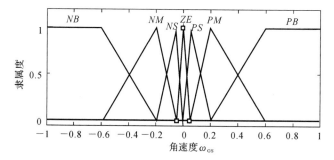

图 6 - 16   角速度 ω_{GS} 隶属度函数

4. 障碍规避（Obstacle Avoidance Behavior）

这一环节为了避免 UAV 与障碍物碰撞而设立，其中 dL，dF，dR 为输入，线速度 v_{OA} 和角速度 ω_{OA} 为输出（见图 6-17～图 6-20）。

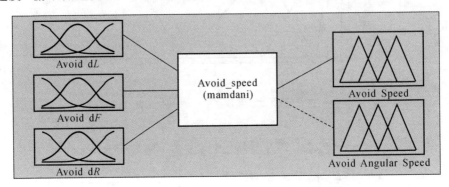

图 6-17　无人机障碍规避环节模糊控制状态关系图

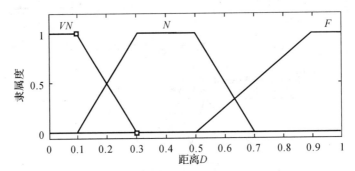

图 6-18　$D = \min(dL, dF, dR)$ 的隶属度函数

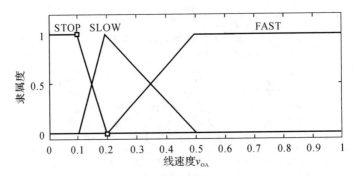

图 6-19　无人机障碍规避线速度 v_{OA} 的隶属度函数

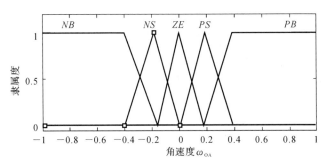

图 6 - 20   无人机障碍规避角速度 ω_{OA} 的隶属度函数

无人机障碍规避线速度 v_{OA} 和角速度 ω_{OA} 模糊控制规则表见表 6 - 4。

表 6 - 4   无人机障碍规避线速度 v_{OA} 和角速度 ω_{OA} 模糊控制规则表

线速度 v_{OA}	角速度 ω_{OA}
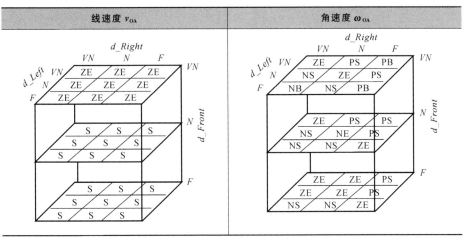	

3. 数据融合(Fusion Weight Behavior)

无人机最终速度为目标搜寻与障碍规避两个模块速度的融合,融合方式如下:

$$v = \tau v_{GS} + (1-\tau) v_{OA}$$
$$\omega = \tau \omega_{GS} + (1-\tau) \omega_{OA} \qquad (6-20)$$

参数 τ 由以下模糊推理系统确定(见图 6 - 21 ～ 图 6 - 24 和表 6 - 5)。其中,第二个输入变量 distance $D = \min(dL, dF, dR)$。

表 6 - 5   数据融合参数 τ 模糊控制规则表

τ		D		
		N	M	F
d	N	VS	S	M
	M	S	M	B
	F	M	B	VB

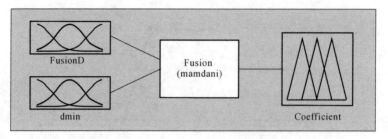

图 6-21　数据融合参数 τ 模糊控制图

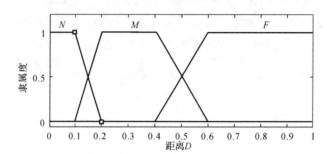

图 6-22　无人机距目标距离 **D** 的隶属度函数

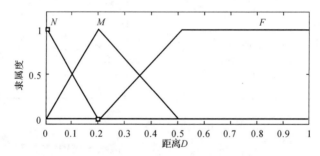

图 6-23　distance **D**＝min(d**L**,d**F**,d**R**) 的隶属度函数

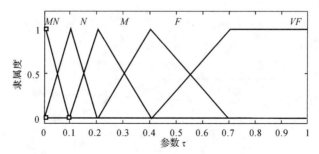

图 6-24　融合参数 τ 的隶属度函数

6.2.2 多无人机编队防撞集结技术

近年来,越来越多的科学研究人员了解了多无人机协同飞行的概念,认识到多无人机协同飞行可以提高任务执行的效率和成功率。多无人机编队控制是指多架无人机按照任务需要组成相应队形和路径规划,在三维空间内对多无人机编队进行协同控制,使其能够高效完成既定任务。无人机编队协同控制问题包括无人机动力学模型、坐标转换、编队队形设计、编队保持或重构、编队控制策略、信息交互策略等。

6.2.2.1 多智能体系统

1. 一致性理论

一致性理论是以图论为基础的,无人机编队之间的通信拓扑关系可以用有向图的形式来表示,这正好符合图论的基本原理,图论就是表示个体间拓扑关系的一种工具。在图论理论中,点表征一个实体的事物,边表征相连接事物之间的某种约束。基于此,在设计无人机编队的控制方案时,就可以应用图论理论简化编队的通信拓扑结构,也使得通信模型变得简单。

(1) 图论基础。在图论中,二元组图 G 由集合 $V = V(G)$ 和 V 中的无序数对的集 $E(G)$ 组成,$|V|$ 表示图 G 的阶数,V 为顶点集并且非空有限,E 为边集,E 中的无序数对一般是以两节点的连线表示的,也就是边。$|E|$ 表示图 G 的边数。

一般情况下,一个有向图可用 $G = (V, E)$ 来描述,$E \subset V \times V$ 描述的是一对有序点集合。在无人机编队中,有向图中的边 $(i, j) \in E$ 表示无人机 j 可以获取无人机 i 发送的信息。而在无向图中,边 (i, j) 描述的是无人机 i 与无人机 j 可以互相传递获取信息,即边 (i, j) 等同于边 (j, i)。此外,有向图存在继承的关系,若是有一条边是从节点 i 到节点 j 的,就称节点 i 为节点 j 的父节点,节点 j 为节点 i 的子节点。有向图路径是由一组例如 (ν_{ij}, ν_{mn}) 的边构成的,其中 $\nu_{ij}, \nu_{mn} \in V$。规定在有向图中,如果从每一个节点到其他节点都大于等于一条有向路径的话,则称此有向图是强连通的。

(2) 图的相关矩阵。有向图的邻接矩阵 $\boldsymbol{A}$ 如式(6-21)所示,它表示图中各个节点之间的关系:

$$\boldsymbol{A} = [a_{ij}] \in \mathbf{R}^{n \times n}, \quad a_{ii} = 0, \quad a_{ij} > 0 (i \neq j) \tag{6-21}$$

拉普拉斯矩阵表达式如下:

$$\boldsymbol{L} = [l_{ij}] \in \mathbf{R}, \quad l_{ij} = \sum_{j \neq i} a_{ij}, \quad l_{ij} = -a_{ij} (i \neq j) \tag{6-22}$$

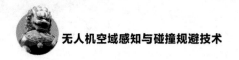

其中,由矩阵的定义可知,矩阵 L 满足以下条件:

$$l_{ij} < 0, i \neq j, \quad \sum_{j=1}^{n} l_{ij} = 0, \quad i = 1, 2, \cdots, n \qquad (6-23)$$

定义 I_n 为 $n \times 1$ 维列向量,其全部元素为 1,0_n 为 $n \times 1$ 维列向量,其全部元素为 0。由拉普拉斯矩阵性质可得:$LI_n = 0_n$,拓扑关系如图 6-25 所示。

根据以上所述定义,图 6-25 所示的邻接矩阵以及拉普拉斯矩阵分别表示如下:

$$A = \begin{bmatrix} 0 & 1 & 0 & 1 \\ 1 & 0 & 1 & 0 \\ 0 & 1 & 0 & 1 \\ 1 & 0 & 1 & 0 \end{bmatrix}, \quad L = \begin{bmatrix} 2 & -1 & 0 & -1 \\ -1 & 2 & -1 & 0 \\ 0 & -1 & 2 & -1 \\ -1 & 0 & -1 & 2 \end{bmatrix}$$

（3）一致性算法。智能体是通过其自身具有的传感器来感知外部环境信息,并借助于执行器作用于该环境的一种事物,其概念被广泛应用于人工智能和计算机领域之中。单架次的无人机利用自身携带的传感器和自动驾驶仪控制其能够按照要求稳定地飞行,因此,单架无人机也可以看作是一个独立的智能体。继而无人机编队就可以看作是一个由多智能体组成的系统,该系统是由分布配

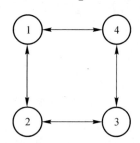

图 6-25 拓扑关系示意图

置的大量自治子系统通过网络互连构成的,是一种复杂的、大规模的系统。在编队控制、群集、蜂拥等协同控制问题中,一致性理论得到了科研人员广泛的关注。所谓一致性,从控制理论的角度来说,就是指各智能体的状态变量在一定的控制协议和控制器的作用下,最终达到一致。这些状态变量统称为协同变量,最终达到的状态值统称为决策值,而根据决策值是否已知,可以将一致性问题划分为有参考状态一致性和无参考状态一致性问题。一致性算法是对一致性理论的数学体现,将智能体之间的行为规则用控制方程来设定,对其状态用类似的动力学控制方程来描述,使它们的状态能够趋于一致。一致性算法就是指多智能体所有成员之间的交互规则。

对于连续多智能体的一致性,在这里给出两个可以解决此问题的基本算法。

一阶一致性算法为

$$\left. \begin{array}{l} \dot{\xi}_i(t) = u_i(t) \\ u_i = -\sum_{j=1}^{n} g_{ij}(\xi_i - \xi_j), \quad \forall i = 1, \cdots, n \end{array} \right\} \qquad (6-24)$$

式中,ξ_i 表示智能体 i 的信息状态(位置、角度);u_i 表示控制输入;g_{ij} 代表了通信拓扑中加权邻接矩阵中的第 (i,j) 项,且 $g_{ij} > 0$。当智能体 i 获取到智能体 j 传递的信息时,$g_{ij} = 1$;否则,$g_{ij} = 0$。

二阶一致性算法表示为

$$
\left. \begin{aligned}
\dot{\xi}_i &= \xi_i \\
\dot{\zeta}_i &= u_i \\
u_i &= -\sum_{j=1}^{n} g_{ij} \left[(\xi_i - \xi_j) + \gamma(\zeta_i - \zeta_j) \right], \quad \forall i = 1, \cdots, n
\end{aligned} \right\}
\tag{6-25}
$$

式中,ξ_i 表示智能体 i 的位置信息;ζ_i 表示智能体 i 的速度信息;$g_{ij} > 0$,$\gamma = 0$。当智能体 i 获取到智能体 j 传递的信息时,$g_{ij} = 1$;否则,$g_{ij} = 0$。式(6-25)中,当 $t \to \infty$ 时,$\| \xi_i - \xi_j \| \to 0$,$\| \zeta_i - \zeta_j \| \to 0$,$\forall i \neq j$ 以及全部的 $\xi_i(0)$,即表示系统达到渐进一致性。二阶一致性算法是对智能体运动规律的描述。上述两公式都属于分布式一致性协议,每一个智能体在系统中仅需要获取局部相邻智能体的状态信息。令 $\boldsymbol{\xi} = [\xi_1 \ \cdots \ \xi_n]^T$,$\boldsymbol{\zeta} = [\zeta_1 \ \cdots \ \zeta_n]^T$,式(6-25)可以写成 $\begin{bmatrix} \dot{\boldsymbol{\xi}} \\ \dot{\boldsymbol{\zeta}} \end{bmatrix} = \boldsymbol{\Gamma} \begin{bmatrix} \boldsymbol{\xi} \\ \boldsymbol{\zeta} \end{bmatrix}$,其中,$\boldsymbol{\Gamma} = \begin{bmatrix} \boldsymbol{0}_{n \times n} & \boldsymbol{I}_n \\ -\boldsymbol{L} & -\gamma\boldsymbol{L} \end{bmatrix}$。

(4)系统稳定性。对于一个控制系统来说,稳定性是其最基本要求,只有一个稳定的系统在受到外部未知噪声和干扰时才能够继续正常地工作运行。稳定性的含义有很多种,例如 Lyapunov 稳定性、输入输出稳定性和周期稳定性等。对于这些稳定性的研究已经经过了上百年积累,也留下了大量可供参考的文献资料。Lyapunov 稳定性理论在对非线性系统稳定性分析以及设计方面作用十分突出,首先需要对自治系统以及平衡状态有所了解,再来理解 Lyapunov 稳定性定理,下面分别就两个概念进行介绍:对于自治系统来说,现如今已经有了完备的理论基础知识,所谓自治系统就是指一种外部输入为零时的控制系统,通常情况下,其状态方程为

$$
\boldsymbol{x} = f(\boldsymbol{x}, t), \quad \boldsymbol{x}(t_0) = \boldsymbol{x}_0, \quad t \in [t_0, \infty)
\tag{6-26}
$$

方程式(6-26)表示时间连续的非线性时变系统状态方程;$\boldsymbol{x}$ 为时刻 t 时的系统状态量;$\boldsymbol{x}(t_0)$ 为时刻 t_0 时的系统初始状态量;$f(\boldsymbol{x}, t)$ 表示考虑时间 t 的系统状态函数。由式(6-26)可知,时间 t 是系统状态方程中的一个关键因素。对于不随时间变化的自制系统,可将其简化为 $\dot{\boldsymbol{x}} = f(\boldsymbol{x})$,这样就可以忽略时间 t 的影响。上述分析讨论的系统都是针对非线性的情况进行的,而且是时不变的,而对于线性时变系统,给出其时间连续状态方程为

$$
\dot{\boldsymbol{x}} = \boldsymbol{A}(t)\boldsymbol{x}, \quad \boldsymbol{x}(t_0) = \boldsymbol{x}_0, \quad t \in [t_0, \infty)
\tag{6-27}
$$

式中,$\boldsymbol{x}$ 为系统状态量;$\boldsymbol{x}(t_0)$ 为系统初始状态量;$\boldsymbol{A}$ 为系统的矩阵,它是线性时变

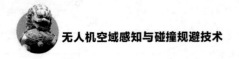

的。那么,方程就可以简化为 $\dot{x}=Ax$。

上文对线性以及非线性的情况都进行了分析,如果在自治系统中存在一个 x_e 满足下面的方程:$\dot{x}_e=f(x_e,t)=0,\forall\,t\in[t_0,\infty)$,则定义此状态点 x_e 为自治系统的平衡状态。

通过以上对自治系统和平衡状态的描述分析,对其基本原理有了初步了解,下面对李雅普诺夫(Lyapunov)稳定性定理知识进行相关研究。Lyapunov 稳定性定理具有普遍适用性,在各种控制系统中都得到了广泛的应用,例如时变以及时不变系统、线性以及非线性系统等等,Lyapunov 稳定性定理都可以对其进行解决。在采取此定理分析相关问题时,由于处理过程中的途径有所不同,一般将其分为直接法和间接法两种。①Lyapunov 直接法。这种方法在实际工程中应用十分广泛,具有一般性,并且理论严谨,物理含义清晰,因此也成为现代控制理论中的一种主要方法。其处理过程包括以下三个步骤:首先,构造 Lyapunov 函数,这个函数必须确保是正定的;其次,在 Lyapunov 函数建立好以后,利用数学方法求出其导数,然后分析它的负定性;最后,如果上述导数是负定性的,就是利用 Lyapunov 稳定性定理来判断。②Lyapunov 间接法。间接法相对于直接法来说应用相对较少,分析过程比较烦琐,主要是应用经典控制论分析系统的稳定性,对于线性系统在处理时没有线性化的过程,相对容易,而遇到非线性系统时,需对其进行线性化处理,即在某一合理点先利用泰勒公式展开,然后求线性化后系统的根,根据根的分布情况进行判定。因此,解决非线性系统稳定性时,间接法就会十分复杂,并且有一定的局限性。

下面给出 Lyapunov 稳定性定理:假设存在非线性或者线性的自治系统的状态方程,它使得方程式(6-26)或者方程式(6-27)成立,若可以构造出一个连续可微的标量函数 $V(x)$,并且 $V(0)=0$,同时对所有原点附近的非零状态 x 使下面两个条件成立:

1)$V(x)$ 函数为正定;

2)$\dot{V}(x)=dV(x)/dt$ 为负半定函数;

则系统在 $x=0$ 处达到一致稳定。

(5)有限时间稳定性理论。在系统有限时间控制研究中,有限时间稳定性理论起着主导作用,因此本小节主要介绍两种稳定性理论。一种是 Bhat 等人提到的有限时间稳定性理论,一种是有限时间输入-状态-稳定性理论。

定义 6.2.1 考虑以下自治动力学系统:
$$\dot{x}=f(x),\quad f(0)=0,\quad x(0)=x_0 \tag{6-28}$$
式中,$x\in\mathbf{R}^n,D\to\mathbf{R}^n$ 在 $x=0$ 的一个开邻域 D 上连续。如果存在一个 $x=0$ 的开邻域 $U\subseteq D$ 和一个函数 $T_x:U/\{0\}\to(0,\infty)$,使得 $\forall x_0\in U$,系统式(6-28)

的解 $s_t(0,x_0)$ 有定义,并且对所有的 $t \in [0, T_x(x_0)], s_t(0,x_0) \in U/\{0\}$ 成立,且 $\lim\limits_{t \to T_x(x_0)} s_t(0,x_0)=0$。则称 $T_x(x_0)$ 为镇定时间。如果系统式(6-28)的零解是 Lyapunov 稳定并且是有限时间收敛的,则称其是有限时间稳定的。若 $\boldsymbol{U}=\boldsymbol{D}=\boldsymbol{R}^n$,则称该零解是整体有限时间稳定。

在给出有限时间输入-状态-稳定定义之前,先给出 K 类函数和有限时间 KL 类函数的定义。

定义 6.2.2 如果一个函数 $\gamma(\boldsymbol{x})$ 是连续,递增,并且有 $\gamma(\boldsymbol{0})=0$,则称 $\gamma(\boldsymbol{x})$ 是 K 类函数。

定义 6.2.3 考虑函数 $\beta: R_+ \times R_+ \to R_+$。如果对于每一个固定的时间 t,函数 $\beta(\cdot, t)$ 属于 K 类函数,对于每一个固定的 s,函数 $\beta(s, \cdot)$ 是非递增的,并且当 $t \to t_0 + T$ 时,$\beta(s, \cdot) \to 0$,其中 $T > 0$ 是一个给定有限时间常数,则称 $\beta(s, \cdot)$ 是有限时间 KL 类函数。

定义 6.2.4 考虑包含未知动态以及未知有界干扰的动力学系统:
$$\dot{x} = f(\boldsymbol{x}, t, \boldsymbol{d}) \qquad (6-29)$$
式中,$\boldsymbol{x}$ 是系统状态;$\boldsymbol{d}$ 是未知系统不确定性和外界干扰;$\boldsymbol{x}, \boldsymbol{d}$ 是任意合适维数的向量。如果存在一个有限时间 KL 类函数 β 和一个 K 函数 γ,使得,对于所有 $t \in [t_0, t_0 + T)$,
$$|\boldsymbol{x}(t)| \leqslant \beta(|x_0|, \mu_1(t-t_0)-1) + \gamma(\|\boldsymbol{d}\|_{[t_0, t]}) \qquad (6-30)$$
成立,则称系统式(6-29)是有限时间输入-状态-稳定的。

引理 6.2.1 考虑动力学系统式(6-28)。假设存在一个连续函数 $V(\boldsymbol{x})$: $\boldsymbol{D} \to \boldsymbol{R}$,满足如下条件:

1) $V(\boldsymbol{x})$ 是正定的;

2) $\dot{V}(\boldsymbol{x})$ 在 $\boldsymbol{D}/\{0\}$ 上连续且负定;

3) 存在实常数 $c > 0$ 和 $\alpha \in (0,1)$ 以及邻域 $\boldsymbol{U} \subset \boldsymbol{D}$ 使得在 $\boldsymbol{U}/\{0\}$ 上,$\dot{V}(\boldsymbol{x}) \leqslant -cV(\boldsymbol{x})^\alpha$ 成立,则系统的平衡点是有限时间稳定平衡点,并且有限收敛时间满足
$$T(x_0) \leqslant \frac{1}{c(1-\alpha)} V(x_0)^{1-\alpha} \qquad (6-31)$$

引理 6.2.2 考虑动力学系统式(6-27)。假设存在一个连续函数 $V(\boldsymbol{x})$: $\boldsymbol{D} \to \boldsymbol{R}$,满足如下条件:

1) $V(\boldsymbol{x})$ 是正定的;

2) $\dot{V}(\boldsymbol{x})$ 在 $\boldsymbol{D}/\{0\}$ 上连续且负定;

3) 存在实常数 $c > 0, 0 < \alpha < 1, 0 < \theta_0 < 1, 0 < d < \infty$ 以及邻域 $\boldsymbol{U} \subset \boldsymbol{D}$,使得在 $\boldsymbol{U}/\{0\}$ 上,$\dot{V}(\boldsymbol{x}) \leqslant -cV(\boldsymbol{x})^\alpha + d$ 成立,则系统在有限时间内达到稳定,并

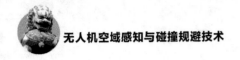
且有限收敛时间满足

$$T(x_0) \leqslant \frac{1}{c\theta_0(1-\alpha)} V(x_0)^{1-\alpha} \tag{6-32}$$

并且当 $t \geqslant T(x_0)$ 时，系统的状态轨迹收敛到一个紧急集合 Ω 内，其中

$$\Omega = \left\{ x \,\middle|\, V(x) \leqslant \left(\frac{d}{c(1-\theta_0)}\right)^{\frac{1}{\alpha}} \right\} \tag{6-33}$$

6.2.2.2　无人机编队方式及队形

飞行编队的编队方式主要分为紧密编队和松散编队两种，它是根据编队成员之间的距离以及队形是否固定来划分的。紧密编队要求编队成员之间的距离不能够太远，并且具有固定不变的队形。而松散编队没有具体的距离以及队形的要求，只需要向着一个共同的目标飞行即可。

无人机编队队形设计是编队控制领域的一个关键研究内容，编队飞行过程中，邻近无人机之间需要严格按照要求的间隔和高度差飞行。因为在飞行过程中，后面的飞机常会受到前面飞机尾流和激波的干扰，所以，合理的编队队形不仅能有效利用气动所产生的效应，还可以节省无人机的燃料，增加航程，并兼顾到无人机编队的安全，保证任务的执行。根据现有的无人机编队队形研究文献，常用几何队形有一字形、V字形、菱形等，如图6-26所示。对于不同的编队队形，采用何种编队控制策略都值得研究人员研究。

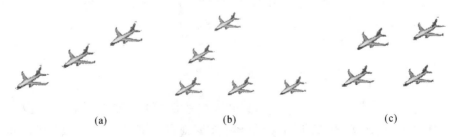

(a)　　　　　　　　　(b)　　　　　　　　　(c)

图6-26　常用编队几何队形

(a)一字形编队；　(b)V字形编队；　(c)菱形编队

不同的编队队形有着不一样的作用，根据不同的应用领域和任务可设计不同的队形。从以上编队的队形可以看出，一字形、V字形、菱形等形状都是规则且对称的，这样的设计方式有一定的好处，无人机编队可以很容易地确定出编队队形中的参考点。无人机自身都携带有传感器以及通信装置等设备，可以实现互相传递信息，通过编队之间状态信息的共享，无人机选择出合理的参考点，各无人机就可以根据自身所处的位置和参考点的相对距离来改变加速度等来控制

无人机达到期望位置,形成理想的编队队形。

无人机编队的应用是比较广泛的,有的是用来执行战斗任务,有的则是为了观测地形。由于无人机编队有着不同的用途和任务,其编队方式也会大不一样。最优的编队队形能够提高执行任务的效率和成功率。

6.2.2.3 无人机编队控制方法

无人机因任务要求往往要保持其在编队中的相对位置基本不变。无人机编队要保持一定的编队形状,它们之间必须有信息的交互。

在队形的具体控制算法方面,很多学者做了大量的研究。目前相对成熟且比较通用的队形控制算法主要有长机-僚机法、基于行为法、虚拟结构法、人工势场法等,这些方法都是基于各自存在的问题提出的,既有相应的优点,也都有一定的不足。下面对各个方法进行阐述。

1. 长机-僚机法控制方法

长机-僚机法是当前应用最为成熟的一种方法。其主要的规则是,在多无人机编队中,设定其中一架无人机为长机,其余无人机都被设定为僚机,长机按照预定的飞行路线或任务飞行,僚机根据长机的状态信息实时调整飞行,从而实现编队队形保持。这种编队方法的优点就是控制结构简单,非常容易操作,减少了系统开销,只要对领航者设定相对应的行为给定,并且要求领航者的控制律稳定,便可以实现在领航者的引领下使得无人机编队整个系统完成设计者的任务要求,整个编队也能实现稳定的控制。虽然这个控制方法操作容易实现,但是编队中无人机之间都是相互独立的,彼此之间没有交互,也没有对实时状态信息的一个反馈,在飞行过程中,僚机很有可能会出现跟踪误差,但是长机并不能够得到这一误差的信息反馈,继而就会发生僚机掉队的情况,无法完成编队飞行的任务。此外,长机在飞行过程中起着决定性的作用,它是整个编队能否稳定飞行的关键。一旦长机发生故障,整个无人机编队也无法继续飞行,抗干扰能力差是此方法的一大缺点。

2. 基于行为的控制方法

基于行为法顾名思义就是为无人机定义出一些基本的行为,比如无人机间的避障、避碰、编队保持和目标搜索及行为协调等,一般由其本身的传感器或者其他无人机的输出作为输入。此方法主要是以行为响应控制的平均权重为基础,决定每架无人机应该采取何种行为响应。某文献在研究不同几何队形编队飞行问题的过程中应用了基于行为控制法,并取得了较为良好的效果。该文献在应用基于行为法控制编队飞行的研究中,引入了人工势场方法。在编队飞行的过程中,每架无人机按照所在编队几何中心的位置保持编队队形,还可以通过

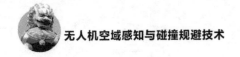

感知与相邻无人机偏差来调整自身的飞行参数进行机动飞行,从而可以实现编队的保持、重构和避碰。基于行为控制法的优点是采用分布式实现,相互之间的信息传递少,计算简单,系统实现较容易。其缺点是描述编队整体的动态特性困难,难以精准地控制来保证队形的稳定性。

3.基于图论的队形控制方法

基于图论方法的基本思想就是将无人机编队用一张图来表示,图中的一些节点表示无人机的相关特性,图中的边代表机间的约束。目前,关于图论的研究已经比较成熟,有很多的书籍和文献可供参考,而控制理论也是比较成熟的知识,因此可以对编队的稳定性进行分析,从而得到基于图论的控制方法。运用此方法,需要结合图论基础、控制论知识以及系统理论,综合实现编队队形的控制。此思想的优势在于能用图表示各种要求的队形,并且理论研究已经比较成熟;不足之处是实现复杂,主要应用于少量的编队控制当中。

4.人工势场法

Khatib 最早提出人工势场法的概念,此理论借助物理学知识,设定空间内的一智能体,障碍物对其有排斥作用,目标点对其有吸引作用,智能体在两个作用下奔向目标点并能够避开障碍物。最近几年来,路径规划也常用此方法,另外就是在对多机器人的运动控制中也常用到此方法。此方法的优点就是原理简单,计算方便,易于控制;缺点是容易陷入局部极值点。

除了上述编队控制算法之外,还有 PID 法、LQR 反馈控制以及滑模控制、极值搜索、涡旋调整、模型预测控制、神经网络和模糊控制以及视觉传感器技术等编队控制算法。

6.3 基于改进人工势场法的单机规避算法

人工势场法与其他规划算法相比,计算量小,目标清晰,简单灵活,可随时掌握所处位置环境中的障碍物形状、位置信息。无人机的移动方向随着所受势场力的变化而变化,具有实时性强、在线计算能力强、规划迅速等优点,但仍存在一些缺陷。本节主要对人工势场法进行了改进,通过增加附加力的方式避免无人机陷入极小值点,针对动态与静态障碍物,分别设计了不同的斥力场函数,通过仿真验证了改进算法的有效性,同时将此算法应用于无人机实际的障碍物规避中,也验证了算法的实际可用性。

6.3.1 单架无人机感知规避模型

关于无人机感知规避的定义,美国国防部在《无人机路线图 2010—2035》中定义为,无人机感知规避是无人机避免与其他空中飞行物相撞的能力,满足空域飞行的"感知与规避"标准。根据民航局关于无人机感知与规避系统的定义,其是指无人机机载安装的一种设备,用以确保无人机与其他航空器保持一定的安全飞行间隔,相当于载人航空器的防撞系统。

笔者主要关注的无人机属于轻、小型无人机。轻、小型无人机是指任务空间在 1 000 m 以下的军、民用无人机。该类无人机近年来的应用得到了广泛的发展,在超低空侦查、航拍、娱乐等领域都有巨大的应用场景,其任务场景具有如下特点:

(1)飞行空间复杂,障碍物包括地形、建筑、其他静态目标以及飞行器等;

(2)感知方式受载荷限制,采用轻质、低成本方案;

(3)飞行操作差异化、性能差别大;

(4)低空、慢速、小目标,传统的空域监管方法难以应用;

(5)定位、导航易受环境影响等。

仅考虑狭义下无人机感知规避技术,即指无人机系统通过传感器对所处飞行环境进行有效观测、威胁评估和判断,预测有可能发生的碰撞威胁,并生成有效规避路径进行机动控制,从而实现碰撞规避。具体流程如图 6-27 所示,按时间顺序主要包括障碍检测、跟踪、威胁评估、决策、规避路径规划与机动控制等。

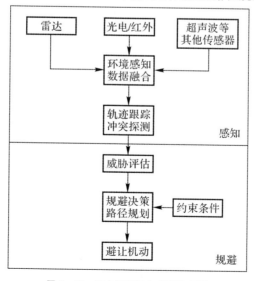

图 6-27 无人机感知与规避流程图

　　针对无人机战场环境复杂、多种碰撞威胁共存的情况，提出以下感知与规避技术方案。如图 6-28 所示，方案分为空间感知、威胁评估和规避策略三个模块，结合无人机的导航与控制系统，实现对障碍物的有效规避，保障无人机的飞行安全。

　　根据所提出的技术方案和各个模块的功能要求，可对无人机感知规避系统进行数学建模，原理如图 6-29 所示。

　　其中 x_T^i 为目标 $i(i=1,\cdots,n)$ 的状态信息，y_i^j 为本机 j（$j=1,\cdots,m$）对目标 i 的感知信息，其信息属性与具体的本机传感器配置有关，在安全评估与优化控制阶段，以本机状态 x_o，目标量测 y_i^j 以及 ATC 指令作为输入，以本机操作机动输出 u_o^j 作为输出给定至无人机平台，实现规避机动控制，最终输出目标状态 x_o^j 和航迹。定义环境扰动，如气象、电磁干扰等对感知和机动的影响为 θ。在感知与规避过程中，目标感知和规避路径与机动控制往往与本机状态 x_o 是互相耦合的，这就要求在信息感知和规避控制中要融合目标的导航状态信息 $\hat{x}_o^i$。

　　在复杂的战场环境中，$i>1$，即需要实现多个目标的感知与规避；当 $j>1$ 时，即本机为编队或群集状态，需要实现编队和群集的感知与规避。

　　建立感知规避性能评估指标，以安全性、高效性和精确性对 SAA 系统的效能进行衡量，具体如下：

　　安全性（Safety）：无人机飞行空域环境感知与路径规划设计要以安全性作为首要考虑因素，同时也是无人机未来空域集成的首要考虑因素。

　　高效性（Efficiency）：作为智能系统的重要特性，无人机感知与规避中，目标的信息感知和具体路径规划与机动控制应体现系统的合理性和高效性。

　　精确性（Accuracy）：精确性是系统功能实现的重要保证。在无人机感知与规避功能中，体现在目标感知的精确性以及路径规划与跟踪的精确性。

　　根据上述指标，无人机感知与规避系统可按下述功能函数进行设计：

$$\max_{u_o^j(t)(j=1,2,\ldots)} J = \sum_{i,j} P(x_T^i(t) \notin R(x_o^j(t))) + D(x_o^j(t),\hat{x}_T^i(t),S) +$$

$$C(x_o^j(t),x_o^{j^*}(t)) \tag{6-34}$$

式中，$P(x_T^i(t) \notin R(x_o^j(t))) > \bar{P}$；$u_o^j(t) \in U$；$S$ 为传感器属性配置；$R(\cdot)$ 为与目标位置相关的安全包络函数；$\bar{P}$ 为目标的安全置信度；U 为本机的机动约束等，通过最大化功能函数 $J(\cdot)$ 实现感知规避性能的最大化。根据功能，函数分为 3 个部分，即通过 $D(\cdot)$ 实现感知性能最大化，$P(\cdot)$ 实现最优威胁评估和规避决策，$C(\cdot)$ 实现最优的规避路径设置。功能函数的主要约束为平台约束和碰撞决策约束，即在碰撞概率大于预定的值 $1-\bar{P}$ 时，存在碰撞威胁。

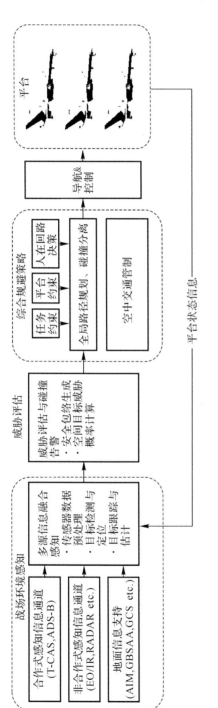

图6-28 无人机感知与规避技术方案图

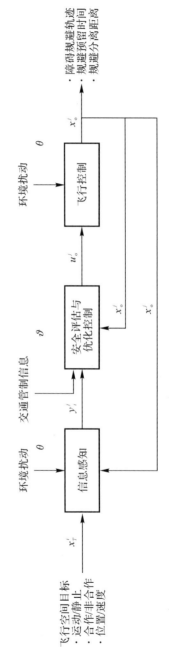

图6-29 无人机感知与规避系统原理图

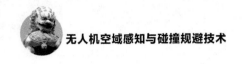

6.3.2　问题描述与数学模型

无人机的避障路径规划就是依据某些优化准则,比如路径最短、时间最短、能耗最小等,在其飞行环境中找到一条从起始点到目标点的无障碍运动路径,使得无人机可以安全通过。根据对环境的掌握程度,路径规划可分为基于已知环境的全局路径规划和基于传感器信息的局部路径规划。

当无人机在空中遇到其他无人机时,首先要对该无人机的避障需求进行判断,因为如果环境中无人机本不会与障碍物发生碰撞,则无须重新规划路径而改变飞行轨迹,保持原飞行计划。当无人机需要避障时,采用人工势场法进行实时规划无障碍路径。鉴于人工势场法的种种缺陷,本节对人工势场法的缺陷进行了改进,实现规划路径实际可达,并通过仿真验证了所提算法的有效性。

无人机的机动性指的是无人机在一定时间内改变自身飞行速度、飞行方向以及飞行高度的能力。在本书中,相对于无人机的机动性指标,主要研究的运动约束包括规避最小分离距离、最大飞行速率以及最大增加航程。

(1)规避最小分离距离:无人机空间飞行轨迹与障碍物目标的最短距离;

(2)最大飞行速率:无人机飞行速率的上限值,当无人机执行任务时,最大速率必须考虑以确保无人机飞行路径规划的可行性;

(3)最大增加航程:当无人机规避障碍物时,势必会远离原始规划路径,因此无人机因规避机动偏离原始任务飞行路径所增加的航程也有一定约束。

首先对无人机进行建模,无人机的质心运动方程组包括无人机质心动力学方程和质心运动学方程。前者描述了质心运动与外力之间的关系,是解决运动学问题的基本依据;后者描述了无人机质心在空间位置与质心运动的速度关系,用来确定无人机质心在空间的位置随时间的变化。无人机的空间运动模型是一个复杂的六自由度模型,如果考虑无人机复杂的六自由度模型,在航路规划的过程中将要对无人机的姿态进行控制,其超出了本书的研究范围。

因此,将无人机看作一个智能体,不考虑其动力学与运动学相关约束,模型简化建模如下:

$$\text{Agent} = \begin{bmatrix} X & V & F & \rho_{\text{Agent}} & v_{\max} \end{bmatrix} \qquad (6-35)$$

式中,$X = (x, y, z)$,表示无人机的空间位置;$V = (v_x, v_y, v_z)$,表示无人机的速度;$F = (f_x, f_y, f_z)$,表示无人机所受到引力势场与斥力势场下的合力;ρ_{Agent} 表示无人机与障碍物间的临界最小距离;$v_{\max}$ 表示无人机的速度上限,由于本书通过无人机所受合力的大小计算无人机每次移动的加速度与速度,需要考虑无人机最大速度范围而设定此项。

本书中算法的分析与设计均是在假设无人机与目标为质点的前提下进行讨

论的,然而由于无人机速度快、机动性强,若简单将其看作质点,安全性能势必降低。另外,由于检测传输器输出的量测误差,即使通过滤波方法也不能完全消除,获取的目标位置信息必然存在一定的测量偏差。因此,综合考虑障碍物目标位置的不确定区域和无人机的机动性,为障碍物设计一个安全范围是有必要的。由于无人机更灵活,飞行轨迹更加圆滑,因此设计了如图 6 - 30 所示的球形障碍物影响区域,障碍物目标位于球体的中心。

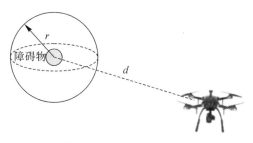

图 6 - 30　障碍物建模示意图

建立了无人机与障碍物数学模型后,笔者提出了局部航迹规划算法,如下所述。

6.3.3　改进的人工势场法

人工势场法根据机载传感器感知周围环境信息,并建立空间势场,并根据无人机在当前位置计算出的总势场和梯度方向决定无人机的运动方向。经典人工势场法的计算量小,目标清晰,简单灵活,可随时掌握所处位置环境中的障碍物形状、位置信息,无人机的移动方向随着所受势场力的变化而变化。与其他路径规划算法相比,具有实时性强、在线计算能力强、规划迅速等优点。虽然人工势场法概念易懂,表达形式简单,在无人机的路径规划中应用广泛,但其内在缺陷不可避免,存在一定局限性,下面对人工势场法的缺点进行分析。

1. 局部极小值问题

由人工势场法的基本原理与势场函数可知,无人机在环境中同时受到引力与斥力作用,其合力大小、方向由无人机所处位置,即无人机与目标距离、与障碍物距离共同决定。而无人机所处环境复杂多变,可能会出现无人机与目标点、障碍物处于同一条直线上。当无人机所受合力为零时,但此时无人机位置并不是全局势场最小点,无人机会停止不前,陷入局部极小值点,在该局部小范围内反复移动而无法到达目的地。另外,当两个障碍物距离过近时,也会产生合力为零的情况,易陷入局部极小值点,不能从这两个障碍物之间顺利通过。

2. 目标不可达问题

在某些情况下,当目标点附近有障碍物存在时,无人机移动到障碍物影响范围之内时,随着与障碍物的不断接近,斥力增大,直到无人机所受斥力大于目标点引力时,无人机将无法继续移动,最终无法到达目标点。在这种情况下,目标位置并不是总势场为零的点,即使无人机与目标点之间没有障碍物,无人机也不会到达目标点,而是在实际势场为零的位置振荡。

针对传统人工势场法存在的目标不可达问题,最为普遍的改进斥力函数的方法是在斥力函数中引入无人机和目标点之间的相对距离,具体实现如下:

若无人机的当前位置为 $X=(x,y,z)$,目标点的位置为 $X_g=(x_g,y_g,z_g)$,障碍物的位置为 $X_o=(x_o,y_o,z_o)$,则定义改进后的斥力势场函数如下:

$$U_{rep}(X)=\begin{cases} \dfrac{1}{2}m\left(\dfrac{1}{\rho(X,X_o)}-\dfrac{1}{\rho_0}\right)^2\delta(X-X_g)^n, & \rho(X,X_o)\leqslant\rho_0 \\ 0, & \rho(X,X_o)>\rho_0 \end{cases}$$

$$(6-36)$$

式中,n 为大于 0 的可变常数,一般取值为 2;$\delta(X-X_g)^n=|(x-x_g)^n|+|(y-y_g)^n|+|(z-z_g)^n|$ 为无人机与目标点之间的相对距离,定义斥力为斥力场的负梯度如下:

$$F_2(X)=-\nabla(U_2(X))=\begin{cases} F_{11}(X)+F_{12}(X), & \rho(X,X_o)\leqslant\rho_0 \\ 0, & \rho(X,X_o)>\rho_0 \end{cases} \quad (6-37)$$

式中,

$$F_{11}=m\left(\dfrac{1}{\rho(X,X_o)}-\dfrac{1}{\rho_0}\right)\dfrac{1}{\rho^2(X,X_o)}\times\delta(X-X_g)^n\dfrac{\partial\rho(X,X_o)}{\partial X} \quad (6-38)$$

$$F_{12}=\dfrac{1}{2}m\left(\dfrac{1}{\rho(X,X_o)}-\dfrac{1}{\rho_0}\right)^2\dfrac{\partial\delta(X-X_g)^n}{\partial X} \quad (6-39)$$

$$\dfrac{\partial\delta(X-X_g)^n}{\partial X}=\left(\dfrac{\partial\delta(X-X_g)^n}{\partial x},\dfrac{\partial\delta(X-X_g)^n}{\partial y},\dfrac{\partial\delta(X-X_g)^n}{\partial z}\right)$$

$$(6-40)$$

针对传统人工势场法易陷入局部极小值和在目标点附近易振荡的缺陷,许多学者提出了不同的改进方法。笔者提出以下改进:当单机遇到与障碍物规避的情况时,使引力保持不变,而将斥力分为两部分:一部分是与障碍物相斥方向的斥力 $\boldsymbol{F}_1$,另一部分是与 $\boldsymbol{F}_1$ 相垂直的新增斥力 $\boldsymbol{F}_2$,且当遇到障碍物时,无人机速度会减慢,斥力示意图如图 6-31 所示。

(1)如图 6-31(a)所示,其中 $\boldsymbol{F}_1$ 为障碍物对本机斥力方向,当障碍物恰好处于无人机与目标之间时,极易出现斥力与引力相平衡的局面,使得无人机产生振荡现象,停滞不前,新增斥力 $\boldsymbol{F}_2$ 方向为垂直斥力 $\boldsymbol{F}_1$ 方向,大小根据不同的参数配置可改变,一般小于等于 $\boldsymbol{F}_1$。

(2)如图 6-31(b)所示,当障碍物速度与无人机速度方向成锐角时,$\boldsymbol{F}_1$ 为斥力方向,新增斥力 F_2 为向量 f 和斥力 F_1 向量的合向量方向,即 $F_2 = f + F_1$,其中 f 向量方向与 $-v$ 方向相同,大小与 F_1 相等;

(3) 如图 6-31(b)所示,当障碍物速度与无人机速度方向成钝角时,F_1 为斥力方向,新增斥力 F_2 方向为垂直斥力 F_1 方向,大小与 F_1 相等。

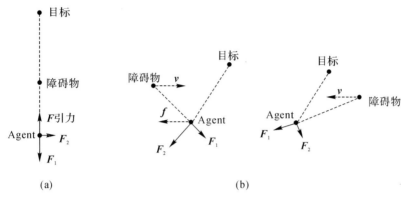

图 6-31　改进人工势场法斥力构成图

(a) 静态障碍物;　(b) 动态障碍物

当无人机在规避静态障碍物时,陷入局部最小点中,改进算法通过新增斥力,可以使得无人机向右飞行,从而逃离局部最小点;当无人机在规避动态障碍物时,在预测出移动目标移动速度、方向及航迹后,无人机从移动目标后方穿过,能保证无人机与障碍物成功避开且规避路径最短。上述改进的人工势场法通过新增与移动目标运动方向相反的斥力,可以使无人机恰好在移动目标后方进行障碍规避,达到减小规避路径的目的。且由于新增斥力的影响,无人机陷入局部极小值点的可能性降低。

当单机遇到与单机相互规避的情况时,使引力保持不变,而将斥力分为两部分:一部分为与其他无人机相斥方向的斥力 F_1,另一部分是与 F_1 相垂直的新增斥力 F_2,且当遇到其他无人机时速度会减慢,斥力示意图如图 6-32 所示。

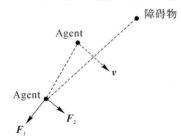

图 6-32　无人机与无人机相互避让时斥力构成图

6.3.4 实验验证与分析

本节针对所提出的改进人工势场法进行了二维平面的数学仿真验证,后拓展向三维,测试了算法的有效性;同时对单机静态障碍物规避进行了实物飞行实验,无人机的成功规避也验证了所提算法的有效性。

6.3.4.1 二维平面中无人机规避障碍物仿真实验

1.蚁群算法

仿真实验基于 MATLAB 2015a 仿真平台进行。如图 6-33 所示,在 10×10 的栅格环境中,第一个栅格即最左上角的栅格为蚁群的起始栅格,第 100 个栅格即最右下角的栅格为蚂蚁的目标栅格,黑色栅格为障碍,空白的栅格为自由栅格。算法设置参数如下:蚂蚁数 $m=50$,信息素浓度启发因子 $\alpha=1$,期望启发因子 $\beta=7$,信息素浓度挥发因子 $\rho=0.3$,信息素增强系数 $Q=1$。

从图 6-33 中可以看出,蚁群算法可以规划出最短的无碰撞路径。

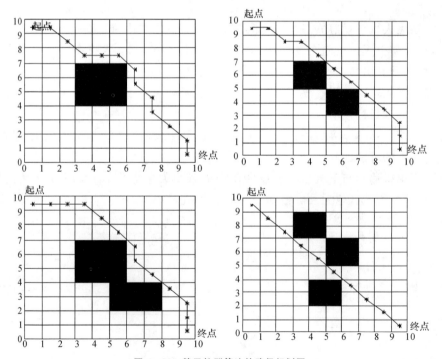

图 6-33 基于蚁群算法的路径规划图

结果分析:蚁群算法可以使无人机达到障碍物规避目的,但由于对环境的栅格化使得数据计算量增大,求解所需时间较长。虽然能通过信息交换得到优解,但是当问题内容过多过大时,会不可避免地增加搜索时间,降低效率,无法进行实时性规避障碍物。

2.模糊逻辑算法

如图 6-34 所示为基于模糊逻辑算法的无人机路径规划图,仿真场景为 100×100 的无量纲二维平面,环境中存在 9 个障碍物(图中黑色矩形框所示),在不考虑障碍物最小规避距离的情况下,仿真结果显示该算法具有良好的复杂环境下规避障碍物的能力。

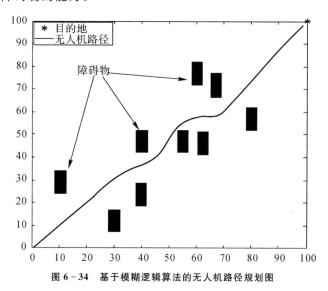

图 6-34 基于模糊逻辑算法的无人机路径规划图

结果分析:仿真结果证明基于模糊逻辑算法的无人机路径规划是可行的,但模糊控制的设计尚缺乏系统性,无法定义控制目标,且无人机避障要求高度实时性,此方法并不能达到。

3.人工势场法

人工势场法的计算量小,目标清晰,简单灵活,可随时掌握所处位置环境中的障碍物形状、位置信息,无人机的移动方向随着所受势场力的变化而变化,与其他路径规划算法相比,具有实时性强、在线计算能力强、规划迅速等优点,笔者改进了人工势场法来进行障碍物规避。

仿真实验基于 MATLAB 2015a 仿真平台进行,指标为:①对地形、建筑等静止目标,规避最小分离距离(即无人机空间飞行轨迹与目标的最短距离)不小于 100 m;②空中飞行器等动态目标,规避最小分离距离(即无人机与飞行器空间飞行轨迹间的最短距离)不小于 200 m；③飞机因规避机动偏离原始任务飞行路径所增加的航程不超过规避起始点到规避终止点直线距离的 50%。为了实时看到指标参量的变化,进行了仿真界面设计,如图 6-35 所示。

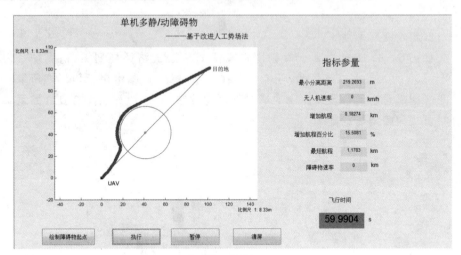

图 6-35 仿真界面图

首先对障碍物进行规避仿真实验:

场景 1 参数设置如下:无人机从起始点(0,0)飞向目标点(100 m,100 m),原始飞行轨迹航程为起始点到目标点的一条线段,正常飞行速率为150 km/h,障碍物点坐标设置为(50 m,50 m)。

场景 2 参数设置如下:无人机从起始点(0,0)飞向目标点(100 m,100 m),原始飞行轨迹航程为起始点到目标点的一条线段,正常飞行速率为150 km/h,障碍物点坐标分别设置为(42 m,39 m),(50 m,65 m),(84 m,60 m)。

场景 3 参数设置如下:无人机从起始点(0,0)飞向目标点(100 m,100 m),原始飞行轨迹航程为起始点到目标点的一条线段,正常飞行速率为150 km/h,障碍物点起始坐标设置为(103 m,58 m),速度为 75 km/h 向左(负 x 轴)飞行。

仿真结果见表 6-6。

结果分析:由仿真图以及指标参量结果看以看出,无人机均安全避开障碍物飞向目的地,静态规避最小分离距离大于 100 m,动态最小分离距离大于 200 m,因规避障碍物导致增加的航程均未超过原计划整体航程的 50%,所提方法适用于二维平面下的障碍物规避。

表 6-6 无人机规避障碍物仿真结果

障碍物规避仿真图	无人机速率变化图	指标参量
场景 1：规避单静态障碍物		• 规避最小分离距离：219.269 3 m • 增加航程百分比：15%
场景 2：规避多静态障碍物		• 规避最小分离距离：310.891 5 m • 增加航程百分比：23.185 9%
场景 3：规避动态障碍物		• 规避最小分离距离：220.356 2 m • 增加航程百分比：9.910 2%

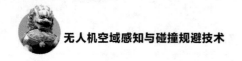

我们又进行了规避其他无人机的仿真实验。

场景 1 参数设置如下：无人机 1 从起始点 (0,0) 飞向目标点 (160 m, 160 m)，无人机 2 从起始点 (0,160 m) 飞向目标点 (160 m,0)，原始飞行轨迹航程为起始点到目标点的一条线段，正常飞行速率为 150 km/h。

场景 2 参数设置如下：无人机 1 从起始点 (0,0) 飞向目标点 (160 m,0)，无人机 2 从起始点 (0,160 m) 飞向目标点 (0,0)，原始飞行轨迹航程为起始点到目标点的一条线段，正常飞行速率为 150 km/h。

仿真结果展示见表 6-7。

结果分析：由仿真图以及指标参量结果可以看出，无人机均安全避开对面或侧面飞来的无人机飞向目的地，规避最小分离距离分别为 249.931 7 m 和 314.823 1 m，均大于 200 m,，因规避其他无人机导致增加的航程均未超过原计划整体航程的 50%，所提方法适用于二维平面下的双机互相规避。

由以上结果可得出，改进的人工势场法在不同的二维平面场景下，包括单静态障碍物环境、多静态障碍物环境以及动态环境中均可成功规划出可行路径，且满足约束条件要求。

6.3.4.2 三维空间中无人机对障碍物规避仿真实验

由于在实际应用中，无人机所处环境为三维空间，故进行三维空间下的单架无人机对障碍物的仿真实验。

在无人机对障碍物规避的仿真实验中，场景 1：单个静态障碍物情况参数设置如下：假设无人机从起始点 (0,0,0) 飞向目标点 (100 m,100 m,100 m)，障碍物坐标为 (50 m,50 m,50 m)，障碍物安全包络半径设置为 20 m，原始飞行轨迹航程均为起始点到目标点的一条线段。场景 2：单个静态障碍物情况参数设置如下：假设无人机从起始点 (0,0,0) 飞向目标点 (100 m,100 m,100 m)，障碍物坐标分别为 (20 m,40 m,50 m)、(50 m,50 m,80 m)、(80 m,40 m,40 m)，障碍物安全包络半径设置为 20 m，原始飞行轨迹航程均为起始点到目标点的一条线段。

仿真结果见表 6-8。

结果分析：由表 6-8 中仿真结果可以看出，无人机可以安全绕开障碍物到达目标点，无人机与障碍物间最小距离均大于障碍物安全包络半径 20 m，所增加航程也小于原计划总航程的 50%。所提单机规避算法适用于三维空间下的单机对多静态障碍物的规避。

单动态障碍物情况参数设置如下：假设无人机从起始点 (0,0,0) 飞向目标点 (100 m,100 m,100 m)，动态障碍物起始坐标为 (100 m,70 m,50 m)，障碍物安全包络半径设置为 20 m，原始飞行轨迹航程均为起始点到目标点的一条线段，仿真结果如图 6-36~图 6-38 所示。

表 6-7 双机相互规避仿真结果

双机相互规避	无人机 1 速率变化图	无人机 2 速率变化图
场景 1	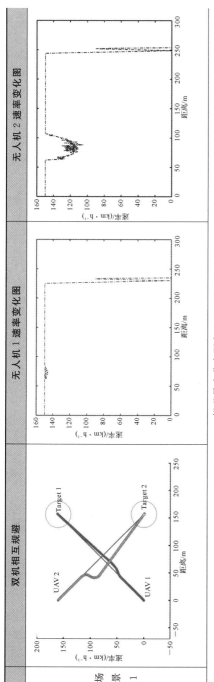	

• 规避最小分离距离：249.931 7 m
• 增加航程百分比：2.129%（无人机 1），7.327 7%（无人机 2）

场景 2	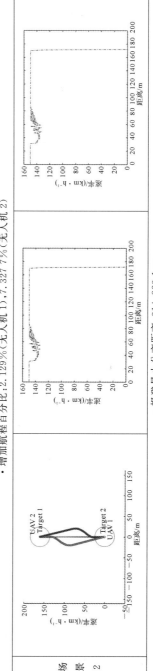	

• 规避最小分离距离：314.823 1 m
• 增加航程百分比：5.125 3%（无人机 1），5.173 7%（无人机 2）

表 6 - 8　无人机规避静态障碍物仿真结果

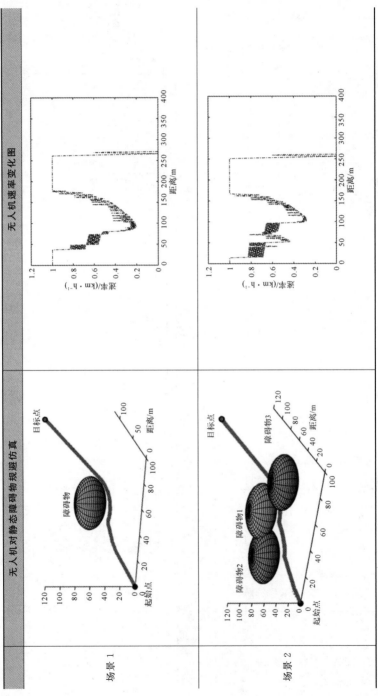

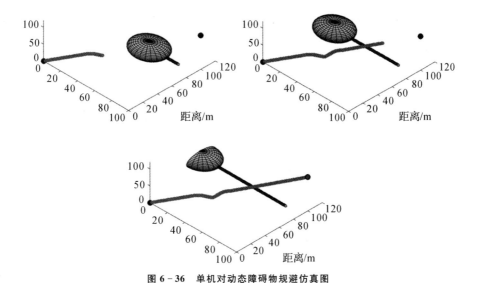

图 6-36 单机对动态障碍物规避仿真图

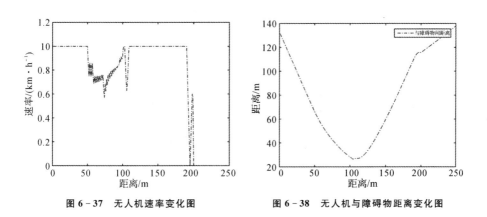

图 6-37 无人机速率变化图　　　　图 6-38 无人机与障碍物距离变化图

　　由以上仿真结果可以看出,无人机可以安全绕开动态障碍物到达目标点,无人机与障碍物间最小距离为 27.245 1 m,大于障碍物安全包络半径 20 m,所增加航程也小于原计划总航程的 50%。所提单机规避算法适用于三维空间下的单机对动态障碍物的规避。

　　综合以上仿真结果可看出,在三维空间场景下,改进算法依旧可实现无人机避障功能。

6.3.4.3　无人机障碍物规避飞行实验

采用第 5 章所述的立体视觉无人机自主避障系统进行算法搭载实际飞行实验。

1. 场景一:球场、阴天、无风

初始设置无人机面向北,障碍物在无人机前方大约 6 m,障碍物威胁半径为 3 m。无人机起飞之后以 1 m/s 的速度向前飞行,在检测到障碍物之后给出障碍物的实时位置,根据威胁评估原则判断障碍物是否具备威胁,当障碍物将会产生威胁时进行规避机动,之后返回原航路继续飞行,见表 6-9。

表 6-9　基于立体视觉的无人机障碍物规避外场实验(一)

飞行状态	地面视角	无人机视角
向前飞行		
检测到威胁		
规避机动		
返回航路		

通过实验分析,在此场景中:

(1)无人机与障碍物的最小分离距离 min_distance=3.772 1 m,大于威胁半径 3 m,能够保证无人机飞行安全,如图 6-39 所示。

(2)原始航路长度 8 m,经过路径重新规划长度变为 11.946 3 m,增加航程不超过原始航程的 0.5 倍,能够保证无人机高效飞行。

(3)无人机能在较短距离(起飞距离障碍物 6 m)内快速(小于 1 s)实现对障碍物的检测、定位,在距离障碍物 4 m 左右实现对障碍物的规避动作,体现了无人机感知与规避的精确性。

(4)实验结果表明,在该场景中,基于改进人工势场法的立体视觉无人机避障技术能够在较短距离快速实现障碍物检测、定位,最小分离距离大于威胁范围,同时增加航程不超过原始航程的 0.5 倍,体现了无人机感知与规避设计原则中的安全性、高效性与精确性,同时也验证了基于立体视觉的无人机硬件系统的稳定性与实用性。

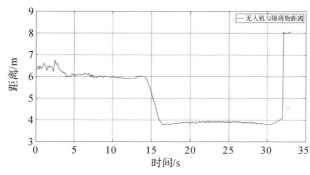

图 6-39　无人机与障碍物的距离

2. 场景二:广场、晴天、微风

初始设置无人机面向东,障碍物在无人机前方大约 6 m,障碍物威胁半径为 3 m。无人机起飞之后以 1 m/s 的速度向前飞行,在检测到障碍物之后给出障碍物的实时位置,根据威胁评估原则判断障碍物是否具备威胁,当障碍物将会产生威胁时进行规避机动,之后返回原航路继续飞行,见表 6-10。

通过实验分析,在此场景中:

(1)无人机与障碍物的最小分离距离 min_distance=3.762 3 m,大于威胁半径 3 m,能够保证无人机飞行安全,如图 6-40 所示。

(2)原始航路长度 8 m,经过路径重新规划长度变为 12.432 6 m,增加航程不超过原始航程的 0.6 倍,能够保证无人机高效飞行。

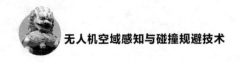

表6-10　基于立体视觉的无人机障碍物规避外场实验(二)

飞行状态	地面视角1	地面视角2
向前飞行		
检测到威胁		
规避机动		
返回航路		

　　(3)无人机能在较短距离(起飞距离障碍物6 m)内快速(小于1 s)实现对障碍物的检测、定位,在距离障碍物4 m左右实现对障碍物的规避动作,体现了无人机感知与规避的精确性。

　　(4)实验结果表明,在该场景中,基于改进人工势场法的立体视觉无人机避障技术能够在较短距离内快速实现障碍物检测、定位,最小分离距离大于威胁范围,同时增加航程不超过原始航程的0.6倍,体现了无人机感知与规避设计原则中的安全性、高效性与精确性,同时也验证了基于立体视觉的无人机硬件系统的稳定性与实用性。

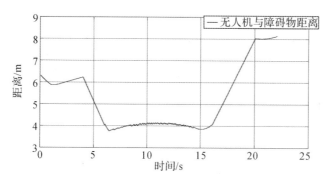

图 6-40 无人机与障碍物的距离

3. 场景三:雪地、晴天、微风

初始设置无人机面向东,障碍物在无人机前方大约 8 m,障碍物威胁半径为 3 m。无人机起飞之后以 1 m/s 的速度向前飞行,在检测到障碍物之后给出障碍物的实时位置,根据威胁评估原则判断障碍物是否具备威胁,当障碍物将会产生威胁时进行规避机动,之后返回原航路继续飞行,见表 6-11。

表 6-11 基于立体视觉的无人机障碍物规避外场实验(三)

飞行状态	地面视角	空中视角
向前飞行		
检测到威胁		

飞行状态	地面视角	空中视角
规避机动		
返回航路		

通过实验分析,在此场景中:

(1)无人机与障碍物的最小分离距离 min_distance＝3.723 0 m,大于威胁半径 3 m,能够保证无人机飞行安全,如图 6 - 41 所示。

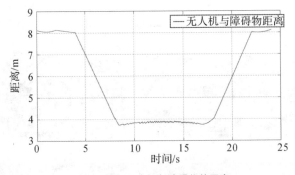

图 6 - 41　无人机与障碍物的距离

(2)原始航路长度为 8 m,经过路径重新规划长度变为 11.935 4 m,增加航程不超过原始航程的 0.5 倍,保证无人机高效飞行。

(3)无人机能在较短距离(起飞距离障碍物 8 m)内快速(小于 1 s)实现对障碍物的检测、定位,在距离障碍物 4 m 左右实现对目标的规避动作,体现了无人机感知与规避的精确性。

(4)实验结果表明,在该场景中,基于改进人工势场法的立体视觉无人机避障技术能够在较短距离内快速实现障碍物检测、定位,最小分离距离大于威胁范围,同时增加航程不超过原始航程的 0.5 倍,体现了无人机感知与规避设计原则中的安全性、高效性与精确性,同时也验证了基于立体视觉的无人机硬件系统的稳定性与实用性。

4.场景四:马路路口、晴天、微风

初始设置无人机面向东,障碍物在无人机前方大约 6.5 m,障碍物威胁半径为 3 m。无人机起飞之后以 1 m/s 的速度向前飞行,在检测到障碍物之后给出障碍物的实时位置,根据威胁评估原则判断障碍物是否具备威胁,当障碍物将会产生威胁时进行规避机动,之后返回原航路继续飞行,见表 6 - 12。

表 6 - 12 基于立体视觉的无人机障碍物规避外场实验(四)

飞行状态	地面视角 1	地面视角 2
向前飞行		
检测到威胁		
规避机动		
返回航路		

通过实验分析,在此场景中:

(1)无人机与障碍物的最小分离距离 min_distance＝3.339 3 m,大于威胁半径 3 m,能够保证无人机飞行安全,如图 6 - 42 所示。

(2)原始航路长度 8 m,经过路径重新规划长度变为 11.231 2 m,增加航程不超过原始航程的 0.5 倍,保证无人机高效飞行。

(3)无人机能快速实现对障碍物的检测、识别,在距离障碍物 4 m 左右实现对目标的规避动作,体现了无人机感知与规避的精确性。

(4)实验结果表明,在该场景中,基于改进人工势场法的立体视觉无人机避障技术能够在较短距离内快速实现障碍物检测、定位,最小分离距离大于威胁范围,同时增加航程不超过原始航程的 0.5 倍,体现了无人机感知与规避设计原则中的安全性、高效性与精确性,同时也验证了基于立体视觉的无人机硬件系统的稳定性与实用性。

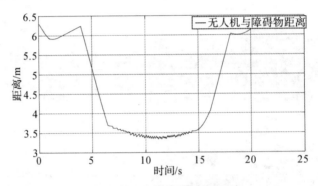

图 6 - 42　无人机与障碍物的距离

不同场景下障碍物规避结果对比见表 6 - 13。

表 6 - 13　不同场景下障碍物规避结果对比表

场　　景	最小分离距离	原始航路长度	路径重规划后航迹长度
球场、阴天、无风	3.772 1 m	8 m	11.946 3 m
广场、晴天、微风	3.762 3 m	8 m	12.432 6 m
雪地、晴天、微风	3.723 0 m	8 m	11.935 4 m
马路、晴天、微风	3.340 5 m	8 m	11.231 2 m

从表 6 - 13 中可以看出,上述四种场景下基于改进人工势场法的立体视觉无人机避障技术均能够在较短距离内快速实现障碍物检测、定位,最小分离距离 3.340 5 m 大于威胁范围 3 m,同时增加航程不超过原始航程的 0.6 倍,体现了无人机感知与规避设计原则中的安全性、高效性与精确性。

|6.4 基于切换寻优的无人机编队防撞集结方法|

多无人机的编队控制不仅要求时间、位置和角度的一致,而且要求多架无人机终端速度实现一致,否则无人机的编队队形无法保持稳定,基于此,无人机的编队飞行控制问题可以描述为:①给定当前多架未形成编队的无人机的初始航点信息;②给定多架无人机的指定编队队形几何约束;目的是使得多架初始航点不同的无人机最终安全有效地、互相间不会发生碰撞地完成指定编队队形的集结,并保持队形稳定飞行。

本节针对多无人机的编队防撞集结问题,提出了基于切换寻优的无人机编队防撞算法。此算法在一致性理论的基础上,设计了防碰撞策略,并根据无人机间速度向量信息加入了切换策略,有效优化了编队中无人机选择的集结路径。仿真结果表明,此算法可使得多架无人机集结为预先设定的编队拓扑,并在集结过程中无人机之间不会发生碰撞。

6.4.1 多无人机编队防撞避障系统模型

如图 6-43 所示,无人机编队在飞行过程中会遭遇到各种静态的和动态的障碍物,比如入侵机、山脉等等。

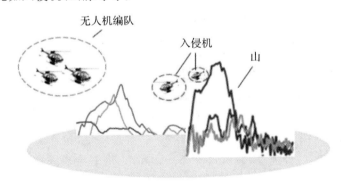

图 6-43 无人机编队飞行环境示意图

在阐明系统框架之前,首先给出一些基本定义和假设:假设在任务空间中,有 N 架无人机,有 M 个被机载传感器检测到的障碍物。在时间 t 时,无人机编队拓扑机构建模为无向图 $g_t = (\varepsilon_t, \nu)$,其中 $\nu = \{1, 2, \cdots, N\}$ 代表顶点集,每个顶点代表一架无人机,ε_t 表示边集,边 $\{i,j\}$ 表示不同无人机间的无序对,如果无人机 i 与无人机 j 之间可以直接通信,那么就存在一条边 $\{i,j\}$。如果在 ε_t 中任意一条边 $\{i,j\}$ 总存在一条路径序列 $\{i,h_1\},\{h_1,h_2\},\cdots,\{h_{n-1},h_n\},\{h_n,j\}$,那么就说网络是连通的。无人机 i 仅与集合 $N_{i,t}\subset\nu$ 中所有无人机通信,$N_{i,t}\subset\nu$ 中所有无人机被称为是在 t 时刻无人机 i 的邻居,且 $N_{i,t}$ 是随着网络拓扑切换而变化的。在飞行中邻居间无人机的通信仅被保持。无人机 i 的位置表示为 $x_{i,t}\in O$,无人机编队的飞行轨迹是预定的,由集合 γ 中一系列点组成,γ_t 表示编队在整个航迹中 t 时刻时应该到达的点。

如图 6-44 所示为无人机编队避撞系统整体过程的框架,主要包括以下几个关键模块:协同感知,威胁评估,编队重构,路径规划和机动控制。协同感知模块涉及环境感知、障碍物检测、信息共享与融合、状态估计。威胁评估模块根据估计本机与障碍物的运动状态来判断无人机间的碰撞威胁和障碍物对编队的威胁,同时给出了无人机是否需要进行避障机动的决策。编队重构模块主要负责根据威胁评估结果躲避开障碍物,期间从预给定的编队队形中选出合适的编队拓扑结构。路径规划模块是根据无人机编队的安全需求、能耗效率问题和原始飞行任务轨迹给出一个无人机编队飞行的最优/次优飞行路径。这些模块都是实时工作并不断迭代更新信息的。

图 6-44   无人机编队避撞系统框架

接下来,对以上系统框架各个模块进行数学建模:结合无人机与障碍物的动力学方程组,动态障碍物状态信息使用卡尔曼滤波方法跟踪:

$$\left.\begin{array}{l}\dot{X}_{i,t}=F_i(\boldsymbol{X}_{i,t},u_{i,t})+\bar{\omega}_{i,t}\\\dot{Y}_{i,t}=G_l(\boldsymbol{Y}_{l,t},b_{l,t})+\omega_{l,t}\end{array}\right\}\qquad(6-41)$$

式中,$\boldsymbol{X}_i$ 和 $\boldsymbol{Y}_l$ 分别表示无人机 i 和障碍物 l 的状态向量,包含了它们的运动信息,比如位置、速度、加速度、偏航角等等;$u_{i,t}$ 和 $b_{l,t}$ 是控制输入;$\bar{\omega}_{i,t}$ 和 $\omega_{l,t}$ 是过程噪声。

基于检测与估计的障碍物位置信息,对编队中协同感知模块进行建模:

$$D_t=\sum_{l\in W}\sum_{i\in\nu}\int_t^{t+\delta}E\left[\parallel\boldsymbol{Y}_{l,t}-\hat{\boldsymbol{Y}}_{i,l,t}\parallel^2\right]\mathrm{d}t\qquad(6-42)$$

式中,E 表示数学期望;$\hat{\boldsymbol{Y}}_{i,l,t}$ 是无人机 i 对 $\boldsymbol{Y}_{l,t}$ 的估计值;δ 是威胁评估里的预给定时间段;$W=\{1,2,\cdots,M\}$ 是障碍物集合;D_t 表示无人机编队在时间段 δ 上的

整体协同感知性能。

在给出威胁评估模块的数学模型之前,先介绍无人机的安全包络。如图 6-45 所示为无人机编队安全包络的示意图,$R_{i,t} \subset O$ 是以无人机 i 为中心的预定形状范围的连通区域,在飞行时它与无人机 i 保持相对静止,通常 $R_{i,t}$ 不是一个各向同性球,这是由于在无人机的飞行速度方向,碰撞概率更大,在这里假设为椭球形。一旦障碍物进入安全包络 $R_{i,t}$ 内,那么就有高概率会与无人机 i 发生碰撞。

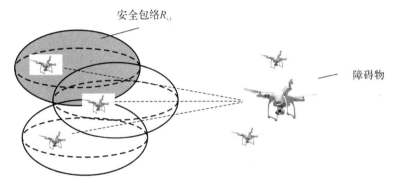

安全包络$R_{i,t}$

障碍物

图 6-45 无人机编队安全包络示意图

在此,给出威胁评估指标为

$$P_t = \sum_{l \in W} P(Y_{l,t} \in \bigcup_{i \in v} R_{i,t}) \tag{6-43}$$

式中,P 表示概率,给定阈值 $\overline{P}$,如果 $P_t \geqslant \overline{P}$,避障机制会被触发,$P_t$ 越小表示越安全。

编队重组模块可根据外在环境与任务要求决定编队拓扑的调整。存在一组预定义的可选择的编队拓扑集,相应地使用规则来确定当编队遇到障碍物时要转换为哪一种拓扑结构。例如,当编队有任务要通过一个狭窄的隧道时,无人机编队应将当前队形转为线型拓扑结构,以便安全通过隧道。如图 6-46 所示为不同的避免碰撞的编队重组示例,其中的不同拓扑可根据不一样的安全规则、能耗、通信和效率等约束来选择。

在路径规划数学模型方面,考虑避障过程中路径规划的三个影响因素:远离原始轨迹的偏差、编队拓扑结构变换和机动代价。考虑这些因素后的总的代价函数建模如下:

$$C_t = k_1 \int_t^{t+\delta} \sum_{i \in v} \| \boldsymbol{X}_{i,t} - \boldsymbol{\gamma}_t \|^2 \mathrm{d}t + k_2 \int_t^{t+\delta} \frac{1}{2} \sum_{i \in v} \sum_{j \in N_{i,t}} \| \boldsymbol{X}_{i,t} - \boldsymbol{X}_{j,t} - \boldsymbol{\theta}_{i,j} \|^2 \mathrm{d}t +$$

$$k_3 \int_t^{t+\delta} \sum_{i \in v} \boldsymbol{u}_{i,t}^{\mathrm{T}} \boldsymbol{\Gamma} u_{i,t} \mathrm{d}t \tag{6-44}$$

式中,$k_1,k_2,k_3>0$是权重参数;$\boldsymbol{\theta}_{i,j}$是编队间的控制变量,比如包括相对位置、相对方向等信息;$\boldsymbol{\Gamma}$是权重矩阵,它决定了运动状态中的哪个量应该被强调,以便决定不同元素的代价权重。

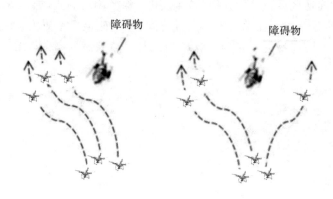

图 6-46　编队重组示意图

基于以上讨论,可以将编队避撞过程用一个组合优化问题来描述:

$$\min_{U_t}J_t=\lambda_1 D_t+\lambda_2 P_t+\lambda_3 C_t$$

$$\text{s. t.}\quad P_t\geqslant \bar{P}$$

$$\max_{i\in v}\parallel \boldsymbol{X}_{i,t}-\boldsymbol{\gamma}_t\parallel^2\leqslant r \tag{6-45}$$

$$\parallel \boldsymbol{u}_{i,t}\parallel\leqslant \rho\quad \forall i\in v$$

式中,$U_t=\{u_{i,t}:i\in v\}$;$\lambda_1,\lambda_2,\lambda_3>0$;$r$和$\rho$为用户定义的约束,由于$J_t$的高度非线性,较难得到最优解,可使用数值在线编程方法得到次优解。

6.4.2　相关定理与引理

引理 6.4.1　假设函数$f:R^2\to R$满足$f(x_i,x_j)=-f(x_j,x_i)$,$i\neq j$,$i,j\in V$。那么对于无向图G和集合$y_1,y_2,\cdots,y_N$,有

$$\sum_{i=1}^{N}\sum_{j\in N_i}a_{ij}y_jf(x_j,x_i)=-\frac{1}{2}\sum_{(i,j)\in E}a_{ij}(y_j-y_i)f(x_j,x_i) \tag{6-46}$$

引理 6.4.2　拉萨尔不变性定理(全局不变性定理)对于一个动态系统$\dot{x}=f(x)$,其中$f(x)$为连续函数,若存在一个具有一阶连续偏导数的连续函数$V(x)$,且满足如下条件:

(1)当$\parallel x\parallel\to\infty$时,$V(x)\to\infty$;

（2）对于任意的 $\boldsymbol{x} \in \mathbf{R}^n$，有 $\dot{V}(\boldsymbol{x}) \leqslant 0$；

定义集合 $S = \{\boldsymbol{x} \in \mathbf{R}^n : \dot{V}(\boldsymbol{x}) = 0\}$，$M$ 是 S 中的最大不变集，则对于 $\forall \boldsymbol{x}_0 \in \mathbf{R}^n$，当 $t \to \infty$ 时，$x(t)$ 趋于不变集 M。

拉萨尔不变性定理（局部不变性定理）对于一个动态系统 $\dot{x} = f(x)$，其中 $f(\boldsymbol{x})$ 为连续函数，若存在一个具有一阶连续偏导数的连续函数 $V(\boldsymbol{x})$，且满足如下条件：

（1）存在正常数 $l \in \mathbf{R}^+$，使得集合 $\Omega_c = \{x(t) \in \mathbf{R}^n : V(\boldsymbol{x}) \leqslant l\}$；

（2）对于任意的 $\boldsymbol{x} \in \Omega_c$，有 $\dot{V}(\boldsymbol{x}) \leqslant 0$；

定义集合：$S = \{\boldsymbol{x} \in \mathbf{R}^n : \dot{V}(\boldsymbol{x}) = 0\}$，$M$ 是 S 中的最大不变集，则对于 $\forall \boldsymbol{x}_0 \in \Omega_c$，当 $t \to \infty$ 时，$x(t)$ 趋于不变集 M。

下面用有限时间分析系统的齐次性。

考虑自治系统 $\dot{x} = f(x)$，其中 $f : D \to \mathbf{R}^n$ 是关于 $D \subset \mathbf{R}^n$ 的连续函数。

如果对于任意 $\varepsilon > 0$，$f_i(\varepsilon^{r_1} x_1, \varepsilon^{r_2} x_2, \cdots, \varepsilon^{r_n} x_n) = \varepsilon^{k+r_i} f_i(\boldsymbol{x})$，$i \in V$。那么对于 $\boldsymbol{r} = [r_1 \quad r_2 \quad \cdots \quad r_n]$，$r_i > 0 (i \in \{1, \cdots, n\})$，向量场 $f(\boldsymbol{x}) = [f_1(\boldsymbol{x}) \quad f_2(\boldsymbol{x}) \quad \cdots \quad f_n(\boldsymbol{x})]^{\mathrm{T}}$ 关于 $k \in \mathbf{R}$ 是齐次的。

引理 6.4.3 对于 $[r_1 \quad r_2 \quad \cdots \quad r_n]$，假设系统 $\dot{x} = f(x)$ 关于 $k \in \mathbf{R}$ 是齐次的，函数 $f(\boldsymbol{x})$ 是连续的且在 $\boldsymbol{x} = \mathbf{0}$ 处是渐进稳定的，如果齐次度 $k < 0$，那么系统 $\dot{x} = f(\boldsymbol{x})$ 是有限时间稳定的。

基于以上给出的假设，给出无人机编队中无人机 i 动态方程如下所示：

$$\dot{\boldsymbol{x}}_i = \boldsymbol{v}_i, \quad \dot{\boldsymbol{v}}_i = \boldsymbol{u}_i, \quad i \in \{1, 2, \cdots, N\} \tag{6-47}$$

式中，$\boldsymbol{x}_i(t) \in \mathbf{R}^m$ 表示位置信息；$\boldsymbol{v}_i(t) \in \mathbf{R}^m$ 表示速度信息；$\boldsymbol{u}_i(t) \in \mathbf{R}^m$ 为控制输入。

Fangcui Jiang，Xiaoli Wang，Yiguang Hong，S. Li 等人分析，如果系统式（6-7）随着 $(x_1, x_2, \cdots, x_N)$ 关于 $k < 0$ 是齐次的，且可以达到渐近一致性，可以得到混杂的多智能体系统式（6-47）在有限时间内可以达到一致性。

6.4.3 控制策略设计

6.4.3.1 编队建模

假设编队系统包括 N 架无人机，每架无人机都有着相同的运动特征，通过对期望间隔误差的控制调整，达到整体协同飞行的目的。每一架飞机都独立运行，也就是说单架无人机的运动模型是讨论编队飞行的前提。

由于本书不讨论无人机的运动原理，且为了简化无人机模型，做出以下假设:第一,认为所有无人机均有固定的姿态;第二,无人机飞行的足够缓慢以至于可以忽略掉外部空气动力的影响,比如作用在飞行器上的气动阻力和叶片涡流的影响;第三,当控制器给螺旋桨发出命令时,螺旋桨的推力命令相应速度足够快以至于可以忽略时延的影响;第四,不考虑无人机本身外形大小和形状的影响。

因此采用式(6-47)所表示的无人机动态方程,进行控制算法设计。

6.4.3.2　基于有限时间一致性的控制算法设计

为了方便起见,在下文中,$\text{sig}(y)^\alpha = |y|^\alpha \text{sgn}(y), \alpha > 0$,其中 $\text{sgn}(y)$ 是符号函数,$|y|$ 表示 y 的绝对值。显然,$\dfrac{\mathrm{d}}{\mathrm{d}y}|y|^{\alpha+1} = (\alpha+1)\text{sig}(y)^\alpha, \dfrac{\mathrm{d}}{\mathrm{d}y}\text{sig}(y)^{\alpha+1} = (\alpha+1)|y|^\alpha$。

在多智能体系统分布式协同控制中,高稳定度、高精度、高速度收敛是系统稳定运行的基础保证,因此收敛速度和精度也是评价一致性算法好坏的重要指标。目前关于分布式一致性算法的研究已经比较成熟,但是已有的大多数控制算法都是基于渐进稳定性理论或一致最终有界稳定性理论,使得多智能体系统中各智能体的状态达到渐进一致或收敛到接近一致值的某个小邻域内,也就是说,各个智能体的状态在时间趋于无穷大时可以达到一个共同值或趋近于一个共同值。然而在实际应用当中,特别是某些控制精度较高的系统,往往对收敛时间要求比较苛刻,会要求所有智能体状态在有限时间内达到一致或以给定精度达到一致。常规的渐进稳定或一致最终有界稳定,特别是在存在不确定因素以及外界干扰的影响时,已不能满足实际需求,因此多智能体系统有限时间一致性问题就显得尤为重要。所谓有限时间一致性,是指系统中各个智能体在合适的控制算法(控制协议/控制律)下能够在有限的时间内达到某个共同的状态。相较于渐进稳定和一致最终有界稳定控制,有限时间稳定控制除了可以保证系统能够获得更快的收敛速度和收敛精度,还可以保证在系统外部有干扰时有更好的抗干扰能力和更强的鲁棒性。因此有限时间稳定性控制有着明显的优点,研究有限时间一致性是很有实际意义的。

无人机之间通过无线数据传输系统获得彼此所需的状态信息,本书考虑无领导无人机的情况,设计多无人机编队系统的一致性控制协议如下:

$$u_i = \sum_{j=1}^{n} a_{ij}\{k_1[\text{sig}((\boldsymbol{x}_j - \boldsymbol{\delta}_j) - (\boldsymbol{x}_i - \boldsymbol{\delta}_i))^{\alpha_1}] + k_2[\text{sig}(\boldsymbol{v}_j - \boldsymbol{v}_i)^{\alpha_2}]\}, i \in V$$

$$(6-48)$$

式中,$0 < \alpha_1 < 1$;$\alpha_2 = \dfrac{2\alpha_1}{1+\alpha_1}$;$k_1, k_2$ 为正。在控制律式(6-48)的作用下,多无人

机系统可以在有限时间内达到状态一致。

证明　给定李雅普诺夫函数：

$$V = \sum_{i=1}^{N} \sum_{j=1,j\neq i}^{N} \int_{0}^{x_j - x_i} a_{ij} k_1 (s)^{\alpha_1} \mathrm{d}(x_j - x_i) + \sum_{i=1}^{N} v_i^{\mathrm{T}} v_i \tag{6-49}$$

式中，$s = \mathrm{sig}((x_j - \delta_j) - (x_i - \delta_i))$，关于 $x_j - x_i$ 和 v_i 半正定。那么可以得到

$$\dot{V} = k_1 \sum_{i=1}^{N} \sum_{j=1,j\neq i}^{N} a_{ij} \left(\mathrm{sig}\left((x_j - \delta_j) - (x_i - \delta_i)\right)^{\alpha_1}\right)^{\mathrm{T}} \times$$

$$((\dot{x}_j - \delta_j) - (\dot{x}_i - \delta_i)) + 2 \sum_{i=1}^{N} v_i^{\mathrm{T}} \dot{v}_i \tag{6-50}$$

根据引理 6.4.4，可以得到：

$$\dot{V} = k_1 \sum_{i=1}^{N} \sum_{j=1,j\neq i}^{N} a_{ij} \times$$

$$\left(\mathrm{sig}\left((x_j - \delta_j) - (x_i - \delta_i)\right)^{\alpha_1}\right)^{\mathrm{T}} ((\dot{x}_j - \delta_j) - (\dot{x}_i - \delta_i)) + 2 \sum_{i=1}^{N} v_i^{\mathrm{T}} \dot{v}_i =$$

$$-2k_1 \sum_{i=1}^{N} \sum_{j=1,j\neq i}^{N} a_{ij} (\dot{x}_i - \delta_i) \left(\mathrm{sig}\left((x_j - \delta_j) - (x_i - \delta_i)\right)^{\alpha}\right)^{\mathrm{T}} +$$

$$2k_1 \sum_{i=1}^{N} \sum_{j=1,j\neq i}^{N} a_{ij} v_i^{\mathrm{T}} \left(\mathrm{sig}\left((x_j - \delta_j) - (x_i - \delta_i)\right)^{\alpha_1}\right)^{\mathrm{T}} +$$

$$2k_2 \sum_{i=1}^{N} \sum_{j=1,j\neq i}^{N} a_{ij} v_i^{\mathrm{T}} \mathrm{sig}\,(v_j - v_i)^{\alpha_2} = 2k_2 \sum_{i=1}^{N} \sum_{j=1,j\neq i}^{N} a_{ij} v_i^{\mathrm{T}} \mathrm{sig}\,(v_j - v_i)^{\alpha_2} +$$

$$2k_1 \sum_{i=1}^{N} \sum_{j=1,j\neq i}^{N} a_{ij} \delta_i \left(\mathrm{sig}\left((x_j - \delta_j) - (x_i - \delta_i)\right)^{\alpha}\right)^{\mathrm{T}} =$$

$$-k_2 \sum_{i=1}^{N} \sum_{j=1,j\neq i}^{N} a_{ij} (v_j - v_i) \cdot \mathrm{sig}\,(v_j - v_i)^{\alpha_2} +$$

$$2k_1 \sum_{i=1}^{N} \sum_{j=1,j\neq i}^{N} a_{ij} \delta_i \left(\mathrm{sig}\left((x_j - \delta_j) - (x_i - \delta_i)\right)^{\alpha}\right)^{\mathrm{T}}$$

由于 $(v_j - v_i)\mathrm{sig}\,(v_j - v_i)^{\alpha_2} = |v_j - v_i|^{1+\alpha_2}$，并且参数 δ_i 是预置的，这意味着参数是可调的，当它满足一定的条件，可以得到 $\dot{V} \leqslant 0$。在这些条件下，通过引理 6.4.2，得到 $\lim_{t\to\infty}((x_j(t) - \delta_j) - (x_i(t) - \delta_i)) = 0$，$\lim_{t\to\infty}(v_j - v_i) = 0$，这意味着在一致性协议式(6-48)的控制下系统式(6-47)在原点是渐近稳定的。根据引理 6.4.3，多智能体系统式(6-47)在有限时间内用控制协议式(6-48)可达到一致性。

6.4.3.3　防碰撞控制策略

无人机碰撞安全包络定义是无人机能够规避入侵机威胁的分界。如图

6-47 所示为无人机碰撞安全包络图。

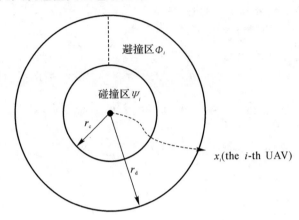

图 6-47　无人机碰撞安全包络结构图

其中,碰撞区 $\psi_i = \{x \in \mathbf{R}^3 \mid \| x - x_i \|_2 \leqslant r_c\}$(在此区域无人机会与其他无人机发生碰撞事故),避撞区 $\Phi_i = \{x \in \mathbf{R}^3 \mid r_c < \| x - x_i \|_2 \leqslant r_d\}$,其中 $r_d > r_c$,当无人机互相处于对方的避撞区时,它们之间的避撞模块会被触发。

基于以上安全包络的设计,给定避撞势能函数如下:

$$U_{ij}^a(\boldsymbol{x}_i, \boldsymbol{x}_j) = \begin{cases} \left(\dfrac{r_d^2 - \| x_i - \boldsymbol{x}_j \|_2^2}{\| \boldsymbol{x}_i - \boldsymbol{x}_j \|_2^2 - r_c^2} \right)^2, & r_c < \| \boldsymbol{x}_i - \boldsymbol{x}_j \|_2 < r_d \\ 0, & \| \boldsymbol{x}_i - \boldsymbol{x}_j \|_2 \geqslant r_d \end{cases}$$

(6-51)

$$\frac{\partial U_{ij}^a}{\partial \boldsymbol{x}_i} = - \frac{4(r_d^2 - r_c^2)(r_d^2 - \| \boldsymbol{x}_i - \boldsymbol{x}_j \|_2^2)}{(\| \boldsymbol{x}_i - \boldsymbol{x}_j \|_2^2 - r_c^2)^3} (\boldsymbol{x}_i - \boldsymbol{x}_j)^{\mathrm{T}}$$

式中,$r_c < \| \boldsymbol{x}_i - \boldsymbol{x}_j \|_2 < r_d$,,且当 $\| \boldsymbol{x}_i - \boldsymbol{x}_j \|_2 \geqslant r_d$ 时,$\dfrac{\partial U_{ij}^a}{\partial \boldsymbol{x}_i} = \mathbf{0}_{3 \times 1}$。

注意:$\lim \| x_i - x_j \|_2 \to r_d - U_{ij}^a = \lim \| x_i - x_j \|_2 \to r_d + U_{ij}^a = 0$,

$\lim \| x_i - x_j \|_2 \to r_d - \dfrac{\partial U_{ij}^a}{\partial \boldsymbol{x}_i} = \lim \| x_i - x_j \|_2 \to r_d + \dfrac{\partial U_{ij}^a}{\partial \boldsymbol{x}_i} = \mathbf{0}_{3 \times 1}$。

根据连续性的定义,在 $\| \boldsymbol{x}_i - \boldsymbol{x}_j \|_2 = r_d$ 处,U_{ij}^a 和 $\dfrac{\partial U_{ij}^a}{\partial \boldsymbol{x}_i}$ 都是连续的。因此,在域 $\{\boldsymbol{x}_i \mid \| \boldsymbol{x}_i - \boldsymbol{x}_j \|_2 > r_c\}$ 中,U_{ij}^a 关于 $\boldsymbol{x}_i$ 是连续可微分的,$i \neq j$。另外,当 $\| \boldsymbol{x}_i - \boldsymbol{x}_j \|_2 > r_c$,$U_{ij}^a$ 关于 $\| \boldsymbol{x}_i - \boldsymbol{x}_j \|_2$ 是单调递减的,因此,$\dfrac{\partial U_{ij}^a}{\partial \boldsymbol{x}_i} = - \dfrac{\partial U_{ij}^a}{\partial \boldsymbol{x}_j} = \dfrac{\partial U_{ji}^a}{\partial \boldsymbol{x}_i} = - \dfrac{\partial U_{ji}^a}{\partial \boldsymbol{x}_j}, i \neq j$。

6.4.3.4 基于切换寻优的控制律设计

针对无人机编队队形形成问题,如何保证多架无人机最终可形成可适用于环境的、需要的队形形状,且在形成过程中无人机之间不会发生碰撞,本节在一致性理论的基础上提出了基于切换寻优的控制算法。此算法很好地解决了多架无人机无碰撞形成所需编队队形的问题。具体算法流程如图 6-48 所示。

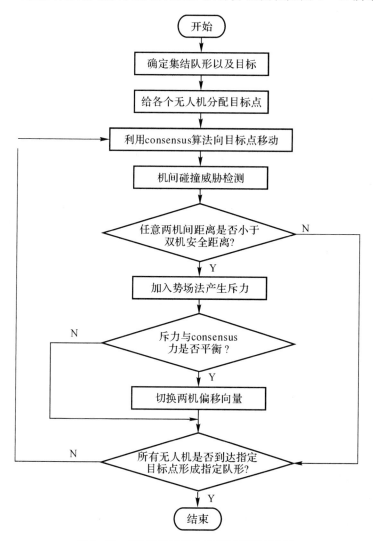

图 6-48 基于切换寻优的编队防撞算法流程图

给定如下假设,在 $t=0$ 时刻,无人机均处于其他无人机的安全包络之外,并

且图 $G(t)$ 是全连通的。

在控制力式(6-48)与势场力式(6-51)的共同作用下,系统中所有无人机都会朝着给定队形移动,但是当作用在无人机上的控制合力为 0 时,无人机会停止移动,但不一定会到达目标队形。为了解决这个问题,对控制律作了一定改进。

$$u_i = \sum_{j=1}^{N} \{a_{ij}[k_1[\mathrm{sig}((\boldsymbol{x}_j - \boldsymbol{\delta}_i) - (\boldsymbol{x}_i - \boldsymbol{\delta}_j))^{a_1}] + k_2[\mathrm{sig}(\boldsymbol{v}_j - \boldsymbol{v}_i)^{a_2}]]\} +$$

$$\sum_{j=1}^{N} \frac{\partial U_{ij}^a}{\partial \boldsymbol{x}_i}, \quad (\boldsymbol{\delta}_j - \boldsymbol{\delta}_i)^{\mathrm{T}}(\boldsymbol{x}_j - \boldsymbol{x}_i) < 0 \tag{6-52}$$

其他情况下的 $\boldsymbol{v}_i$ 保持不变,且 $\alpha_1 = \dfrac{\alpha_2}{2 - \alpha_2}$,其中的 $\sum\limits_{j=1}^{N} \dfrac{\partial U_{ij}^a}{\partial \boldsymbol{x}_i}$ 这一项用来达到防撞功能。

改进的控制律可以使各无人机到达给定队形且期间不会发生碰撞。

在进行稳定性分析时选择李雅普诺夫方程为

$$V = \sum_{i=1}^{N} \sum_{j=1, j \neq i}^{N} \int_0^{x_j - x_i} a_{ij} k_1(s)^{a_1} \mathrm{d}(\boldsymbol{x}_j - \boldsymbol{x}_i) + \sum_{i=1}^{N} \boldsymbol{v}_i^{\mathrm{T}} \boldsymbol{v}_i + \frac{1}{2} \sum_{i=1}^{N} \sum_{j=1, j \neq i}^{N} U_{ij}^a$$

$$\tag{6-53}$$

由于证明与 6.4.2.2 节中稳定性分析证明类似,所以在此不再赘述。由于 $(\boldsymbol{v}_j - \boldsymbol{v}_i)\mathrm{sig}(\boldsymbol{v}_j - \boldsymbol{v}_i)^{a_2} = |\boldsymbol{v}_j - \boldsymbol{v}_i|^{1+a_2}$,并且参数 $\boldsymbol{\delta}_i$ 是可调的,当它满足一定的条件时,可以得到 $\dot{V} \leqslant 0$。在这些条件下,通过引理 6.4.2,可得到

$$\lim_{t \to \infty}((\boldsymbol{x}_j(t) - \boldsymbol{\delta}_j) - (\boldsymbol{x}_i(t) - \boldsymbol{\delta}_i)) = 0, \quad \lim_{t \to \infty}(\boldsymbol{v}_j - \boldsymbol{v}_i) = 0 \tag{6-54}$$

因此,在部分限定条件下系统式(6-47)在原点是可达到渐近稳定的。根据引理 6.4.3,在参数条件满足的情况下,式(6-47)在有限时间内可达到一致性。

6.4.4 仿真验证与分析

本节用仿真来验证所设计算法的有效性与可行性,根据上述所设计的基于切换寻优的一致性编队防撞控制协议,利用 MATLAB R2014b 仿真软件对所提出算法进行验证,并与现有一致性算法进行比较分析。在此先简单描述下实验需求效果,由于要适应不同的环境场景,无人机编队需要集结或改变为不同的队形,在此,多架无人机集结为预先制定的拓扑队形,且在形成队形中无人机与无人机之间不会发生碰撞。

首先看三架无人机编队仿真实验。如图 6-49 所示,在此次仿真实验中,三个智能体点代表三架无人机,编队拓扑全连通,它们散落在同一水平面,被要求

形成等边三角形的编队队形,参数设置如下:无人机初始位置为 $p(:,2)=$ $[0,0,0]$, $p(:,3)=[0,5.5,0]$, $p(:,1)=[5,2.5,0]$;目标队形拓扑为 Formation$(:,1)=[1,0,0]$,Formation$(:,2)=[0,1.5,0]$,Formation$(:,3)=$ $[0,-1,0]$;无人机安全包络半径设置 $r_c=3$,$r_d=4$,步长为 0.5。

如图6-50所示为本书提出算法的控制输入。

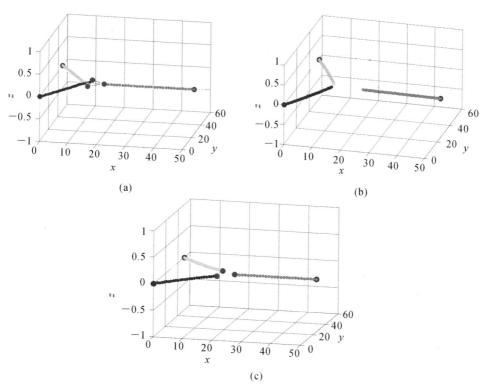

图6-49 不同控制策略下的三架无人机编队集结仿真

(a)仅基于一致性协议的控制策略; (b)基于一致性协议与势场法策略; (c)本书提出算法

结果分析:由以上仿真结果可以看出,当仅使用基于一致性协议的控制策略进行仿真时,由图6-49(a)可以看到,各个智能体可以达到预期队形,但在途中有可能发生智能体碰撞的情况。当在基于一致性协议的控制策略上加入基于势场法避障策略时,如图6-49(b)可以看到,智能体间不会发生机间碰撞问题,但并没有达到预期队形。当在基于一致性协议的控制策略与势场法避障策略外,加入切换寻优策略,即本节提出算法,由图6-49(c)可以看到,智能体间不会发生碰撞,同时三个智能体达到了预期队形。由图6-50可以看出,所有智能体最终状态达到了一致性。至此,可以看到在简单场景,以及少量智能体的情况下,

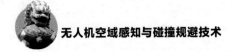

本章所提算法相较于其他两种算法可有效达到目的。接下来增加智能体个数，同样的编队拓扑为全连通，将场景以及编队队形复杂化来进行仿真实验。

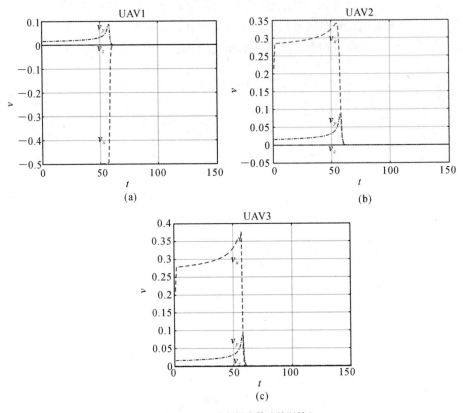

图 6-50　本书提出算法控制输入

　　将智能体增加至四个，使四个智能体最终形成正四面体拓扑形状（见图 6-51），参数设置如下：智能体初始位置为：$p(:,1)=[-25.5,17.7,-9.4]$，$p(:,2)=[-17.3,28.9,-2.2]$，$p(:,3)=[-11.1,16.7,-7.2]$，$p(:,4)=[-24.3,23.5,-11.8]$；最终形成编队相对位置设置如下：Formation$(:,1)=[0,0,0]$；Formation$(:,2)=[5,0,0]$；Formation$(:,3)=[2.5,(5^2-2.5^2)^{0.5},0]$；Formation$(:,4)=[2.5,2.5*3^{0.5}/3,(5^2-(2.5*2/3^{0.5})^2)^{0.5}]$；无人机安全包络半径设置 $r_c=4,r_d=5$，步长为 1。

　　本书提出算法的控制输入如图 6-52 所示。

　　结果分析：由图 6-51 可以看出，一致性协议避撞控制策略虽然可以达到所需队形，且不会发生碰撞，但可以明显看出算法的缺点，大大增加了航程，同时也会增加燃油量。另外，当无人机数量增加时，此算法极易陷入局部最小，发生碰撞。本书所提算法不仅可以保证无人机最终的状态一致,达到预期编队队形,而且在编队集结飞行中会为各架无人机计算出最优飞行路径,使得本机不会与编队中其他无人机发生路径冲突,从而避免碰撞发生。

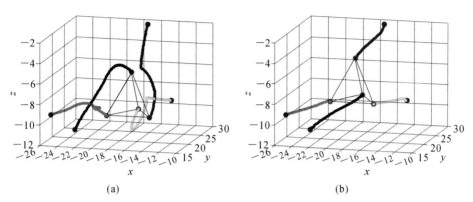

图 6 - 51　不同控制策略下的四架无人机编队集结仿真

（a）一致性协议避撞控制策略；　（b）本书提出算法

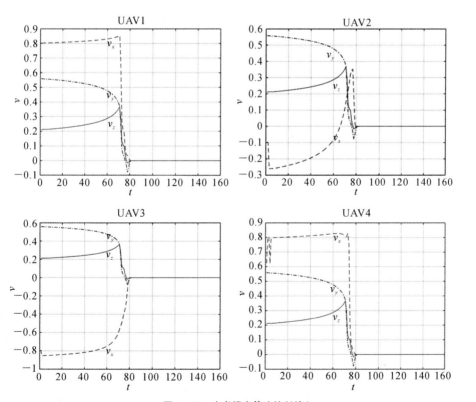

图 6 - 52　本书提出算法控制输入

如图 6-53 所示是 40 架无人机智能体使用改进算法在指定地点的集结仿真图。起始位置为随机撒的 40 个点,两两无人机间的安全包络半径设置为 1,使多架无人机最终集结为风车形状的编队队形。无人机间最小距离变化如图 6-54 所示。

结果分析:由图 6-53 可知 40 架无人机完成了编队集结任务,形成了所需要的风车形状。由图 6-54 可以看出,在整个无人机集结过程中,无人机间最小距离为 1.962 m,距离均大于程序设置的最小安全距离 1 m。可以判定,此次集结过程中无碰撞事故发生。经计算可求出最终两两无人机间最小距离为 2 m。由仿真结果可看出最后可达到预期队形,且途中无机间碰撞发生,证明了基于切换寻优的无人机编队防碰撞算法的有效性。

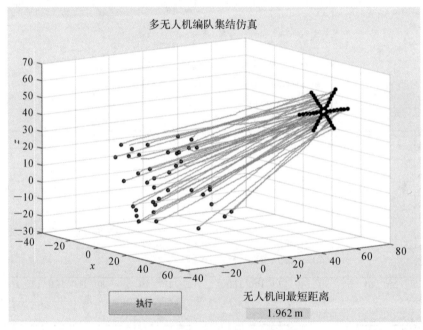

图 6-53   40 架无人机编队集结仿真图

由以上结果分析可以看出,一致性避障控制算法可以保证得到预期队形,且在集结过程中无人机不会发生碰撞,但显然无人机之间由于斥力与引力的作用而一直在寻找平衡,造成了航程的大大增加,而且当无人机数量较大幅度增加时,此算法极易陷入局部最小而造成无人机的振荡飞行而无法前行。由本章提出算法的结果可看出,算法不仅可以保证最终无人机的状态一致,达到预期编队队形,而且在编队集结飞行中会为各架无人机计算出最优飞行路径,大大减小了航程冗余,必然也减少了燃料的使用,而航迹的无交叉也使得本机不会与编队中其他无人机发生路径冲突,从而避免碰撞发生。综上所述,所提策略所需航程更短,效率更高,耗能也更低。

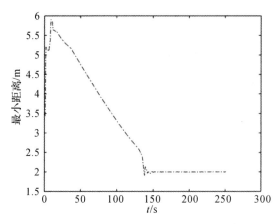

图 6-54　无人机间最小距离变化图

6.5　小　　结

　　无人机编队飞行在当今各个领域有着广泛的需求,由于环境复杂多变,无人机个体只有达成一致,满足环境所需约束才能很好地协调配合完成复杂的任务,本章在此方面对多无人机编队防撞控制进行了研究。

　　在单无人机避障方面,对无人机路径规划算法进行了阐述,其中主要对人工势场法进行了深入研究并改进,并通过仿真以及实物无人机飞行实验验证了算法的有效性和实用性。

　　针对无人机编队飞行整体过程构建了编队避撞系统模型,主要包括协同感知、威胁评估、编队重构、路径规划和机动控制等五个模块,并对各个模块建立了相应的数学模型,为优化编队方式、规划整体编队航迹打下了良好的基础。

　　在多无人机编队控制方面,对无人机编队控制方法进行了研究分析,对一致性理论,包括图论基础、图的相关矩阵、稳定性控制等进行了探讨,给出了可以解决多无人机编队控制中一致性问题的基本算法,在此基础上,提出了基于切换寻优的无人机编队集结控制算法,且此算法可避免无人机间发生碰撞,最终通过仿真验证了算法的有效性。

|参 考 文 献|

[1] REYNOLDS C W. Flocks，Herds and Schools：A Distributed Behavioral Model：Conference on Computer Graphics and Interactive Techniques [C]. Anaheim：SIGGRAPH，ACM，1987：25 - 34.

[2] DANIEL K，ROHDE S，Goddemeier N，et al. A Communication Aware Steering Strategy Avoiding Self - separation of Flying Robot Swarms，0 5th IEEE International Conference，on Intelligent Systems（IS）[C]. London：IEEE IS，2010.

[3] GAZI V，PASSINO K M. Stability Analysis of Swarms[J]. IEEE Transactions on Automatic Control，2003，48（4）：692 - 697.

[4] WANG P K C，HADAEGH F Y. Coordination and Control of Multiple Microspacecraft Moving in Formation [J]. The Journal of the Astronautical Sciences，1996，44(3)：315 - 355.

[5] BEARD R W，REN W. Virtual Structure Based Spacecraft Formation Control with Formation Feedback. Proceedings of the AIAA Guidance，Navigation，and Control Conference[C]. Monterey：AIAA GNC，2002.

[6] FLINT M，POLYCARPOU M，GAUCHERAND E F. Cooperative Path Planning for Autonomous Vehicles Using Dynamic Programming：IFAC 15th Triennial World Congress[C]. Barcelona：IFAC，2002：1694 - 1699.

[7] KIM S J，WHANG I H，SONG C. Guidance law for formation flight via desired position：IEEE International Symposium on Industrial Electronics[C]. Seoul：IEEE ISIE，2009.

[8] UENO S，KWON S J. Optimal Reconfiguration of UAVs in Formation Flight：SICE，2007 Annual Conference [C]. Takamatsu：SICE，2007：2611 - 2614.

[9] 邓婉,王新民,王晓燕. 无人机编队队形保持变换控制器设计[J]. 计算机仿真，2011,8(10)：73 - 78.

[10] JOONGBO S，CHAEIK A，YOUDAN K. Controller Design for UAV Formation Flight Using Consensus based Decentralized Approach：AIAA Infotech Aerospace Conference [C]. Seattle：AIAA，2009：1 - 11.

[11] LECHEVIN N. Towards Decentralized Fault Detection in UAV Formations: Proceedings of the 2007 American Control Conference[C]. New York: IEEE American Control Coference, 2007: 5759 – 5764.

[12] KHATIB O B. A Unified Approach for Motion and Force of Robot Manipulators[J]. IEEE Journal of Robotics and Automation, 1987, 3 (1): 43 – 53.

[13] BILIMORIA K D, SRIDHAR B, GRABBE S R, et al. FACET: Future ATM Concepts Evaluation Tool: Proceedings of the 3rd USA/ Europe ATM 2001 R&D Seminar[C]. Napoli: NASA, 2000, 9.

[14] JIANG, F C, WANG L. Finite – time Information Consensus for Multi – agent Systems with Fixed and Switching Topologies [J]. Physica D Nonlinear Phenomena,2009,238(16):1550 – 1560.

[15] WANG X L, HONG Y G. Distributed Finite – time χ – consensus Algorithms for Multi – agent Systems with Variable Coupling Topology [J]. Journal of Systems Science and Complexity, 2010,23:209 – 218.

第 7 章

SAA系统性能评估

无人机感知与规避系统是无人机机载传感器系统、无人机导航系统、无人机飞行控制系统的综合体。实现无人机的感知与规避需要无人机、地面站、空中交通管制等多任务系统的信息交联和功能覆盖。无人机感知与规避系统效能评估针对系统主要属性，如环境感知能力、规避决策能力、飞机气动性能等进行量化，据此开展定量的数学分析，并得到量化的评价结果。具体分为以下几部分内容：

1. 以感知规避为目的的机载传感器配置效能评估

通过建立一套以感知和规避为目标指向的传感器性能评估体系，对当前的典型机载传感器从传感器感知性能和感知数据处理方法等方面进行感知能力评价，旨在对不同机种、不同任务的感知传感器配置方案和感知方法的可行性进行评价，从而指导现役无人机传感器改装和未来无人机传感器的安装配置。

2. 典型规避方案和路径规划功能评估

通过对路径规划能力的层次分解，提出了针对无人机规避功能的评估指标体系，从威胁估计、路径规划、机动生成等方面实现对当前的典型的规避路径规划方法和规避机动动作的性能评价，为未来无人机空域集成的相关规则、标准提供评价标准。

3. SAA系统评价指标体系

无人机 SAA 系统进行评价需从总体要求出发，分层次地分析影响无人机 SAA 评价总体价值的各相关评价指标，并最终给出量化结论。

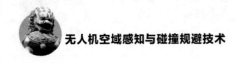

7.1 指标体系确定

7.1.1 指标体系确定的理想条件

在实际应用中,效能评估问题大多表现为综合评价问题,即要对 m 个对象(如对 SAA 系统而言,体现为对多种典型遭遇场景下的综合避撞能力)进行评价。为全面、科学地评价,首先需要建立合理的评估指标体系[1]。

在决策方案(方案、评价对象)确定的情况下,指标体系的确定会影响到效能评估结果的合理性。另外,指标体系的规模及具体指标差别还会涉及评估过程的复杂性。因此,科学、合理地确定指标体系在效能评估中至关重要。R. L. Keeney 和 H. Raiff[2]指出描述一个多准则决策问题时,指标体系应满足以下 5 个性质:

(1)完整性,指标体系应表征决策要求的所有重要方面;

(2)可运算性,指标能有效地用到随后的分析中去;

(3)可分解性,可将决策问题分解,以简化评价过程;

(4)无冗余性,希望不重复考虑决策问题的某一个方面;

(5)极小性,即不可能用其他元素更少的指标体系来描述同一问题。

要满足上述条件是极其困难的,因此又称为多准则决策指标集的理想条件。

7.1.2 确定指标体系的原则

效能评估指标体系中并非评估指标越多越好,关键在于指标在评估中所起作用的大小。指标体系应能全面反映各决策方面的主要需求,它的结构取决于决策目的、决策方案的性质等。指标体系越全面,决策的结果就越客观、越合理,但指标太多也会增加评估的复杂程度和难度,尤其是数据的计算量将以指数形式增长。

建立 SAA 系统评估体系的目的,一是能够对不同的 SAA 系统配置方案进行定性分析;二是根据检验与评价结果,对 SAA 系统配置方案进行总体和局部的比较分析,得到性能差距;三是为现有无人机系统的 SAA 系统安装与改装提供科学准确的参考意见。

根据 SAA 系统的组成和功能特点,建立明确、合理的评价体系,应当遵循以下原则。

1. 综合性(完整性)原则

首先,指标系统应考虑 SAA 所有的能力属性,能评价不同的系统配置方案。其次,指标系统应反映单个指标对整体系统的功能逻辑与量化影响,能反映 SAA 系统整体性能情况。只有这样,才能对 SAA 系统做出全面、合理、客观的分析和评价。

2. 客观性原则

评价指标必须能客观、准确地反映系统的主要特征和各个方面,特别是关键评价指标更应选准、选全,并明确意义,不能主观臆断,随意设立。

3. 灵敏性原则

SAA 系统分析不是一次完成的,是一个动态过程。指标体系应体现这一特点,评价指标应能较准确地反映 SAA 系统中变量的变化,使 SAA 能力随着评价指标系统参数的改变而发生相应的变化。

4. 可测性原则

指标系统应具有相对的稳定性,以便于用一个共同的比较合理的标准,对不同的 SAA 系统配置方案进行评价。指标应在反映 SAA 各个方面中选取,但一个重要的前提就是能够进行计算或估算,或能赋予数值、量级,对其进行定量处理,或可建立模型定量求解,或可利用试飞验证、仿真模拟等方法进行评价。量化指标时,最好能使用体系已有的统计参数,或者通过调查和测量而得到具体项目及模拟演习的结果,能给出具体数值或大小排序。

5. 独立性原则

在建立指标系统的过程中,指标因素要与选用标准和评价目标保持一致,力求减少各单个指标之间的相关程度,对相关联的各个指标尽可能选择其中一个或几个指标来独立说明 SAA 系统的某一方面,以压缩冗余,便于操作,提高综合评价的科学性。

6. 定性、定量相结合原则

在评价中,反映 SAA 系统的指标有两类:一类是定量指标,如主要评价项目要有统一的定量化指标,并建立相应的数学模型;另一类是定性指标,该类指标无法或难以量化,只能通过专家评判,并将专家判断结果定量化来进行评价。这两类指标对于全面评价系统性能都十分重要,缺一不可,只有统筹考虑才能达到科学评价的目的,取得可信的结果。

7. 简明原则

选取的指标应当简明扼要,使相关人员能准确理解和接受,便于形成共同语言,顺利进行融合系统评价工作。

7.1.3　确定指标体系的方法

针对 SAA 系统功能评估需求,采用德尔菲(Delphi)咨询法[4]。该方法针对评估者和分析者在知识和经验上的局限性,通过组织各方面的专家,使之对指标体系涉及的问题发挥咨询作用,多次反复地信息交换、统计处理和归纳综合,合理地给出效能评估所包含的全部指标及各指标间的相互关系,从而确定指标体系的完整结构。该方法的流程图如图 7-1 所示。

Delphi 法的本质是系统分析法在价值判断上的延伸,利用专家的经验和智慧,根据其掌握的各种信息和丰富经验,经过抽样、概括、综合、推理的思维过程,得出专家各自的见解,再经汇总分析而得出指标集。在使用该方法时,正确选用专家(包括专家数、专家的领域等)是该方法成功的关键。

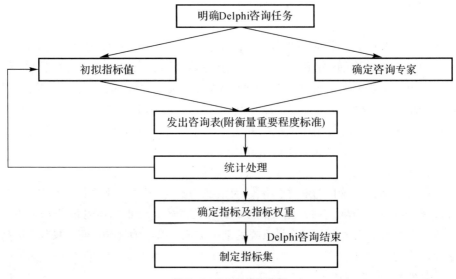

图 7-1　Delphi 咨询流程

建立指标体系时,首先把复杂的问题分解为一个个小问题,每一个问题称为一个元素,然后对每一个元素根据隶属关系,继续分解,直至最底层元素可以相对容易地度量为止,这样就形成了一个如图 7-2 所示的递阶层次结构。指标体系最顶层的就是系统效能,处在中间层的就是系统功能指标,是系统某方面功能的概括描述,称之为准则层、子准则层,最底层是尺度参数,是系统固有属性、特征的具体描述,称之为指标层。中间层的元素一般既隶属于上一层,又对下一层有支配关系,但隶属、支配关系有可能是不完全的。一般上层元素支配的下层元素不超过 9 个,否则会给两两比较判断带来困难。而层次数的多少要由问题的复杂程度和分析深度来决定。

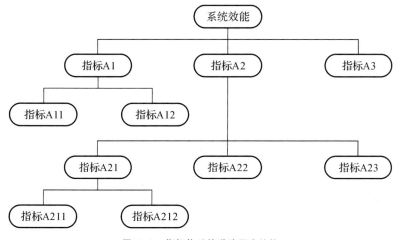

图 7-2　指标体系的递阶层次结构

根据评估的目的、期望不同,可将指标进行分类。

(1)从指标对评估者的主观愿望独立程度看,可分为主观指标和客观指标两种。后者是对评估方案的客观描述,而前者与评估者的主观认识、偏好等有关。

(2)在工程和经济中的许多评价问题,尤其是在军事装备系统的效能评估问题上,指标的划分常根据指标能否定量表述来分类,可以求出数值的称为定量指标。

(3)从人们对指标值期望的特点看,可将指标分为效益型、成本型、固定型、区间型、偏离型和偏离区间型。效益型指标表示指标值越大越好的指标;成本型指标表示指标值越小越好的指标;固定型指标表示指标在某个值为最佳,即越接近某一固定值越好的指标;区间型指标表示指标值落在某一固定区间内为最佳的指标;偏离型指标表示指标值越偏离某个固定值越好的指标;偏离区间型指标表示指标值越偏离某个区间越好的指标。

|7.2　指标预处理|

指标可以分为定性指标和定量指标两种,它们表现出不可公度性和矛盾性的特点。因此,各指标值无法直接进行综合计算,定性指标首先要进行量化,然后还要进行规范化处理。定性指标值主要是通过专家定性评判然后量化的方法获得的,定量指标值可以通过试验统计、实地测量、报告分析等方法得到。

7.2.1　定性指标值的量化

在一个复杂系统的指标体系中,有些指标是很难直接进行定量描述的,只能通过"优、良、差"等语言值进行定性的判断。定性的描述没法利用数学这一定量计算的工具进行处理,因此就需要一个定性指标量化的过程。

1. 直接打分法

受咨询专家根据自己的经验知识对定性指标直接作出价值判断,用一个明晰数来度量对指标的满意程度。该方法虽然简便,但给专家评价带来了很大的难度,由于客观事物的复杂性和主体判断的模糊性,专家很难较准确地作出判断。

2. 量化标尺量化法

心理学家米勒(G. A. Miller)经过试验表明,在对不同的物体进行辨别时,普通人能够正确区别的等级在5~9级之间。推荐使用5~9个量化级别,可能时尽量使用9个等级。可以把定性评判的语言值通过一个量化标尺直接映射为定量的值,常用的量化标尺见表7-1。考虑使用方便,这里使用了0.1~0.9之间的数作为量化分数,极端值0和1通常不用。

表 7 - 1　定性指标的量化标尺

分数 等级	0.1	0.2	0.3	0.4	0.5	0.6	0.7	0.8	0.9
9 等级	极差	很差	差	较差	一般	较好	好	很好	极好
7 等级	极差	很差	差		一般		好	很好	极好
5 等级	极差		差		一般		好		极好

另外还有把语言值量化成模糊数的标度量化法,常用的模糊数有三角模糊数与梯形模糊数,如图7-3所示为一种常见的三角模糊数两极比例量化法。这种量化方法能够较好地避免丢失模糊信息,但计算过程较复杂,尤其是最后的排序。

有时为了避免仅以隶属度0或1来选择某一评判等级,可以先利用模糊统计的方法确定定性指标对评判等级的隶属度向量,然后把归一化的隶属度向量和每一评判等级所对应的量化值进行加权就可以得到定性指标的量化值。基本步骤如下:

(1)确定评判等级 $V = \{v_1, v_2, \cdots, v_m\}$;

(2)组织多个专家对系统指标进行评判,假设专家对评判等级的评判频数

为 $U=(u_1,u_2,\cdots,u_m)$，则 U 就是系统指标对评判等级 V 的隶属度向量；

（3）把每一评判等级的量化值与归一化的隶属度向量进行加权。

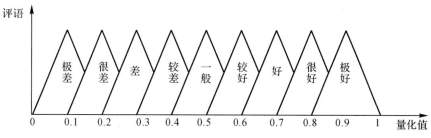

图 7-3　三角模糊数两极比例量化法[3]

7.2.2　定量指标的规范化

在效能评估过程中，各指标值之间普遍存在下述三种问题：

（1）无公度问题，即各指标的量纲不同，不便于互相比较；

（2）变换范围不同，指标值之间差异很大，可能数量级都不同，不便于比较运算；

（3）对抗性不同，其中有些指标是越大越优，而有些指标则是越小越优。

因此，如果直接利用原始指标矩阵进行系统效能的评估，要么困难较大，无从下手；要么评估方案不科学，造成评估结果不合理。因此，对于一个已知指标矩阵的效能评估问题，必须消除上述问题的影响，即对指标矩阵进行规范化（归一化、标准化）处理。其实质是通过一定的数学变换把指标值转变为可以综合处理的"量化值"，一般都变换到 $[0,1]$ 范围内。在变换时，要注意量化标度（序、区间或比例标度）允许变换的形式。Hwang 与 Yoon 给出了效益型和成本型指标的极差变换、线性变换、向量变换三种规范化变换形式，考虑向量变换、指数变换等非线性变换后，不能产生等长的计量尺度，并且变换后各属性的最大值、最小值不相同，不便于指标间的直接比较，这里给出了极差变换、线性变换的规范化方法，同时增加了在两种规范方法下固定型和区间型指标新的规范化方法，对原有规范方法未考虑分母为零的情况进行了改进。

固定型变换相对简单，对区间型指标的变换，特作如下定义：

定义　设 $a,b,x\in\mathbf{R}$（实数集），则实轴上点 x 到区间 $C=[a,b]$ 的最远点距离为

$$d(x,C)=|x-C|=\begin{cases}\left|x-\dfrac{1}{2}(a+b)\right|+\dfrac{1}{2}(b-a), & x\notin[a,b]\\ 0, & x\in[a,b]\end{cases}$$

$$(7-1)$$

显然,当 $b=a$ 时,$[a,b]$ 退化为一个点,此时 $d(x,C)$ 即为实轴通常意义下的距离。

注意:偏离型属性和偏离区间型属性在日常以及军事信息系统评估中很少用到,这里不做论述。

设 $T=\bigcup\limits_{i=1}^{4} T_i$,其中 $T_i(i=1,2,3,4)$ 分别表示效益型、成本型、固定型和区间型指标的下标集合;x_{ij} 表示第 i 个方案关于第 j 个属性 f_j 的指标值;α_j 表示 $f_j(j \in T_3)$ 的最佳稳定值,$[q_1^j,q_2^j]$ 表示 $f_j(j \in T_4)$ 的最佳稳定区间。

下面用公式给出两种变换下四种指标类型的规范形式。

1. 极差变换法

效益型:

$$r_{i,j}=x_{i,j}-\frac{\min\limits_i x_{i,j}}{\max\limits_i x_{i,j}}-\min\limits_i x_{i,j}, \quad i \in M, \quad j \in T_1 \qquad (7-2)$$

成本型:

$$r_{i,j}=\max\limits_i x_{i,j}-\frac{x_{i,j}}{\max\limits_i x_{i,j}}-\min\limits_i x_{i,j}, \quad i \in M, \quad j \in T_2 \qquad (7-3)$$

固定型:

$$r_{i,j}=\begin{cases}\dfrac{(\max\limits_i|x_{i,j}-\alpha_j|-|x_{i,j}-\alpha_j|)}{(\max\limits_i|x_{i,j}-\alpha_j|-\min\limits_i|x_{i,j}-\alpha_j|)}, & x_{i,j}\neq \alpha_j \quad i \in M, \quad j \in T_3 \\ 1, & x_{i,j}=\alpha_j\end{cases}$$
$$(7-4)$$

区间型:

$$r_{i,j}=\begin{cases}\dfrac{\max\limits_i d_{i,j}-d_{i,j}}{\max\limits_i d_{i,j}-\min\limits_i d_{i,j}}, & x_{i,j}\notin[q_1^j,q_2^j] \\ 1, & x_{i,j}\in[q_1^j,q_2^j]\end{cases}, \quad i \in M, \quad j \in T_4 \qquad (7-5)$$

注:当 $a_{ij}\in[q_1^j,q_2^j]$ 时,$d_{i,j}=0\Rightarrow\max\limits_i d_{i,j}-\min\limits_i d_{i,j}=0$,即指标值落在区间中。

2. 线性尺度变换法

效益型:

$$r_{i,j}=\frac{x_{i,j}}{\max\limits_i x_{i,j}}, \quad i \in M, \quad j \in T_1 \qquad (7-6)$$

成本型:

$$r_{i,j}=\frac{\min\limits_i x_{i,j}}{x_{i,j}}, \quad i \in M, \quad j \in T_2 \qquad (7-7)$$

固定型：

$$r_{i,j} = \begin{cases} 1 - \dfrac{|x_{i,j} - \alpha_j|}{\max\limits_{i}|x_{i,j} - \alpha_j|}, & x_{i,j} \neq \alpha_j \\ 1, & x_{i,j} = \alpha_j \end{cases}, \quad i \in M, \quad j \in T_3 \qquad (7-8)$$

区间型：

$$r_{i,j} = \begin{cases} \dfrac{\min\limits_{i} d_{i,j}}{d_{i,j}}, & x_{i,j} \notin [q_1^j, q_2^j] \\ 1, & x_{i,j} \in [q_1^j, q_2^j] \end{cases}, \quad i \in M, \quad j \in T_4 \qquad (7-9)$$

或

$$r_{i,j} = \begin{cases} 1 - \dfrac{d_{i,j}}{\max(q_1 - \min\limits_{i} x_{i,j}, \ \max\limits_{i} x_{i,j} - q_2)}, & x_{i,j} \notin [q_1^j, q_2^j] \\ 1, & x_{i,j} \in [q_1^j, q_2^j] \end{cases},$$

$$i \in M, \quad j \in T_4 \qquad (7-10)$$

7.3 标度分类及选择

标度用于定性指标的量化。所谓量化,是将研究客体的有关因素用量的形式表示出来。目的是将被测事物的特性和对应数值之间建立同态关系。常用的量化标度有名义标度、序标度、区间标度和比例标度。

7.3.1 标度分类

7.3.1.1 名义标度(Nominal Scales)

名义标度是最低级的量化形式。它包括用以识别或分类为目的的号码或名称。为了构造名义标度,必须指定一种满足全部恒等性质的称为无差别关系的二元关系 R ,性质有以下几点：

(1) 对称性(如 $x \sim y$,则 $y \sim x$);

(2) 自反性($\forall x \in X$,必有 x 为对象集);

(3) 传递性(如 $x \sim y$ 且 $y \sim z$,则 $x \sim z$);

(4) 连通性(对 $\forall x, y \in X$,必有 $x \sim y$ 或 x 有别于 y)。

定义在任何数学系统的"="关系就是一种无差别关系。身份证就是名义标

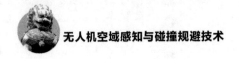

度的一种。

7.3.1.2　序标度(Ordinal Scales)

用无差关系"~"和优先关系">"可组合成另一种二元关系 R,记为"$\geqslant$",对 $\forall x,y \in X, x \geqslant y \Leftrightarrow x$ 优先于或无差别于 y。如 R 为自反的、传递的且连通的,则称 R 具有弱序关系,对象集 X 中的元素用弱序量测称为序标度。评估的基本操作是对通信系统编配方案进行排序,一般常用序标度量测备选方案以便排序。如优序法的优序数,层次分析法的导出标度等用的都是序标度。序标度可以没有自然原点作为其零点。在测量值上进行算术运算要注意是否保序变换,除了名义标度允许的众数、频数统计运算外,还可求中值、百分比和序相关等。

7.3.1.3　区间标度(Interval Scales)

在对象集 X 中的元素和元素的差距(距离)均满足二元弱序关系时称为区间标度。用等间隔(距离)去量测对象而无自然原点是区间标度的特点。如温度可用华氏(℉)和摄氏(℃)两种区间标度。层次分析法中用的比较标度,亦属于区间标度。在对象间的距离或差的"零"点设置后,才允许对区间标度值进行算术运算。如时间是区间标度,只有约定午夜零点作为零时,对其测量值——小时进行加减运算才有意义。除相关系数依赖于"零"的位置外,其余的各种统计运算均可以进行。

7.3.1.4　比例标度(Ratio Scales)

比例标度是有自然原点的区间标度,是最受限制点最常用的测量标度。常用在物理等自然科学领域,如长度、面积等。

7.3.2　标度的分析比较

7.3.2.1　标度等级

定性指标是指评估者对评估对象属性的判断信息不是具体的数值,而是语言评价等级。在军事信息系统的评估问题中,定性指标较多,其处理也就显得至关重要,它关系到评估方法的可操作性及科学性。另外,在进行定性指标量化时,各方案间的属性 $f_j(x_i)(i=1,2,\cdots)$ 应该比较接近,否则定性指标量化将失去意义。如个别情况下指标值之间差距过大,可通过改变量纲或将过大的指标分解或将过小的指标聚合等方法,使比较的指标值比较接近。心理学家米勒

(G. A. Miller)经过试验证明,在某个指标上对若干不同系统进行辨别时,普通人能够正常区别的指标等级在5～9之间。由于定性指标关系错综复杂,所以通过人的比较判断得到的量化值大多属于序标度,少数情况能达到区间标度。运筹学专家 T. L. Saaty 于20世纪70年代提出层次分析法,在量化标度的选取上运用了9个等级,见表7-2。

表7-2 定性等级量化表

标度值	含 义
1	表示两个元素相比,同等重要
3	表示两个元素相比,一个元素比另一个元素稍微重要
5	表示两个元素相比,一个元素比一个元素明显重要
7	表示两个元素相比,一个元素比另一个元素强烈重要
9	表示两个元素相比,一个元素比另一个元素极端重要

注:2,4,6,8为上述相邻判断的中值。

然而随着定性指标量化问题研究的深入,人们发现1～9标度法有不合理之处。例如,B 比 A 稍微重要时 $A:B$ 为 $1:3$ 或者说 B 是 A 的3倍,C 比 A 明显重要时 $A:C$ 为 $1:5$ 或者说是 C 是 A 的5倍,由此推出 C 是 B 的 $5/3$(即1.67)倍,远小于3,这里可看出稍微重要是3倍,而从稍微重要到明显重要却只有 1.67 倍,这显然是不合理的。因此,标度问题成为学者研究的焦点之一。不少学者提出了一些新标度法。如最初左军针对 Saaty 的 $1～9$ 标度法构造判断矩阵比较困难,提出了 $0～2$ 三标度法;徐泽水在 $0～2$ 三标度法的基础上又提出了 $-1～1$ 三标度法和 $-2～2$ 五标度法;为了改善 $1～9$ 标度法的精度,舒康等人提出了指数标度法,汪浩等人提出了 $9/9～9/1$ 分数标度法和 $10/10～18/2$ 分数标度法;侯岳衡等人在舒康的指数标度法基础上提出了 $90/9～99/9$ 指数标度法。各种标度的描述见表7-3。

表7-3 几种标度法的描述

标度 等级	$1～9$	$9/9～9/1$	$10/10～18/2$	指数 标度1	指数 标度2	指数 标度3	指数 标度4
同等重要	1	9/9	10/10	9^0	2^0	e^0	e^0
稍微重要	3	9/7	12/8	$9^{(2/9)}$	$2^{(2/2)}$	$e^{(2/4)}$	$e^{(2/5)}$
明显重要	5	9/5	14/6	$9^{(4/9)}$	$2^{(4/2)}$	$e^{(4/2)}$	$e^{(4/5)}$
强烈重要	7	9/3	16/4	$9^{(6/9)}$	$2^{(6/2)}$	$e^{(6/2)}$	$e^{(6/5)}$
极端重要	9	9/1	18/2	$9^{(8/9)}$	$2^{(8/2)}$	$e^{(8/2)}$	$e^{(8/5)}$
通式	K	$9/(10-K)$	$(9+K)/(11-K)$	$9^{(K-1/9)}$	$2^{(K-1/2)}$	$e^{(K-1/2)}$	$e^{(K-1/5)}$

7.3.2.2 标度的比较

关于标度问题研究,通常采用两种方法:一种方法是先通过给出新标度,使决策者(专家)能够容易地填写比较矩阵,然后利用某种变换,将比较矩阵变换成 Saaty 的 1～9 标度法下的判断矩阵,如三标度法和五标度法;另一种方法是利用给出的新标度,直接构造判断矩阵(无须再转换成 Saaty 的 1～9 标度法下的判断矩阵),以期改善判断矩阵的一致性,如各种指数标度法和分数标度法。然而,众多新标度的出现给标度的应用也带来一些困难。这是因为,面对各种标度,人们一般并不知道孰优孰劣。这里,从标度的本身特性出发,用典型的判断矩阵而不是用一种特定的判断矩阵去分析比较。分别从保序性、判断一致性、标度均匀性、权重拟合性、一致性容量等多角度多层次进行衡量比较的方法,对各种标度进行了评价,给出了各种标度比较的结论。

不失一般性,假定一组被比较对象:$A_1, A_2, A_3, A_4, A_5, A_6, A_7, A_8, A_9$ 在某准则 C 下,下标大的对象比下标小的对象要重要。为了研究,进一步假定:A_1 与其本身及 $A_2, A_3, A_4, A_5, A_6, A_7, A_8, A_9$ 之间的关系恰好构成 AHP 法中的 9 个等级,即同样重要、微小重要、稍为重要、更为重要,明显重要、十分重要、强烈重要、更强烈重要、极端重要,相应地,A_2 与其本身(A_2)及 $A_3, A_4, A_5, A_6, A_7, A_8, A_9$ 之间的关系恰好构成 AHP 法中的同样重要、微小重要、稍为重要、更为重要、明显重要、十分重要、强烈重要、更强烈重要,A_3 与其本身(A_3)及 $A_4, A_5, A_6, A_7, A_8, A_9$ 之间的关系恰好构成 AHP 法中的同样重要、微小重要、稍为重要、更为重要、明显重要、十分重要、强烈重要……以此类推,得到 A_8 与 A_8 及 A_9 的关系为同样重要、微小重要,A_9 与 A_9 为同样重要。

根据以上关系,可以得到这 9 个被比较对象在 1～9 标度下的判断矩阵,见表 7-4。

表 7-4 1～9 标度下的判断矩阵

	A_1	A_2	A_3	A_4	A_5	A_6	A_7	A_8	A_9
A_1	1	1/2	1/3	1/4	1/5	1/6	1/7	1/8	1/9
A_2	2	1	1/2	1/3	1/4	1/5	1/6	1/7	1/8
A_3	3	2	1	1/2	1/3	1/4	1/5	1/6	1/7
A_4	4	3	2	1	1/2	1/3	1/4	1/5	1/6
A_5	5	4	3	2	1	1/2	1/3	1/4	1/5
A_6	6	5	4	3	2	1	1/2	1/3	1/4
A_7	7	6	5	4	3	2	1	1/2	1/3
A_8	8	7	6	5	4	3	2	1	1/2
A_9	9	8	7	6	5	4	3	2	1

根据假定的比较对象的关系,同样也可以得到被比较对象在其他标度下的判断矩阵。其规律与1~9的判断矩阵相同。下面介绍评价不同标度量化方法优劣的5个指标。

1. 保序性

对某一排序决策问题 D,有 n 个被比较对象 $A_1,A_2,\cdots,A_n$,它们在准则 C 下存在一个客观次序,现利用某一标度 S 对该问题进行排序,假定人们利用标度 S 对问题 D 进行排序时能做出正确判断,如果得到的排序结果与该问题的客观次序 R 相同,则称该标度对该排序问题具有保序性。

单一准则下指标的相对权重的计算主要有和法、幂法、根法3种方法。这里采用幂法,建立判断矩阵,求其最大特征根对应的特征向量,并以该特征向量的各个分量作为被比较对象的权重。运算结果见表7-5。

表7-5 不同标度下所得权重(AHP 的幂法)[5]

	权重	1~9	9/9~9/1	10/10~18/2	$9^{0/9}\sim 9^{8/9}$	$2^{0/2}\sim 2^{8/2}$	$e^{0/4}\sim e^{8/4}$	$e^{0/5}\sim e^{8/5}$
A_1	W_1	0.018 34	0.046 54	0.036 60	0.034 40	0.019 16	0.033 46	0.043 85
A_2	W_2	0.024 73	0.058 81	0.047 50	0.044 15	0.027 08	0.042 97	0.053 56
A_3	W_3	0.035 01	0.071 36	0.060 22	0.056 36	0.038 31	0.055 17	0.065 40
A_4	W_4	0.050 67	0.084 52	0.075 29	0.071 95	0.054 18	0.070 85	0.079 89
A_5	W_5	0.073 85	0.098 89	0.093 50	0.091 84	0.076 61	0.090 95	0.097 56
A_6	W_6	0.107 50	0.115 45	0.116 03	0.117 22	0.108 35	0.116 78	0.119 19
A_7	W_7	0.155 46	0.136 25	0.144 95	0.149 63	0.153 21	0.149 96	0.145 57
A_8	W_8	0.222 34	0.166 03	0.183 99	0.190 99	0.216 67	0.192 58	0.177 81
A_9	W_9	0.312 10	0.222 14	0.241 91	0.243 38	0.306 42	0.247 23	0.217 16

由表7-5可知,尽管被比较的9个对象在不同的标度下所得到的权重不同,但任何一种标度的权重又都具有如下性质:$W_i \geqslant W_k$(当 $i>k$ 时)(即下标小的权重小)。由此可见,针对本节假设的排序问题,各种标度都具有保序性。

对于单一准则下元素相对权重的计算,运用层次分析法中的3种计算方法,在文献中相关定理有证明。

对于任一判断矩阵 A

$$A=(a_{i,j})_{n\times n} \qquad (7-11)$$

当 $a_{i,j} \geqslant a_{k,j}(j=1,2,\cdots,n)$ 时,就有 $W_i \geqslant W_k$。这是对标度法的最基本要求。

结论1 对于单一准则下的排序问题,上述给出的标度法都具有保序性。

因此,若不考虑其他特性,在单一准则下,以上几种标度无优劣之分。

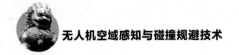

2.一致性

定义　判断矩阵 $A=(a_{i,j})_{n\times n}$，当 $\forall i,j,k\in\mathbf{N}$，等式 $a_{ii}=1$，$a_{ij}=\dfrac{1}{a_{ji}}$，$a_{ij}=\dfrac{a_{ik}}{a_{jk}}$ 都成立，则称矩阵 A 为完全一致性矩阵。

层次分析法中引入一致性概念，主要是用于评判决策者构造出来的判断矩阵是否可以接受。很显然，如果构造出来的判断矩阵是一致性矩阵，则表明决策者虽然只进行了两两比较，但其做出的定性判断在逻辑上符合传递性要求，即其所做出的定性判断前后是一致的，因而是可以接受的。反之，其所做出的定性判断在逻辑上不满足传递性要求，即其所做出的定性判断前后是不一致的，因而需要修正。由于定性问题的复杂性，人们对一组事物进行两两比较时，所做出的定性判断往往并不能总是保持完全一致，于是，层次分析法中又引入了一致性指标（Consistency Index，CI）和一致性比例（Consistency Ratio，CR）作为衡量判断矩阵一致性的标准，并规定当 CR＜0.1 时，就认为这种判断矩阵是可以接受的。显然，CR 越小，则判断矩阵的一致性越好。当 CR 等于零时，判断矩阵是完全一致的。一致性指标 CI 和一致性比例 CR 的计算方法如下：

$$CI=\frac{\lambda_{\max}-n}{n-1} \qquad (7-12)$$

$$CR=CI/RI \qquad (7-13)$$

式中，$\lambda_{\max}$ 为判断矩阵的最大特征根；n 为判断矩阵的阶数；RI 为平均随机一致性指标。RI 是计算机从 1～9 标度的 9 个标度中随机地抽样填满 n 阶矩阵的上或下三角阵中的 $n(n-1)/2$ 个元素，用特征根法求出 $\lambda_{\max}$，再代入式（7-12）求出 CI，经过多次求得平均值。天津大学的龚木森、许树柏重复 1 000 次的平均随机一致性指标见表 7-6。

表 7-6　平均随机一致性指标 RI

阶数(n)	1	2	3	4	5	6	7	8	9	10	11	12
RI	0	0	0.52	0.89	1.12	1.26	1.36	1.41	1.46	1.49	1.52	1.54

毫无疑问，判断矩阵的一致性与决策者个人判断是否能保持逻辑上的一致性密切相关；然而，进一步分析不难发现：对同一个排序问题，即使是同一人做出的定性判断相同（如稍为重要、明显重要等），如果运用不同的标度求解，得到的判断矩阵的一致性在一般情况下都是不同的。可见，判断矩阵的一致性与标度本身也有关。基于以上分析，本节将典型的排序问题用不同标度求解得到的判断矩阵的一致性作为衡量标度优劣的一个重要指标。下面对典型排序中不同标度下构造出来的判断矩阵的一致性进行比较。由于典型排序中不同标度下的判

断矩阵的阶数都相同($n=9$),因此,只需要比较 CI(见表 7 - 7),就可以知道哪一个标度下判断矩阵的一致性更好一些(CI 绝对值越小越好)。

表 7 - 7　不同标度下所得的最大特征根及 CI(AHP 法)

	1~9	9/9~9/1	10/10~18/2	$9^{0/9}\sim9^{8/9}$	$2^{0/2}\sim2^{8/2}$	$e^{0/4}\sim e^{8/4}$	$e^{0/5}\sim e^{8/5}$
λ_{max}	9.401 98	9.013 81	9.024 52	9.036 63	9.000 96	8.999 96	8.999 989
CI	0.050 25	0.001 73	0.003 01	0.004 58	0.000 12	−0.000 01	−0.000 01

可见,各种指数标度下的 CI 都较小(90/9~98/9 标度除外),1~9 标度的 CI 最大,分数标度(9/9~9/1 标度和 10/10~18/2 标度)的 CI 介于两者之间。

结论 2　各种指数标度法的一致性最好,分数标度法的一致性次之,1~9 标度法的一致性最差。

3. 标度均匀性

所谓标度均匀性,是指在某一标度下,所有相邻的两标度值的差或商的值大致相等的程度。显然,对一个特定的标度,如果其中某两个相邻的标度值的差或商,比该标度下其他两个相邻的标度值的差或商大得太多,那么这种标度就不是很合理。因此,标度均匀性可以作为衡量某一标度是否合理的重要标准。为了研究标度均匀性,现给出以下定义:

定义 1　某一标度下相邻的标度值差 $d_{i,j}$ 为
$$d_{i,j}=s_j-s_i, \quad j=i+1; \quad i=1,2,\cdots,8 \tag{7-14}$$
其中,s_j,s_i 为某一标度下相邻的两个标度值。

定义 2　某一标度下相邻的标度值商 $D_{i,j}$ 为
$$D_{i,j}=\frac{s_j}{s_i}, \quad j=i+1; \quad i=1,2,\cdots,8 \tag{7-15}$$
其中,s_j,s_i 为某一标度下相邻的两个标度值。

定义 3　某一标度下标度值差的距离(记为 d),为该标度下最大标度值差与该标度下最小标度值差的差。
$$d=\max\{d_{i,j}\}-\min\{d_{i,j}\}, \quad j=i+1; \quad i=1,2,\cdots,8 \tag{7-16}$$

定义 4　某一标度下标度值差的距离(记为 D),为该标度下最大标度值差与该标度下最小标度值差的商。
$$D=\max\{D_{i,j}\}/\min\{D_{i,j}\}, \quad j=i+1; \quad i=1,2,\cdots,8 \tag{7-17}$$

显然,对于某一标度,如果所有的 $d_{i,j}(j=i+1;i=1,2,\cdots,8)$ 都相等,此时 $d=1$,(应该是 $d=0$),则该标度下标度值差的均匀性好;如果所有的 $D_{i,j}(j=i+1;i=1,2,\cdots,8)$ 都相等($D=1$),则该标度值商的均匀性好。因此,如果只考虑单项指标 d 或 D,那么,$d=1$(应该是 $d=0$)或 $D=1$(或者是否近似等于 1)就可

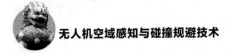

以作为该标度的均匀性判断标准。然而，对于某一标度，只考虑单项指标 d 和 D 有时并不合理，所以，还必须综合考虑指标 d 和指标 D。为此，引入平衡性指标 b。

定义 5 某一标度的标度值距离的平衡性为 d/D 或 D/d 的最大值，即

$$b = \max(d/D, D/d) \qquad (7-18)$$

b 之所以称为平衡值，实际上反映了决策者并不希望 d 比 D（或 D 比 d）大得太多，同时又不能相差太小。如果 d 比 D 大得太多，将会导致标度权重过于集中在等级较大的标度值上。比如指数标度 $10^0 \sim 10^8$，$b = 10^7$，标度值 10^8 的权重为 0.9，显然不合理。即使 d 比 D 大得不是很多，但若超过一定范围（相对而言），也将会导致等级差很不均匀，比如标度 $9/9 \sim 9/1$，其 $D = D_{98}/D_{21} = 2/1.125 = 1.778$，$d = d_{98}/d_{21} = 4.5/0.125 = 36$，$b = 25$，此时，极端重要与更强烈重要之间的等级差是同等重要与微小重要之间的等级差的 36 倍，显然也不合理。同样，如果差别太小，即 b 接近 1，也不合理。比如取标度为 $1.000\,00 \sim 1.000\,08$，此时不仅标度权重过于平均，而且无论从心理上还是从感觉上，人们根本无法区分这些标度值，更谈不上用它们作为心理上的判断标度。因此，只有当 b 取值适中时，标度才比较合理。研究表明：b 在 $1.1 \sim 2.0$ 之间，标度均匀性比较理想；b 在 $2.1 \sim 6.0$ 之间，标度均匀性比较好；b 取其他值，标度均匀性比较差。

根据以上指标，现分别考察几种标度的均匀性，见表 7-8。

表 7-8 不同标度下标度值的几种距离

标度值的几种距离	$1 \sim 9$	$9/9 \sim 9/1$	$10/10 \sim 18/2$	$9^{0/9} \sim 9^{8/9}$	$2^{0/2} \sim 2^{8/2}$	$e^{0/4} \sim e^{8/4}$	$e^{0/5} \sim e^{8/5}$
标度值差的距离	1	36	20.250	6	11.319	5.517	4.063
标度值商的距离	1.778	1.778	1.455	1	1	1	1
平衡值	1.778	20.250	13.918	6	11.319	5.517	4.063

结论 3 $1 \sim 9$ 标度的均匀性最好，$9/9 \sim 9/1$ 标度的均匀性最差，$10/10 \sim 18/2$ 标度和 $2^{0/9} \sim 2^{8/9}$ 标度的均匀性较差，$9^{0/9} \sim 9^{8/9}$ 标度、$e^{0/4} \sim e^{8/4}$ 标度和 $e^{0/5} \sim e^{8/5}$ 标度的均匀性较好。

4. 标度权重拟合性

定义 6 标度权重，是指对某一标度下的 9 个标度值（将其看作 9 个被比较对象的某种度量），用直接加权的方法求出的 9 个标度值的权重。

定义 7 标度权重拟合性，是指对某一标度下的 9 个标度值（将其看作 9 个被比较对象的某种度量），用该标度法计算其权重，与用该标度值进行直接加权所得的权重的拟合程度。

标度权重拟合性也是反映某一标度是否合理的一项重要指标。因为从某种意义来说,层次分析法把在同一数量级上可以比较的客观事物的大小关系仅分为9个等级,即用不同标度下的9个标度值来表示,也就是用这9个数来度量可以比较的两个事物的大小关系。因此,判断这9个数能否比较合理地反映客观事物之间的关系,最直接的想法就是用某一标度来度量在该标度下的9个标度值,由此得到的权重,与用9个标度值直接加权所得到的权重进行比较,以其拟合的程度判断该标度是否合理。

对于某一标度,令 $W_i^{直}$ 是第 i 个标度值通过直接加权得到的权重,$W_i^{标}$ 是第 i 个标度值用 AHP 法得到的权重,$d_{平均}=(\,|\,W_1^{标}-W_1^{直}\,|+|\,W_2^{标}-W_2^{直}\,|+\cdots+|\,W_9^{标}-W_9^{直}\,|\,)/9$,其中 $|\,W_i^{标}-W_i^{直}\,|$ 为两种方法所求得的权重差的绝对值。显然,$d_{平均}$ 越小,该标度下的权重拟合性越好。

下面通过如下假设对各种标度的标度权重拟合性加以分析。

以 1~9 标度为例:假定有一组被比较的对象 $A_1,A_2,A_3,A_4,A_5,A_6,A_7,A_8,A_9$,已知它们在某一准则下的某种度量分别为 1,2,3,4,5,6,7,8,9(比如大小基本相同的物体,第一堆有1个这样的物体,第二堆有2个这样的物体,以此类推,第九堆有9个这样的物体)。显然,这9个数就是 1~9 标度的标度值,由于该组事物已有了度量,因此可以对其采用直接加权的方法,求其中的某一个对象在整体中的权重。结果见表 7-9 中的第3列。

现让决策者(假定决策者不知道已有的度量)凭自己的感受,利用 1~9 标度法来计算它们各自的权重。假定决策者能够做出正确的判断,那么他得到的判断矩阵应该与前面实例中 1~9 标度下的判断矩阵一样,计算其权重见表 7-5 中的第3列。

对于 9/9~9/1 标度,只要把以上的度量 1,2,3,4,5,6,7,8,9 换成其标度值 9/9(1),9/8(1.125),…,9/2(4.5),9/1(9),再分别用直接加权法和 9/9~9/1 标度法求其权重,结果见表 7-9 中的第4列和表 7-5 中的第4列。

对于其他几种标度,做类似的计算,结果见表 7-9 和表 7-5 中对应的列。

表 7-9 不同标度下直接加权计算的标度

	权重	1~9	9/9~9/1	10/10~18/2	$9^{0/9}$~$9^{8/9}$	$2^{0/2}$~$2^{8/2}$	$e^{8/4}$~$e^{8/4}$	$e^{0/5}$~$e^{8/5}$
A_1	W_1	0.022 22	0.039 23	0.033 81	0.034 56	0.019 15	0.033 46	0.043 85
A_2	W_2	0.044 44	0.044 19	0.041 25	0.044 12	0.027 09	0.042 97	0.053 55
A_3	W_3	0.066 67	0.050 51	0.050 71	0.056 32	0.038 30	0.055 17	0.065 41
A_4	W_4	0.088 89	0.058 91	0.062 78	0.071 90	0.054 12	0.070 84	0.079 89
A_5	W_5	0.111 11	0.070 70	0.078 87	0.091 78	0.076 61	0.090 96	0.097 58

	权重	1~9	9/9~9/1	10/10~18/2	$9^{0/9}$~$9^{8/9}$	$2^{0/2}$~$2^{8/2}$	$e^{0/4}$~$e^{8/4}$	$e^{0/5}$~$e^{8/5}$
A_6	W_6	0.133 33	0.088 37	0.101 42	0.117 22	0.108 34	0.116 80	0.119 18
A_7	W_7	0.155 56	0.117 83	0.135 23	0.149 55	0.153 22	0.149 97	0.145 57
A_8	W_8	0.177 78	0.176 74	0.190 91	0.190 91	0.216 68	0.192 57	0.177 80
A_9	W_9	0.200 00	0.353 48	0.243 70	0.143 70	0.306 43	0.247 26	0.217 17

根据表 7-5 和表 7-9,可计算出不同标度下的权重差的绝对值的平均值 $d_{平均}$,结果见表 7-10。

表 7-10　不同标度下标度值权重差的绝对值的平均值 $d_{平均}$

	1~9	9/9~9/1	10/10~18/2	$9^{0/9}$~$9^{8/9}$	$2^{0/2}$~$2^{8/2}$	$e^{0/4}$~$e^{8/4}$	$e^{0/5}$~$e^{8/5}$
$d_{平均}$	0.034 81	0.031 56	0.015 54	0.001 0	0.000 01	0.000 01	0.000 01

结论 4　1~9 标度的权重拟合性最差,所有指数标度的拟合性最好,9/9~9/1 标度权重拟合性和 10/10~18/2 标度拟合性介于 1~9 标度和所有指数标度的拟合性之间。

5. 标度一致性容量

判断矩阵的一致性往往不能成立,这除了人们对实际问题认识上的局限性与系统的复杂性之外,其中一个重要的原因是标度系统本身存在缺陷。如果标度系统本身只能构造极少数量的一致性矩阵,则无法满足实际情况的需要。因此,一个标度系统能够构造多少个一致的判断矩阵,是评价标度系统是否优良的一个重要指标。

定义 8　设标度系统的值域含有大于 1 的标度值的个数为 m,由标度值构成的无相同的两行的 k 阶一致判断矩阵的个数为 V_k,则称 $\rho_k = V_k/(C_m^{k-1} k!)$ 为该标度系统 k 阶一致性容量比。

可以证明 $V_k \leqslant C_m^{k-1} k!$,从而 $1 \leqslant \rho_k \leqslant 10$。$k$ 阶一致性容量比刻画了标度系统构造一致矩阵的能力,ρ_k 越大,其构造 k 阶一致矩阵的能力就越大。当 $\rho_k = 0$ 时,说明标度系统根本不能构造一个一致矩阵。而当 $\rho_k = 1$ 时,说明其构造一致矩阵的能力达到最大。各种标度系统的一致性容量见表 7-11。

表 7－11　各种标度系统的一致性容量

阶数 k		1	2	3	4	5	6	7	8	9
V_k	1～9 标度	1	16	36	24	0	0	0	0	0
	10/10～18/2 标度	1	16	6	0	0	0	0	0	0
	9/9～9/1 标度	1	16	36	0	0	0	0	0	0
ρ_k	1～9 标度	1	1	0.214	0.018	0	0	0	0	0
	10/10～18/2 标度	1	1	0.036	0	0	0	0	0	0
	9/9～9/1 标度	1	1	0.214	0	0	0	0	0	0
	指数标度	1	1	1	1	1	1	1	1	1

结论 5　从一致性容量来看,其他标度与指数标度几乎不可比,指数标度均能达到最优。

有文献给出了一类数字比率标度 $S_t(M,k) \in [1,M], M \in \mathbf{R}^+$ 模型。

$$S_t(M,k) = \frac{8M - (M-9)t + (M-1)kt}{9M - 1 + 8t - (M-1)k} \tag{7-19}$$

式中,k 为 1～9 的自然数;M 为是大标度刻度;t 为独立变量。通过分析得出在 $M=9, 1 \leqslant t \leqslant 10$ 时,标度 $S_t(M,k)$ 所对应的数字标度进行转化后,所得到的数字判断矩阵能够较好地符合专家自然语言的需求。经过一一计算,在该模型条件下得到的标度即为上述讨论的通用标度。然而针对标度的选择和评价还是一个非常值得研究的问题,该模型可以用来作为指引,对继续深入讨论标度问题具有一定的参考价值。该模型也从侧面验证了这里讨论的模型标度具有一定的代表性和科学性。

综合上述比较,现将不同标度的相关特性比较列于表 7－12。

表 7－12　不同标度的相关特性比较

特性	1～9	9/9～9/1	10/10～18/2	$9^{0/9} \sim 9^{8/9}$	$2^{0/2} \sim 2^{8/2}$	$e^{0/4} \sim e^{8/4}$	$e^{0/5} \sim e^{8/5}$
保序性	保序	保序	保序	保序	保序	保序	保序
一致性	差	较好	较好	好	好	好	好
均匀性	好	差	较差	较好	较差	较好	较好
权重拟合性	差	较好	较好	好	好	好	好
一致性容量	较好	差	差	好	好	好	好

由表 7－10 和前面 5 个结论可知,所有的标度法对于单一准则下的排序都具有保序性,而从标度均匀性来看,1～9 标度不是最好,但 1～9 标度的一致性

[]

和权重拟合性差；所有的指数标度一致性和权重拟合性都很好，特别是 $9^{0/9}$ ～ $9^{8/9}$ 标度、$e^{0/4}$ ～ $e^{8/4}$ 标度和 $e^{0/5}$ ～ $e^{8/5}$ 标度的均匀性也比较好；分数标度的一致性和标度权重拟合性居于 1～9 标度和指数标度之间，从一致性容量来看，指数标度具有最优的一致性容量。因此，对于精度要求不高的排序问题（特别是单一准则下的排序），建议使用 1～9 标度；由于多准则下的排序问题对计算精度要求较高，建议使用 $e^{0/4}$ ～ $e^{8/4}$ 标度或 $e^{0/5}$ ～ $e^{8/5}$ 标度（$9^{0/9}$ ～ $9^{8/9}$ 标度相比较而言计算误差较大）。

|7.4 系统评价指标体系|

7.4.1 指标意义说明

SAA 系统效能评估指标体系框架如图 7-4 所示。SAA 系统效能主要从空间目标感知能力、障碍规避决策能力、飞机机动能力三方面描述。

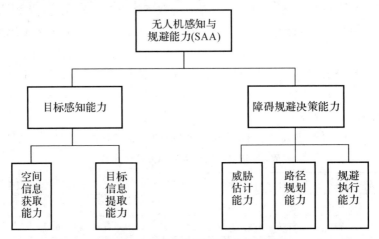

图 7-4 SAA 系统效能评估指标体系框架

空间目标感知能力是指无人机利用传感器对其飞行任务空域获得传感器数据获取，并依此进行目标检测、跟踪、识别的能力。

障碍规避决策能力是指无人机根据感知信息进行空域目标威胁估计，以及生成的规避航迹质量等。

整个指标体系自上而下按层次化结构建立，每一个层次的性能由下一层组成要素来支撑,但每一个上层要素的效能不是构成该要素的下一层要素效能的简单加和,需要进行综合分析。

指标体系中各主要关键指标项的定义如下。

1. 空间目标感知能力

空间目标感知能力是无人机进行感知与规避的首要决定条件,根据传感器获取数据进行目标检测、跟踪、识别的能力水平和精度是 SAA 能力的重要指标。根据 SAA 性能需求,将目标感知能力分为空间信息获取能力、目标信息提取能力。

(1)空间环境信息获取能力。空间信息的全面、精确地获取是 SAA 系统正常工作的首要条件,按照 SAA 系统性能力要求,空间环境信息获取能力评价主要有感知空域覆盖系数、稳定感知系数、感知信息质量系数,如图 7-5 所示。

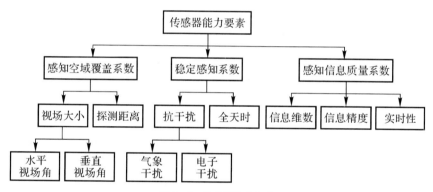

图 7-5　传感器能力要素

感知空域覆盖系数是指无人机配置的可用于感知环境信息的传感器的视场角大小以及传感器最大有效感知距离。

稳定感知系数是指无人机感知系统针对典型的气象条件和电子环境的抗干扰能力,以及时间周期覆盖范围的评价参数。

感知信息质量系数是指传感器获取的空域信息的丰富程度、信息的精确程度以及信息的及时性能等。

(2)目标信息提取能力。目标信息提取能力是指感知系统根据前端传感器获取的传感器信息进行综合处理,实现对空域中有效目标的检测、跟踪、识别等任务功能,从而对目标的状态进行精确、全面的描述的能力。目标信息提取能力主要由获取软件性能系数和硬件性能系数组成,如图 7-6 所示。

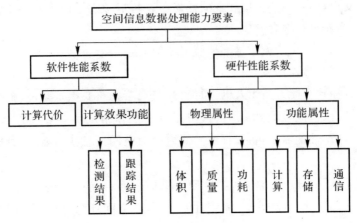

图 7-6 空间信息数据处理能力

软件性能系数主要指针对无人机空域感知需要的信息获取的相关算法,主要由算法的计算代价、实时性和效果功能决定。计算代价的大小决定了算法在机载系统的集成难度,实时性决定了算法在 SAA 系统的适用性。

硬件性能系数是对无人机感知数据获取硬件平台的评价,主要包括典型的物理属性,如体积、质量、功耗,以及功能属性,如计算、存储、通信等。

2.障碍规避决策能力

无人机障碍规避决策能力是决定无人机"生死"的必需能力,是保证 SAA 系统安全运行的决定性条件。根据 SAA 系统工作原理,可以将其能力划分为威胁评估能力、障碍规避能力和规避机动能力三个方面。

(1)威胁评估能力。威胁评估能力系数是指对威胁告警、威胁等级、威胁发生时间、威胁发生位置进行估计与预测的能力评估系数,因此可以对其建立如图7-7 所示的指标体系。

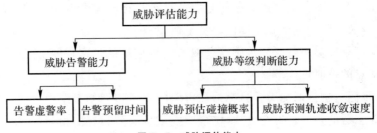

图 7-7 威胁评估能力

(2)威胁规避能力。威胁规避能力是指根据威胁评估结果,对静态、动态威

胁进行规避的能力,根据 SAA 系统的性能要求,建立如图 7-8 所示的指标体系
对其进行评估。

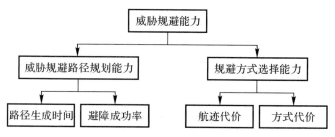

图 7-8 威胁规避能力

威胁规避能力系数＝$e^{-(威胁规避路径规划能力系数＋规避方式选择能力系数)}$,路径生成时间为
规避路径生成的时间,一般要压缩在 0.5 s 以内。避障成功率是指避障成功的
次数占总避障次数的比例。航迹代价是指规避航迹的长度。方式代价指选择爬
升、下降、调速等规避方式的代价指标。威胁规避路径规划能力系数是指对于路
径生成时间以及避障成功率的综合评价系数。威胁规避路径规划能力系数为

$$f = \frac{t + p_s}{2} \tag{7-20}$$

式中,t 为路径生成时间;p_s 为避障成功率。

规避方式选择能力系数是指选择最优规避方式的能力,评价指标包括航迹
代价与方式代价。规避方式选择能力系数为

$$f = \max\{V_f, V_m\} \tag{7-21}$$

式中,V_f 为航迹代价;V_m 为方式代价。

(3)规避机动能力。规避机动能力是指
飞行器是否能够按照指定的避撞路径飞到指
定的目标点是飞行任务是否完成最直接的衡
量,因此,首先考虑飞行过程相对目标机位置
和姿态;其次,飞行控制系统的作用是实现对
指导指令的跟踪,跟踪性能的好坏也会影响
最终的飞行任务,即姿态角跟踪情况;飞行器
的结构也会影响操纵性,当过载过大时可能
会使飞行器损坏;无人机在飞行过程中控制
系统的要求影响整个避撞过程中路径规划,
如图 7-9 所示。

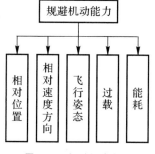

图 7-9 规避机动能力

7.4.2　评估指标模型

评估指标模型主要完成对评估指标体系的解算,具体内容包括以下几点:

(1)根据指标体系中各指标项的定义,指定各指标项的建模元素,采用数学表达式(组)进行表示;

(2)确定模型的输入输出项以及影响因素项,确定模型之间的相互关系;

(3)根据各输入输出项、影响项在仿真运行中的生成步骤,明确仿真运行过程中数据采集的流程;

(4)采用可视化设计工具,将模型进行代码转换,并写入模型库;

(5)在仿真运行过程中,效能评估系统从仿真模型库中载入仿真实验结果数据,根据评估指标体系定义的指标模型与模型确定仿真响应数学关系进行评估指标计算,各项过程数据经在线统计、事后分析,可给出各类数据、图表评估结果。

7.4.3　评价指标计算

7.4.3.1　空域感知能力

1.传感器能力要素

(1)空域覆盖系数。空域覆盖系数定义为无人机传感器性能覆盖区域与无人机安全包络体积之比。

$$C_{SC} = \frac{V_{SC}}{V_E} \tag{7-22}$$

式中,V_{SC} 为传感器性能覆盖区域(m^3),通过视场角和探测距离计算;V_E 为安全包络体积(m^3),通过安全包络计算。

空域覆盖系数越大,说明无人机对空域感知范围越广。因此,对 SAA 系统而言,应该尽量增大空域覆盖系数,达到对空域的连续覆盖感知。

(2)时域及气候覆盖系数。时域及气候覆盖系数是指针对空域中典型的气象条件如薄雾、雨雪、雾霾、不同时段光照等,以及电磁等情况下的正常进行空域目标感知的能力。

$$C_{RO} = \frac{C_{CI} + C_{TI} + C_{DI}}{3} \tag{7-23}$$

式中，C_{CL} 指针对典型气象条件的抗干扰系数；C_{TI} 指全时域工作系数，指工作时域占全天时（24 小时）的百分比；C_{DI} 指受电磁干扰条件影响的程度。

（3）感知信息质量系数。感知信息质量系数是衡量传感器获取的数据应用于系统感知与规避的相关性。影响因子包括信息维度 Dim、信息精确程度 Pr 和信息生成速度。信息维度是指针对传感器获取信息为二维信息或三维信息，二维信息表现为图像信息，三维信息除此之外，还包括距离信息，即能够描述三维空间的情况；信息精确程度是指传感器对空间描述的精确程度；信息生成速度是指从传感器工作开始到数据处理平台接收到数据的时间，反映系统的实时性要求。感知信息质量系数计算如下：

$$C_Q = \frac{C_{Dim} + C_{Pr} + C_{Time}}{3} \tag{7-24}$$

2. 数据处理平台能力评价指标计算

（1）软件性能系数。软件性能系数由处理算法功能、计算代价决定。算法功能系数由检测跟踪能力决定，其中检测系数由检测概率、漏检概率、虚警概率决定，跟踪精度由跟踪误差决定。此外，算法在机载平台的运算性能，如计算功耗、实时性也是反映其能力的重要指标。计算如下：

算法功能系数＝检测能力＋跟踪能力：

$$C_{UNC} = C_{Detection} + C_{Tracking} \tag{7-25}$$

检测与跟踪能力 $C_{Detection}$ 和 $C_{Tracking}$ 通过对典型场景视频处理体现：

$$\text{Detect}(x) = \begin{cases} 1, & \text{Succeed} \\ 0, & \text{Fail} \end{cases} \qquad C_{Detection} = \frac{\int_T \text{Detect}(t)\,dt}{T} \tag{7-26}$$

式中，T 代表目标在视场出现的总时间长度；$\text{Detect}(t)$ 是检测结果逻辑函数。

跟踪精度通过跟踪最小均方误差（RMS）体现，设定跟踪误差门限为 σ_{max}，从而

$$C_{Tracking} = \frac{\sigma}{\sigma_{max}} \tag{7-27}$$

计算代价系数表现为计算的实时性，理想情况，即 $t_{delay} = 0$，

$$C_{Cost} = \frac{t_{max} - t_{delay}}{t_{max}} \tag{7-28}$$

软件性能系数表示为

$$C_{SW} = C_{Func} + C_{Cost} \tag{7-29}$$

（2）硬件性能系数。硬件性能系数主要通过平台的物理属性和功能属性进

行分解说明。平台的物理属性系数是指硬件的体积、功耗、质量等是否满足机载系统的要求，功能属性是指其内部资源能否完成感知算法需求的计算、存储、通信等性能要求。

物理属性 C_{phy} 要素反映感知系统在飞机的可安装移植能力，载荷系数越小，说明系统越易安装，对飞机的性能影响越小。C_{phy} 由体积、质量和功耗三部分组成。功能属性 C_{cap} 要素反映系统对数据处理的能力，反映在数据处理带宽、存储容量和通信带宽。其中，存储、计算、通信能力根据当前机载设备水平进行综合评估。

$$\left.\begin{array}{l} C_{phy} = \left(\dfrac{M}{M_{max}} + \dfrac{V}{V_{max}} + \dfrac{P}{P_{max}}\right)/3 \\ C_{cap} = (C_{Storage} + C_{Cal} + C_{Com})/3 \end{array}\right\} \qquad (7-30)$$

7.4.3.2 障碍规避决策能力

1. 威胁评估能力要素

威胁告警能力系数：

$$f = \exp\{\rho_t/P_F\} \qquad (7-31)$$

式中，ρ_t 为威胁告警预留时间系数，

$$\rho_t = T/40 \qquad (7-32)$$

式中，T 为告警预留时间。

$$P_F = \frac{n_{false}}{N_{all}} \qquad (7-33)$$

式中，P_F 为威胁告警虚警率；n_{false} 为告警虚警次数；N_{all} 为总告警次数。系数越大表示能力越强。

2. 规避执行能力

（1）与敌方飞机相对距离：

$$f = \begin{cases} 0.8+0.2(20-\sqrt{x^2+y^2+z^2})/\sqrt{x^2+y^2+z^2}, & 20 \leqslant \sqrt{x^2+y^2+z^2} \leqslant 2\,000 \\ 0, & 其他 \end{cases}$$
$$(7-34)$$

式中，x,y,z 分别为无人机在目标坐标系的三维方向上相对于敌方飞机的位置距离。如果相对距离不满足飞行性能要求，则该无人机得分为 0，不用再考虑其性能指标。

（2）与敌方飞机相对速度：

$$f = \begin{cases} 0.7 + 0.3(20 - \sqrt{V_x^2 + V_y^2 + V_z^2})/\sqrt{V_x^2 + V_y^2 + V_z^2}, & (V_x, V_y, V_z) \cdot (V_1x, V_1y, V_1z) \geqslant 0 \\ 0, & \text{其他} \end{cases}$$

(7-35)

式中,V_x, V_y, V_z 为相对速度,V_1x, V_1y, V_1z 为本机速度。如果相对速度相互接近,表示当前飞机正在迎面相撞,反之则认为飞机相互背离,根据相互接近的速率可以计算出当前性能权重。

(3)当前飞机姿态角:

$$f = \begin{cases} (10 - |\alpha|)/10, & |10| \leqslant 10 \\ 0, & \text{其他} \end{cases}$$

(7-36)

式中,α 表示当前无人机俯仰、横滚以及偏航角。

(4)当前飞机最大过载:

$$f = \begin{cases} (12 - \max(N))/12, & \max(N) \leqslant 12 \\ 0, & \text{其他} \end{cases}$$

(7-37)

(5)当前飞机最大能耗:

$$f = 1 - \kappa$$

(7-38)

所获取的各类观测对象的各种信息及所处的状态,采用适当的融合技术来实现上述决策融合,特别是态势分析和威胁评估等。决策级融合是三级融合的最终结果,是直接针对具体决策目标的,而决策结果直接影响决策水平。

7.5 效能评估指标权重计算

针对每个能力要素的权重是衡量能力各个要素对 SAA 系统功能的重要指标。只有针对 SAA 各个子系统的功能属性制定合理的权值,才能保证 SAA 系统效能评估的准确和客观,权重划分如图 7-10 所示。

在无人机感知系统中,传感器感知能力和障碍规避决策能力两者相辅相成,缺一不可,对 SAA 功能具有等同的重要作用,在此,确定目标感知能力和障碍规避决策能力权值均为 0.5。

在空间信息获取能力和目标信息处理能力分别代表了感知的数据获取和处理能力,因此两者权重相同,为 0.5。

障碍规避决策能力主要通过算法功能实现,根据算法逻辑关系可确定三者的功能权值为威胁估计能力＜路径规划能力＜规避执行能力。其权值分别为0.25,0.35,0.4。

在进行能力子项权重计算时,综合考虑属性之间的相互关系和在子系统的地位作用,按照功能属性＞代价属性、正交属性权重相等的原则进行权重划分。

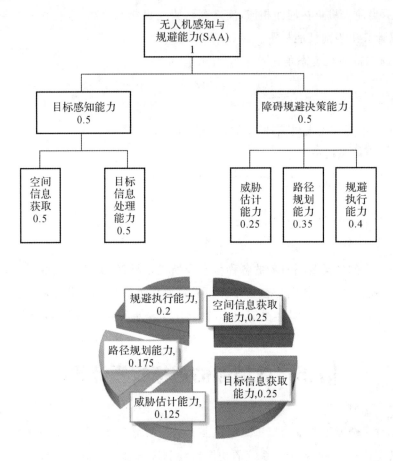

图7-10 SAA效能指标权重划分与饼图

7.5.1 目标感知能力

感知空间、感知时域、感知信息质量覆盖了目标感知能力的全部属性,三者相互正交,如图7-11所示,构成感知能力空间,进行权值平分。

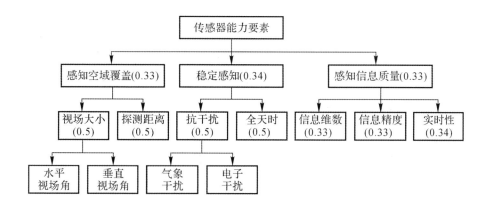

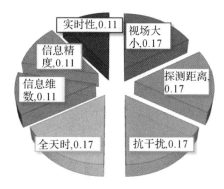

图 7-11 传感器能力要素

7.5.2 空间信息数据处理能力

数据处理能力由感知算法和感知处理平台决定,软硬件能力权重相当,各为0.5,如图 7-12 所示。在软件性能和硬件性能中,优先考虑功能属性,即权值计算代价<计算功能,物理属性<功能属性。

7.5.3 威胁估计能力

威胁估计能力和威胁等级判断能力是对威胁进行估计的两个基本能力要素,两者具有串联关系属性,因此这里设置权重均为0.5,如图 7-13 所示。

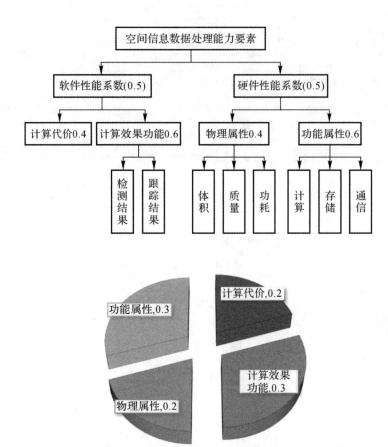

图 7-12 软硬件能力权重

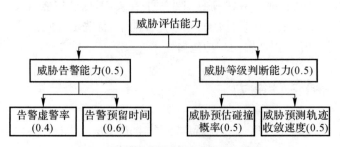

图 7-13 威胁估计能力和威胁等级判断

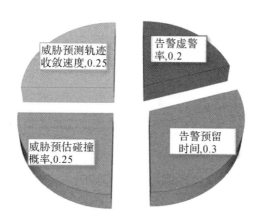

续图 7 - 13　威胁估计能力和威胁等级判断

7.5.4　路径规划能力

威胁规避路径规划能力是路径规划实现的主要能力,规避方式选择能力是指飞行器以何种方式进行规避的指标。在这里选择威胁规避路径规划能力>规避方式选择能力,即功能属性大于代价属性,如图 7 - 14 所示。

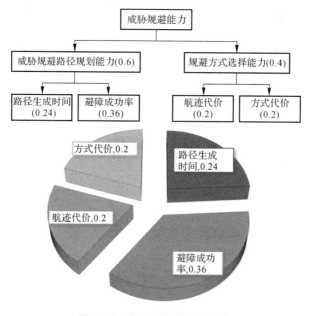

图 7 - 14　威胁规避路径规划能力

7.5.5　规避机动能力

在进行规避功能划分时,考虑不同的算法中各个指标的应用情况不同,因此在这里,将权重针对 5 个主要应用属性进行平均划分,即每个权重为 0.2,如图 7 - 15所示。

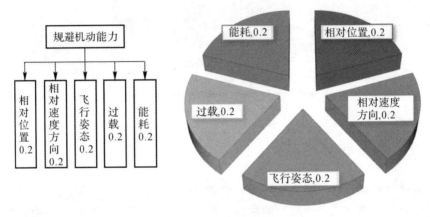

图 7 - 15　规避机动能力

| 7.6　SAA仿真系统的效能评估 |

效能评估的结果最终是以可视化的形式实现数值计算结果的输出、分析和比对。针对 SAA 系统的效能评估目的是为了实现对无人机的感知与规避能力进行评价,从而对其进入空域飞行的可行性给出判断,对评估效果不理想的系统,能够评估结果,给出最优整改意见。SAA 系统效能评估也将为无人机的空域集成标准制定提供指导意见。

本书中依靠设计的 SAA 仿真系统进行系统效能评估。

7.6.1　无人机感知系统评估

无人机感知系统评估主要对当前主流的无人机搭载传感器进行性能比较和评估,其中 A,B,C 三个系统配置见表 7 - 13。

表 7 - 13　各感知系统配置

系统	传感器类型与属性	感知算法
系统 A	EO： FOV 120°×20° Distance 150 m	Harris Corner Detector Kalman Filter
系统 B	Radar FOV 15°×15° Distance 10 km	CFAR
系统 C	EO/IR： FOV 120°×20° Distance 150 m Radar FOV 15°×15° Distance 10 km	Multi－Sensor Detection and Tracking

针对上述 3 个系统,根据系统评价指标和权重计算结果见表 7 - 14。

表 7 - 14　各感知系统能力及性能

系统	传感器性能								数据处理能力			总能力
	视场	距离	抗干扰	全天时	维度	精度	速度	能力值	计算速度	结果功能	能力值	
A	1	0.3	0.5	0.5	0.67	0.8	0.6	0.612 2	0.4	0.5	0.460 0	0.536 1
B	0.136	1	0.5	1	1	0.5	0.8	0.695 4	0.6	0.5	0.540 0	0.578 0
C	1	1	1	1	1	0.9	0.6	0.945 0	0.3	0.8	0.600 0	0.772 5

综合上述分析,基于多传感器融合的联合感知方案能够极大地提高无人机对目标的感知能力。针对大型无人机系统,考虑飞机的碰撞风险,利于机载雷达系统和光电系统实现对目标的精确感知是必然选择;针对小型无人机系统,考虑其载荷和成本,基于光学的感知方案能够满足其对空域的感知能力。

7.6.2　无人机规避系统估计

无人机规避系统估计主要是根据不同规避算法进行性能比较与算法实时率评估,现在给出几组不同的规避方案,见表 7 - 15。

表 7 - 15　规避方案及算法

方案	规避算法	避撞算法
(1)	人工势场（APF）	应急机动避撞
(2)	预测控制（PC）	应急机动避撞

根据上述各系统方案，结合 7.5.2 和 7.5.3，7.5.4，7.5.5 的威胁估计能力、路径规划能力、规避机动能力等权重计算结果见表 7 - 16。

表 7 - 16　各系统规避能力总评价结果

系统	威胁评估能力		路径规划能力		规避机动能力					总评价结果
	告警能力	虚警判断能力	能力系数	方案能力选择系数	敌机相对距离	相对速度	飞行姿态角	飞机过载	飞机能耗	
(1)	0.15	0.35	0.36	0.56	0.152	0.415	0.054	0.118	0.154	0.551 4
(2)	0.35	0.25	0.24	0.74	0.356	0.125	0.184	0.691	0.445	0.644 1

通过上述分析可知，在基于应急机动避撞前提下，采用人工势场法可以在时间最短的效率指标下满足系统要求，适合近距离避撞要求；采用预测模型可以在早期预警的指标下，提前规避潜在的风险，使得避撞效率大大提高。综合考虑SAA 系统的性能指标，使用预测控制模型相对于人工势场法可以在时间和效率上满足 SAA 系统的功能需求，避撞效率高。

参 考 文 献

[1]　赵超，文传源. 作战系统综合效能评估方法探索[J]. 电光与控制，2001 (1):63 - 65.

[2]　KEENEY R L, RAIFFA H. Decisions with Multiple Objectives: Preferences and Value Tradeoffs. [J]. Journal of the Operational Research Society，1977，28(3):602 - 603.

[3]　邓海飞，刘晨涛，李胜. 基于模糊层次分析法的无人机系统效能评估方法[J]. 航空兵器，2005(4):40 - 42.

[4]　张佰龙，李凤海，刘磊，等. 信息安全系统效能评估方法研究[J]. 信息网络安全，2013(10):229 - 231.

［5］ 张正强，郭建恩，王鹏. 基于 AHP 的遥感卫星任务规划效能评价方法 [J]. 无线电工程，2012，42(1)：36 – 39.

［6］ 张君齐，韩朝阳，徐敏. 基于一致性排序法和模糊综合评价法的潜艇作战 效能评估[J]. 兵器装备工程学报，2009，30(10)：90 – 92.

第 8 章

无人机健康管理

|8.1 PHM系统的功能|

随着无人机技术的进步,无人机将作为一种新生的空中作战力量出现在军事舞台,其故障预测与维修保障越来越受到人们的重视。传统的无人机系统预防性维修工作通常采用的都是维修日期、内容和维修时间均固定的定期维修类型,定期维修方式的依据是设备的故障率都符合浴盆曲线[1],即当设备处于新投入或刚大修好的状态下时,故障发生率极低,但随着使用时间的推移,故障率逐渐达到峰值。然而,实际情况并非完全如此,数据显示,绝大多数的机械部件如电机、起落架等的故障率不随时间而变,这意味着对于某些机载设备而言,固定的维修周期会造成维修过剩,而视情(基于状态)维修则可以解决上述问题。视情维修是以设备的当前实际工作情况作为依据,通过一定的状态监测手段、可靠的评价理论及故障预测方式,对故障的早期征兆加以识别,对故障部位、严重程度、发展趋势等做出判断,并根据诊断结果对无人机采取适合的维修方式。视情维修的核心在于准确地对装备的健康状态进行评估,确定其健康状态,然后实施相应的维修保障。故障预测与健康管理(Prognostics and Health Management,PHM)系统就是以视情维修为中心而建立的。

PHM 技术可以根据设备的实际健康状态,预测其失效演变进程,评估其剩余寿命,并依据这些信息确定最佳的健康管理策略,以降低设备维修保障费用、延长设备寿命周期、提高设备的可靠性和安全性。PHM 技术是综合利用现代信息技术、人工智能技术的研究成果而提出的一种管理健康状态的解决方案。实践表明,其核心内容包括剩余寿命预测和健康管理两方面。剩余寿命预测与维修决策是设备健康预测管理的主要研究内容。许多先进大型复杂机械和电子系统已集成了大量传感器,用于监控设备的"健康状况"并预测设备的剩余寿命,以提前采取有效措施,防止故障和灾难性事故的发生。鉴于其重要的经济价值和安全意义,剩余寿命预测已得到国内外研究人员的广泛关注,成了新的研究热点。美国较早提出了 PHM 技术,美国国防部由于 PHM 技术在 F - 35 联合战斗机上的应用,出动架次提高了 25%,维修人员减少了 20%~40%,保障规模减少了 50%,保障费用减少了 30%。我国对 PHM 技术也给予了高度重视,在国家 2006—2020 年间长期科学技术发展规划中,将重大产品和重大设施的寿命预测问题作为未来重点发展的方向之一。美国 NASA 在航空电子设备剩余寿命预测等方面开展了大量研究和验证工作[2]。美国马里兰大学对电池等电子产品的剩余寿命预测进行了深入的研究[3]。美国密西西比州立大学等机构对轴承的剩余寿命预测开展了研究[4-7]。新加坡劳斯莱斯公司近期启动了对交流电机的剩余寿命预测研究[8],但是该研究基于线性退化的假设,并且没有考虑电机的维修与替换策略。IEEE Reliability Society 以及其他设备健康管理领域的国际学会每年都定期召开国际会议,对剩余寿命关键技术与发展趋势进行技术讨论或交流[9-10]。国内部分研究机构也开展了相关研究。例如,火箭军工程大学对导弹惯性导航系统陀螺仪[11]、清华大学对工业过程[12]、哈尔滨工业大学等高校对锂电池[13-15]、北京航空航天大学对航天器姿态控制惯性执行器件[16]、西安交通大学对轴承等机械设备[17]、南京航空航天大学对航空发动机和动量轮[18]等方面的剩余寿命预测研究已取得了较好的成果。

健康管理技术的应用有效降低了因故障引起的各项开支,降低了飞行中灾难性事故发生的风险,大大提升了武器装备的实战能力。PHM 技术实现了无人机的一种自主保障功能。PHM 技术在无人机维修保障上的应用将改变传统的维修观念,这一技术的实现将使原来由事件主宰的维修(即事后维修)或时间相关的维修(即定期维修)被视情(基于状态)的维修所取代。

8.2 PHM系统的关键技术

8.2.1 数据采集和传感器技术

要对飞机系统进行故障预测和健康管理,首先要确定其故障和健康状态的参数指标,通过关键设备和传感器获得的参数信息是系统的数据基础,因此数据采集和传感器技术直接影响系统的效果。随着传感器技术的发展,飞机 PHM系统的信息采集一方面来源于机上传感器网络,另一方面来源于飞行数据和维修。

有关飞行器健康状态的数据来自布置于飞行器上的各种传感器和飞行器系统的各种总线数据,经过信号调制、A/D 转换、时间同步等信号处理后发送到信号处理模块进行处理。飞行器中的传感器类型包括温度、压力、位移、应变、振动、流量等,数据信息包括数据速率、流量、带宽占用率等,其他数据还有仪器设备的电压、电流、磁场强度等。一些新型的传感器具有很好的应用前景,如微/纳米传感器、光纤传感器和采用数字信号通信的智能传感器等,具有轻质、抗振、抗电磁干扰等优良性能。除包括上述传感器采集的数据,还包括参数记录装置等采集的实时环境、音频和视频等反映飞机工作状态的信息,也包括通过总线接口单元获得的总线上传输的信息。

数据传感器向着小型化、标准化、传输总线化的方向发展,系统传感器的应用主要考虑参数类型(如工作参数、环境参数和性能参数等)、传感器安放位置、传感器的精度和宽度等。这部分技术已经有成熟的应用,在无人机领域主要考虑经济性和适应性。飞机上传感器的要求是体积小、质量轻、抗电磁干扰和易于与机上处理单元联网,常用的有光纤传感器、无线传感器、虚拟传感器、智能传感器、压电传感器等。这些传感器为了提取飞机机载系统的健康状态和故障特征,以最小传感器个数感知最多特征信息的理念,精心设计了飞机上的传感器网络布局,通过传感器相关参数进行故障诊断和预测。

8.2.2 数据通信技术

机载设备和传感器采集的各种数据信息需要通过一定的方式传输到系统的其他部分,而通信技术就是为了确保信息能够正确、通畅、安全地传输,从而实现整个系统的一体化、网络化和信息化。

数据通信的功能包括,机载传感器和关键设备与飞机管理系统之间的信息交换;飞机系统与地面监控中心的信息通信。通信方式主要通过中继卫星、微波等手段,以及以总线方式的直接数据下载。美国的无人侦察机就是以卫星通信的方法实现飞机与地面站之间的数据交换的。

8.2.3　数据预处理技术

由于飞机系统结构复杂、工况多变,在飞行过程中机载系统受环境和上下游系统和元部件工作的干扰较大,因此在进行故障推理前需要对检测到的信号进行处理,有效提取故障特征,剔除干扰影响,凸显故障特征。根据故障预测与健康评估对数据的要求不同,需要对采集的原始数据进行各种预处理以使数据格式满足后继分析的要求,同时便于数据传输与储存。预处理包括数据的模/数转换、去噪声、高通滤波、压缩、特征信息提取等。数据预处理要根据不同的目的进行选择。如特征信息提取是为了进行故障识别和故障隔离;数据简化是为了剔除不必要的原始数据,便于进一步处理;循环技术方法则是为了便于将连续的数据信息转化为离散的数据信息等。

PHM 系统常用的信号处理技术包括小波分析法、倒谱包络法、经验模态法和混沌微弱信号提取法等。其中,小波分析法是通过对检测信号多分辨率的正交变换,采用多滤波器组的计算原理对频域进行细致分解,可以清晰、完备、更精细地凸显故障特征。倒谱包络法是对检测到的信号进行倒频谱分析,并进行 Hilbert 包络,剔除干扰通道对检测信号的影响。经验模态法是将检测到的信号分解为有限数目的固有模态函数,有选择地对固有模态函数进行 Hilbert 变换,突出故障特征,因此该方法又被称为 Hilbert - Huang 变换。混沌微弱信号提取法是将检测信号经过互相关去噪后,送入混沌振子检测阵列,通过混沌系统相轨迹变化判断检测信号是否含有周期信号,从而提高信号对噪声的免疫力[19]。

8.2.4　特征提取技术

伴随着数字技术、微电子技术、计算机技术和信息处理技术的迅猛发展,无人机均朝着综合化、集成化、智能化的方向发展。一方面,如果某一设备发生了故障,一些参数就会发生某些变化。仔细分析这些参数的变化,可逐步确定故障发生的原因和部位,即完成故障诊断。但是对高复杂性的系统,能进行准确测量的参数可能有几十甚至上百个,如果一一去进行全面分析,其人力、时间、财力的花费都是很大的。另一方面,不同的故障模式下,同一参数有可能具有相同或相近的变化趋势,使得故障分析过程困难,难以确切地判断故障的原因和部位。因此,对复杂系统故障进行特征提取在整个故障诊断中具有重要意义,它直接影响整个诊断过程的计算以及整个诊断系统的品质,常采用的特征提取方法总结为以下几种:

1. 时域特征

对于故障表现在电阻、电压、电流等电应力的改变时,采用均值、最大值、最小值、方差等方法进行特征提取,提取方式较为简单;对于故障表现为时序抖动时,通常采用直方图进行分析。其他常用的时域特征有峰值、偏度系数、峰度系数、峰值因子以及波形因子等。

2. 频域特征

频域特征的主要方法有 Fourier 变换、频谱图等。

3 小波分析

小波(Wavelet)这一术语,顾名思义,"小波"就是小的波形。所谓"小"是指它具有衰减性;而称之为"波"则是指它的波动性,其振幅正负相间的振荡形式。与 Fourier 变换相比,小波变换是时间(空间)频率的局部化分析,它通过伸缩平移运算对信号(函数)逐步进行多尺度细化,最终达到高频处时间细分,低频处频率细分,能自动适应时频信号分析的要求,从而可聚焦到信号的任意细节,解决了 Fourier 变换的困难问题,成为继 Fourier 变换以来在科学方法上的重大突破。

4. 深度神经网络

由于引起系统性能退化的原因复杂,而且采集多维监测信号数据,数据量巨大,因此传统的通过人工经验选择信号进行建模很难充分捕捉故障信息。深度神经网络能够从原始数据中得到由低层到高层、由具体到抽象的数据表示,通过组合低层特征形成更加抽象的高层特征表示。利用深度神经网络的优势直接挖掘原始多源监测信号中最本质的特征表示形式,进行故障特征提取并建立预测模型,省去人工选择监测信号进行分析的过程,对高维、具有非线性以及随机性的无人机大数据具有很好的处理效果。

8.2.5 健康监控技术

1. 异常推理

由于异常检测任务中只有对一类(目标)样本充分采样,而另一类(异常)往往欠采样,因此目前的异常检测,一般均从已知的正常类数据中进行学习,建立正常行为的模型以进行异常检测,从而构建一个假设模型 $h(x)$ 和一个阈值 ρ。当 $h(x) > \rho$ 时,判 x 为正常,否则为异常。而阈值 ρ 的设定则根据训练集上所允许的经验误差 a 进行设定,使得 $P(h(x) \geqslant \rho) \geqslant 1 - a$。常用的异常检测方法如下。

(1)单类支持向量机(Support Vector Machine,SVM)。支持向量机是一种

主流的两类分类方法,寻求一个超平面,将两类样本以最大间隔分隔开来。该方法假设原点为唯一的异常点,寻求一个超平面将目标类样本和原点之间以最大间隔分开,其中硬间隔的要求是所有目标类样本都落在超平面正半侧,通过求解以下问题获得分割超平面(w,b)(w为法向量,b为截距):

$$当 \min \frac{1}{2} \| w \|^2 \ 时$$

$$\forall i,满足\ wx_i + b \geqslant 0 \tag{8-1}$$

式中,$1/\| w \|$称为超平面和原点之间的间隔。而软间隔不严格要求所有目标类样本都落在超平面正半侧,但对落在超平面左半侧的样本点根据其到超平面的距离进行惩罚,并对经验误差和间隔$1/\| w \|$通过正则化因子C进行折中,相应的超平面则通过以下问题求解:

$$当 \min \frac{1}{2} \| w \|^2 + C \sum_{i=1}^{n} \xi_i - b \ 时$$

$$\forall i,满足\ wx_i \geqslant b - \xi_i, \quad \xi \geqslant 0 \tag{8-2}$$

(2)支持向量数据描述(Support Vector Data Description,SVDD)。由于半空间的数据描述直观性不强且紧致性不足,最小包含球通过寻找一个球形描述,使其包含所有的正常类训练样本,并最小化超球(R,a)的体积,其求解的问题可刻画如下:

$$当 \min R^2 \ 时$$

$$\forall i,满足\ \| x_i - a \|^2 \leqslant R^2 \tag{8-3}$$

(3)贝叶斯推理。基于贝叶斯推理的异常检测方法是通过在任意给定的时刻,测量$A_1,\cdots,A_n,n$种测度值,推理判断系统是否有入侵事件发生。贝叶斯推理的原理在于已知异常情况下各测度值出现的概率,从而推出在$A_1,\cdots,A_n$的情况下异常发生的概率。

(4)贝叶斯网络。贝叶斯推理公式是基于备测度相互独立的假设。而实际上许多测度之间是相互联系的。贝叶斯网络是一种信任网络,当它应用于异常检测时,网络中每个节点代表一种测度及其概率分布。对于根节点,概率分布是不依赖其他测度的,即是客观概率;对于子节点,它是以根节点为条件的条件概率,输入各测度的当前值后,该网络就能输出一个考虑到测度之间关系的综合异常评价意见。

(5)协方差测量。该方法用协方差矩阵来描述各测度之间的关系度。如果$A_1,\cdots,A_n$等测度用向量A来表示,那么符合异常测度,即综合异常评价意见就表示为$A^T C^{-1} A$,其中C为协方差矩阵。

(6)模糊逻辑。模糊逻辑是模糊数学的基础理论,它把"真假"作为语言变量来处理,使得对一个命题的判断可以采用"比较真""比较假"等词。模糊逻辑推理采用的是假言推理的近似式而不是精确形式。假言推理的规则可以写为:

ⅰ)$A \rightarrow B$ 大前提(蕴含);

ⅱ)A^* 小前提;

ⅲ)$B^* = A^* \cdot (A \rightarrow B)$ 结论。

在应用模糊逻辑推理的异常检测系统中,根据当前的各测度值和模糊规则,得到一个异常的模糊度,如果模糊度大于某个阈值,则可判定为异常。

2.故障诊断技术

(1)基于神经网络的故障诊断技术。神经网络技术是以对大脑的生理研究成果为基础的,其目的在于模拟大脑的某些机理与推理机制,实现某个方面的功能,是对人脑或自然神经网络若干基本特性的抽象和模拟。对于知识获取,神经网络所需要的知识是通过具体的实例经过神经网络训练得到的,而不需要人工的整理和总结。

神经网络对知识的表示是隐性的,它在对具体事例进行学习、获取知识的过程中同时,建立了知识网络结构并赋予相应权值。神经网络可以在同一个网络中对大量关联的知识进行描述,具有很强的通用性,实现了自动获取知识和并行推理过程。

目前基于神经网络的故障诊断方法一般是通过建立输入神经元和过程变量、输出神经元和故障指示器的对应关系来完成的,在故障诊断中,输出神经元的数目对应于所训练数据集中故障类别的个数。基于神经网络的故障诊断技术的研究目前主要集中在利用神经网络产生残差及评判残差和对故障诊断系统的误差进行补偿等方面。神经网络方法由于其结构上的特点,在应用过程中只能利用已知的故障诊断样本进行寻的,且在网络训练中必须有足够数量的样本进行学习。另外,神经网络经过学习所建立的用于故障诊断的知识只是网络结构中表示相互关系的分布权值,不是具有逻辑能力的推理规则,这导致其诊断推理过程是不能解释的。

(2)基于证据理论的故障诊断技术。在 DS 证据理论中,由互不相容的基本命题(假定)组成的完备集合称为识别框架,表示对某一问题的所有可能答案,但其中只有一个答案是正确的,是一个融合主观不确定性的有效手段。

在设备的故障诊断中,若干个可能的故障产生一些症状,每个症状下故障都可能有一定的发生概率。DS 证据理论中,用基本概率分配表达概率的大小,先通过多传感器测试被诊断对象,得出每一个传感器测得的症状属于各类故障的基本概率分配,再运用 DS 组合规则进行信息融合,得到融合后症状属于各类的基本概率分配,再根据一定的准则确定故障类型。

(3)故障字典法故障诊断技术。故障字典法是模拟电路故障诊断中最具实用价值的方法,其基本步骤是在电路测试之前,对常见的故障状态进行仿真计算,建立字典,建立故障字典的过程实际上是测试前的数据测试与分析过程。它主要完成故障集的选择、故障特征模糊域的分割和隔离、故障特征码的生成等工作。

故障集的选择实际上是确定一组测试向量可以诊断的故障空间,即测试向量的每一组取值都可以唯一地确定该空间中的一个点。由于多故障的组合数极大,因此,在故障集中包含所有的多故障是无法实现的。一种比较现实的方案是根据被测电路的特点和以往的经验以及器件的故障概率来选择若干单故障和部分多故障组成故障集。

在确定故障集后,可以通过各种分析程序仿真计算出电路在每一个故障状态下的测试向量,或通过测试得到各种故障的电路特征。在模拟电路中,由于容差的存在,各个节点的状态是一段连续的区间,因此各种故障所对应的特征向量为故障空间中的一个区域。这样,各个区域之间就有可能发生重叠而使某些故障变得不可区分。只要各个故障所对应的测试向量模糊集不发生相互重叠,就可以区分该故障集中的所有故障。如果确定的一组测试向量所生成的模糊集已经足以隔离故障集中的所有故障,则可以将每个模糊域的中心值存储起来构成故障字典。如果不能隔离,那么只有采取相应的决策算法来进行故障的判断和决策了。

(4)模糊逻辑推理法故障诊断技术。在很多故障诊断问题中,故障诊断的机理非常适合用模糊规则来描述。基于模糊逻辑的故障诊断方法是用模糊逻辑来表示专家知识的,故障特征往往表现出模糊的特性,用二值逻辑描述不了足够的精确度,而用模糊逻辑的隶属度函数可以更好地描述其特性。模糊推理利用分级状态,而不指出严格的正确和错误,提供了近似但有效地描述复杂不确定系统的方法。模糊故障诊断方法一般分为两类:一类是基于模糊聚类分析理论的方法,按照故障类别将模糊集划分为不同的子集对故障进行判定;另一类是通过建立故障集的模糊向量和需要判定故障类型模糊向量的模糊关系矩阵进行故障诊断。

模糊诊断方法的不足之处在于,对复杂过程的诊断系统要建立恰当的规则集和隶属度函数是很困难的,模糊诊断方法在实际中往往和神经网络、专家系统等方法结合起来应用。

(5)专家系统诊断方法的故障诊断技术。专家系统诊断方法是根据故障诊断专家丰富的实践经验、分析和解决问题的思维方式,建立起故障诊断知识库、规则库和推理机。基于知识库提供的知识,规则库的约定规则及推理机确定的推理机制进行故障诊断。它的智能化主要表现为能够模仿人类专家思维来求解复杂问题。

基于专家系统的故障诊断方法的核心是专家知识库和逻辑推理机。知识库的建立一般是通过浅层知识及深层知识得到的,专家系统的性能决定于所建立的专业知识库的信息规模、信息的正确性及所涵盖的范围。知识库的使用是由推理机来完成的,包括前向链数据驱动推理和后向链、假设检验法及人工神经网络方法等。另外,专家系统要求有一个人机交互的接口将信息输入系统中,并将系统的推理结果反馈给使用者。专家系统在应用上的难点在于相关知识的获取,它决定着专家系统知识库是否优越,也是专家系统设计的瓶颈问题,通过知识获取,可以扩充和修改知识库中的内容,也可以实现自学习功能。故障诊断专家系统可以用于不易建立数学模型和有多故障的无人机,可以为用户提供咨询和管理功能,目前无论在理论研究还是工程应用上都很活跃。专家系统方法也经常与其他故障诊断方法结合起来使用。

(6)基于相关性模型故障诊断技术[20]。相关性模型是表达基本单元与测试相关性逻辑的模型。相关性数学模型可以用 $\boldsymbol{D}$ 矩阵表示:

$$\boldsymbol{D}_{m\times n}=\begin{bmatrix} d_{11} & \cdots & d_{1n} \\ \vdots & & \vdots \\ d_{m1} & \cdots & d_{mn} \end{bmatrix} \tag{8-4}$$

其中第 i 行矩阵

$$\boldsymbol{F}_i=\begin{bmatrix} d_{i1} & \cdots & d_{in} \end{bmatrix} \tag{8-5}$$

表示的是第 i 个组成单元发生故障时在每一个测试点上的反映信息,它表明了每一个测试点和第 i 个组成单元之间的相关性。而第 j 列矩阵

$$\boldsymbol{T}_j=\begin{bmatrix} d_{1j} & \cdots & d_{mj} \end{bmatrix}^{\mathrm{T}} \tag{8-6}$$

表示的是第 j 个测试点和每个组成单元之间的相关性。其中,当 $d_{ij}=0$ 时,表示 $\boldsymbol{F}_i$ 和 $\boldsymbol{T}_j$ 不相关;当 $d_{ij}=1$ 时,表示 $\boldsymbol{F}_i$ 和 $\boldsymbol{T}_j$ 相关。

(7)基于 Petri 网的故障诊断方法。Petri 网不仅具有充分的模拟能力和丰富的分析方法,还便于使用,这也是 Petri 网应用越来越多的原因。使用 Petri 网作为一个系统的模型,对 Petri 网进行分析,以揭示被模拟系统在结构和动态行为方面的重要信息,这些信息可以用来对被模拟系统进行估计和提出改进系统的建议。Petri 网的意义在于它不仅与 Turing 机等价,而且又具有直观的图形表达能力,因此成为离散事件动态系统建模和分析的有力工具,并成功应用于许多研究领域,如性能评价、通信协议、柔性制造系统、故障诊断系统、管理信息系统、人工智能系统等。

系统模型是对实际系统的抽象表示。Petri 网以研究系统的组织结构和动

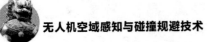

态行为为目标,着眼于系统中可能发生的各种变化以及变化之间的关系,描述系统中事件之间的各种依赖关系,如顺序、并发等。它适合于描述以有规则的流动行为为特征的系统,例如物流、信息流等。

一个 Petri 网的结构元素主要包括库所(place)、变迁(transition)和有向弧(arc)。库所用于描述可能的系统局部状态,例如,故障诊断中的故障征兆、故障现象或计算机中的队列、缓冲等。变迁用于描述修改系统状态的事件,如计算机和通信系统中的信息处理、发送等。有向弧是连接库所和变迁的元素,它描述的是系统状态变化的方向。在 Petri 网模型中,标记包含在库所中,它们在库所中的动态变化表示系统中的不同状态。如果一个库所描述一种资源,它可能包含若干个标记或零个标记,标记的数量表示资源的数量。如果一个库所描述一个命题,它能包含一个或不包含标记。当库所含有一个标记时,表示库所代表的命题为真,否则,表示命题不成立。

8.2.6　剩余寿命预测技术

现有的剩余寿命预测方法大致归为两类:基于失效物理模型的剩余寿命预测和基于数据分析的剩余寿命预测。随着传感器技术的快速发展,出现了更多观测手段,可以通过采集系统的监测信号,建立系统退化过程模型来预测剩余寿命。因此,数据驱动的剩余寿命预测是一条经济可行的途径,受到许多学者的青睐,已被广泛应用于设备的剩余寿命预测。

由于无人机包含设备种类众多、数量巨大,且每个设备又由成百上千种元器件组成,其故障模式、失效机理不尽相同;元器件失效时间短,其故障影响错综复杂,这极大地增加了系统故障预测的难度和不确定性;另外,目前尚无一种成熟的技术可供借鉴,如何构建系统的预测模型或算法已成为系统研究的关键技术之一。

1 基于失效物理模型的寿命预测技术

基于失效物理模型的方法是在对设备的失效机理有清晰认识的前提下进行的,主要是通过对设备的内部机理进行深入研究,建立精准的失效物理模型,进而得到设备寿命的演变规律,据此进行寿命预测[21-23]。对于一些工作原理简单、失效机理清晰的设备,该方法能够准确得到设备的剩余寿命,且预测精度较高。但是工程技术的发展和人类实际需求的增多使工程设备趋于大型化、复杂化,对这类设备,要弄清其内部结构和失效机理往往非常困难,这极大地限制了基于失效物理方法的发展与应用。

2.数据驱动的寿命预测技术

基于数据分析的剩余寿命预测大致可以分为基于人工智能技术和基于统计数据驱动两类方法。基于人工智能技术的剩余寿命预测往往基于同类设备的大量的历史数据进行处理和分析,关注重点是特征提取和建模方法。人工智能方法一般利用得到的数据,通过机器学习以拟合系统性能变量的演化规律,进而通过外推到失效阈值以实现剩余寿命的估计。统计数据驱动的方法依赖于得到的监测数据和随机模型,利用随机模型对监测数据进行建模,进而对剩余寿命的分布进行推断与估计,既可以对系统的性能退化进行建模,又可推断出系统剩余寿命的概率分布。

根据状态监测数据的类型,将获取到的监测数据分为直接数据和间接数据。基于此,将现有的剩余寿命估计方法分为基于直接监测数据的方法和基于间接监测数据的方法,并从剩余寿命建模的角度,对现有的各种估计方法进行详细的归纳和评述。在这一划分框架下,现有数据驱动剩余寿命估计方法的具体分类如图 8-1 所示。

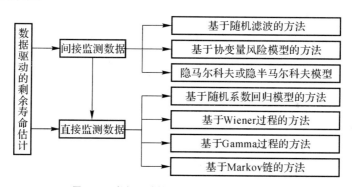

图 8-1 数据驱动的剩余寿命估计方法的分类

直接监测数据主要指可以直接反映系统的性能或健康状态的监测数据,通常提到的退化数据如磨损、疲劳裂纹数据等就属于这一类。因此,利用这类数据进行剩余寿命估计就是估计监测退化变量首次达到失效阈值的时间(简称"首达时间")。失效阈值通常依据对研究对象的运行性能要求、工业标准或通过优化的方法确定。间接监测数据主要指只能间接或部分地反映系统性能或健康状态的监测数据,这类数据主要包括振动分析数据、油液分析数据等。利用这类数据进行剩余寿命估计时,就需要估计系统的潜在退化状态并将潜在退化状态与剩余寿命联系起来。值得注意的是,在工程实际中,间接数据可以通过 Fourier 变换、小波变换等信号处理方法转化为可以反映系统健康状态的直接数据,这一过程通常被称为特征提取。

（1）基于随机系数回归模型的方法。随机系数回归模型将系统退化状态的监测数据描述为随机回归模型，基于此模型估计退化状态达到或超过失效阈值的首达时间，由此实现剩余寿命的估计。这类方法中最常用的随机系数回归模型表示如下：

$$X(t_{ij}) = h(t_{ij}; \varphi, \theta) + \varepsilon \tag{8-7}$$

式中，$X(t_{ij})$ 表示第 i 个系统在第 j 个监测时刻 t_{ij} 的退化量；φ 为固定的参数，刻画系统之间的共性特征；θ 为随机效应系数，描述系统之间的个体差异；ε 表示噪声项。

此类模型的潜在假设是，系统同属一类，同类系统具有相同的退化形式。因此，该类方法主要用于描述一类系统退化过程及寿命的总体特征。对于具体的服役系统来讲，采用该模型意味着确定性的退化轨迹，不能反映系统退化的时变动态特性，又称随机变量模型。再者，以上的研究中，对于系统寿命都是利用多个同类系统的离线历史监测数据进行估计，没有利用到系统实时监测的数据，因此得到的寿命估计适合于描述同类系统的共性属性，难以满足系统使用者更关注的具体服役系统的剩余寿命估计需求。

（2）基于 Wiener 过程的方法。Wiener 过程是一类具有线性漂移项的扩散过程，由标准 Brownian 运动驱动，而 Brownian 运动是均值为 0，方差与时间相关的高斯过程，最初被用于描述微小粒子的随机游动。鉴于此，Wiener 过程一般用来建模具有线性趋势的非单调退化过程。

一般地，Wiener 过程 $\{X(t), t \geq 0\}$ 可以表示为

$$X(t) = \lambda t + \sigma B(t) \tag{8-8}$$

式中，λ 为漂移系数；$\sigma > 0$ 为扩散系数；$\{B(t), t > 0\}$ 是标准 Brownian 运动。在当前监测时刻 t_k，系统的剩余寿命 L_k 可以定义为 $\{X(t), t \geq 0\}$ 达到失效阈值 ω 的首达时间：

$$L_k = \inf\{l_k : X(t_k + l_k) \geq w \mid X(t_k) < w\} \tag{8-9}$$

由此可以得到系统剩余寿命分布为逆高斯分布，其解析表达式为

$$f_{L_k}(l_k) = \frac{w - x_k}{\sqrt{2\pi l_k^3 \sigma^2}} \exp\left\{-\frac{(w - x_k - \lambda t)^2}{2 l_k \sigma^2}\right\} \tag{8-10}$$

式中，x_k 为 t_k 时刻的退化状态。

（3）基于 Gamma 过程的方法。Gamma 过程是一类增量非负的单调随机过程，主要用于描述系统随机退化过程严格单调的情况。例如，磨损过程、疲劳扩展过程等一般随着时间会逐渐累积，退化的增量是非负的，对于这样的过程，采用 Gamma 过程进行描述是自然的选择。一般地，Gamma 过程 $\{X(t), t \geq 0\}$ 具有以下性质：

随机增量：

$$X(t_i) - X(t_{i-1}) \sim Ga(v(t_i) - v(t_{i-1}), \sigma) \tag{8-11}$$

式中，Ga 为 Gamma 函数；$v(t) > 0$ 为形状参数；$\sigma > 0$ 为尺度参数。

如果假设不相交时间区间上的随机增量相互独立，那么，在 Gamma 过程的建模框架下，利用首达时间的概念，t_k 时刻系统的剩余寿命 L_k 为

$$L_k = \inf\{l_k : X(t_k + l_k) \geqslant \omega \mid X(t_k) < \omega\} = \{l_k : X(t_k + l_k) \geqslant \omega \mid X(t_k) < \omega\} \tag{8-12}$$

可以发现，利用 Gamma 过程对退化状态进行建模时，求解首达时间分布非常直接。因此，基于 Gamma 过程的退化建模及剩余寿命估计，数学推导计算相对直接，并且物理意义明显。

（4）基于 Markov 链的方法。基于 Markov 链的方法适用于建模具有离散退化状态的系统，应用这类随机过程的潜在假设为系统将来的退化状态变换规律仅依赖于当前状态，即无记忆性。应用 Markov 链进行剩余寿命估计的主要原理如下：假设系统退化过程 $\{X_n, n \geqslant 0\}$ 有 $N+1$ 状态，即状态空间为 $\Phi = \{0, 1, \cdots, N\}$，其中"0"表示系统处于全新状态，"$N$"表示系统失效，即吸收态。在第 n 个离散时间，系统的剩余寿命可以通过首达时间的概念定义为

$$L_n = \inf\{l_n : X_{n+l_n} = N \mid X_n \neq N\} \tag{8-13}$$

假设 Markov 链 $\{X_n, n \geqslant 0\}$ 的转移矩阵为 $\boldsymbol{P}$，则有

$$\boldsymbol{P} = \begin{bmatrix} \widetilde{\boldsymbol{P}} & \boldsymbol{P}_0 \\ \boldsymbol{0} & \boldsymbol{I} \end{bmatrix}, \quad \boldsymbol{P}_0 = [\boldsymbol{I} - \widetilde{\boldsymbol{P}}]\boldsymbol{e} \tag{8-14}$$

式中，$\widetilde{\boldsymbol{P}}$ 表示瞬时态 $\boldsymbol{\Phi}/\{N\}$ 的转移矩阵；$\boldsymbol{I}$ 为 $N-1$ 维单位阵；$\boldsymbol{e} = [1 \quad 1 \quad \cdots \quad 1]^T$ 为 $N-1$ 维列向量。原理上，剩余寿命估计可以通过计算系统从当前时刻的状态首次转移到失效状态 N 的时间而得到，即计算首达时间分布。具体地，系统在 n 时刻估计的剩余寿命分布和期望可由式（8-15）计算：

$$\Pr(L_n = k) = \alpha_n \widetilde{P}^{k-1}(I - \widetilde{P})e, \quad E(L_n) = \alpha_n \widetilde{P}^{k-1}e, \quad k \in \Phi/\{N\} \tag{8-15}$$

式中，$\alpha_n = (\alpha_n(0), \cdots, \alpha_n(N-1))$ 表示系统当前状态的分布，即 $\Pr(X_n = i) = \alpha_n(i)$，$i \in \Phi/\{N\}$。

（5）基于随机滤波的方法。基于半随机滤波技术的剩余寿命估计方法将系统剩余寿命的减少量直接表示为监测时间间隔长度，同时将剩余寿命直接作为状态变量，然后通过建模监测数据与剩余寿命之间的随机关系，根据随机滤波技术得到条件剩余寿命分布。具体地，这类模型可以表示为

$$\left. \begin{array}{l} x_k = x_{k-1} - (t_k - t_{k-1}), \quad x_k > t_k - t_{t-1} \\ y_k = f(x_k, \eta_k) \end{array} \right\} \tag{8-16}$$

式中，x_k 表示 t_k 时刻的剩余寿命；$t_k - t_{k-1}$ 为监测数据之间的时间间隔；y_k 为监

测数据；η_k 为观测噪声。

基于以上状态空间模型，利用 Bayesian 滤波的理论，在获取 t_k 时刻的监测数据 y_k 后，剩余寿命的概率密度函数可以通过式（8-17）计算：

$$p_k(x_k \mid Y_k) = \frac{p_k(y_k \mid x_k) p_{k-1}(x_k + t_k - t_{k-1} \mid Y_{k-1})}{\int_0^\infty p_k(y_k \mid x_k) p_{k-1}(x_k + t_k - t_{k-1} \mid Y_{k-1}) \mathrm{d}x} \qquad (8-17)$$

式中，$Y_k = \{y_1, \cdots, y_k\}$ 为所有的历史观测数据。

（6）基于协变量风险模型的方法。基于比例协变量风险模型的剩余寿命估计方法中，令 $Z(t) = \{z(s), 0 \leqslant s \leqslant t\}$ 表示系统运行到当前时刻 t 的所有协变量信息，其中 $z(s)$ 表示 s 时刻的协变量信息。那么，根据剩余寿命的定义，在当前时刻 t 的剩余寿命可表示为 $L_t = \{l_t : T - t \mid T > t, Z(t)\}$，其中 T 表示系统的寿命。因此，根据可靠性函数、失效率、寿命的概率密度函数之间的一一对应关系，剩余寿命的概率密度函数可表示为

$$f_{L_t}(l_t \mid Z(t)) = \frac{f_T(t + l_t \mid Z(t))}{R(t \mid Z(t))} = h(t + l_t \mid Z(t)) \frac{R(t + l_t \mid Z(t))}{R(t \mid Z(t))}$$

$$(8-18)$$

式中，$R(t + l_t \mid Z(t)) = \Pr(T > t \mid Z(t)) = \exp\{-\int_0^t h(s \mid Z(s))\mathrm{d}s\}$；$f_T(\cdot)$ 表示 T 的分布函数。

8.2.7　健康预测管理决策技术

健康预测管理最主要的目标是根据设备的剩余寿命预测信息实现设备运行周期内的维修决策。备件订购和替换安排是维修决策活动中的两个重要组成部分，而两者之间又存在强耦合关系：备件订购的需求来源于替换过程中对备件的消耗，而替换安排的有效开展又必须以充足的备件为前提[24-26]。在实际中过早或过多地订购备品备件会使存储费用增加，而且库存中的设备在长期储存的过程中也存在性能退化，势必会造成资源的浪费。此外，设备从订单下达至设备到达之间存在时间差，即订货存在提前期，订购的备件过晚，又会导致维修更换活动不能按时进行，增加了相应的停机费用。由此可见，实现备件订购与设备替换问题的联合决策是健康管理领域中的实际需求。

目前，替换安排与备件管理联合决策研究主要分为计划性和视情替换与备件管理联合决策策略。计划性替换与备件管理联合决策是指"基于失效时间数据统计分析的方法"获得寿命分布结果进行设备替换安排和备件管理联合决策[27-29]。然而，PHM 技术需根据设备的实际健康状态安排设备的健康管理活

动,而计划性替换与备件管理联合决策策略并没有利用到设备的实际状态监测信息,在应用中容易造成过度替换或替换不足等问题,因此,严格说来该类方法不具备 PHM 能力。

视情替换与备件管理联合决策策略利用实际设备在运行中产生的大量反映其健康状况的状态监测数据安排替换活动和备件管理活动,近年来得到了国内外研究者的重视[30-34]。

|8.3 PHM技术在无人机系统中的应用|

8.3.1 无人机PHM系统的组成

从物理硬件组成的角度,飞机健康管理系统由机载健康管理系统、数据传输链路、地面健康管理系统三部分组成。机载管理系统包括重要机载设备、传感器和飞机管理计算机,地面管理系统包括地面接收站、地面监测设备、状态在线检测系统等。根据无人机的特点,基于技术构建无人机的综合保障监控系统应包括数据采集和传输、状态监测、健康评估、故障预测和决策等。

8.3.2 机载健康管理系统

一般而言,对于系统的故障诊断推理仅仅依赖于一个判据或一种信号时,往往会出现误判或漏判的情况。与传统的 BIT 故障诊断不同的是,飞机 PHM 系统采用了分层智能推理机制和交叉增强校验技术,可以逐层推理判断并进行综合,最后形成推理结论,从而大大提高了其故障诊断成功率,降低了虚警率。

无人机平台的状态监测系统分三个层次,目的是检测无人机部件或分系统的异常和故障,如图 8-2 所示。最底层是分布在无人机分系统中的软、硬件监控程序(传感器或机内测试/机内测试设备(BIT/BITE));中间层为区域管理器;顶层为平台管理器。最底层作为识别故障的信息源,借助传感器、BIT/BITE、模型等检测技术,将有关信息直接提交给中间层的区域管理器。各区域管理器具有信号处理、信息融合和区域推理机的功能,是连续监控无人机相应分系统运行状况的实时执行机构。平台管理器通过区域管理器输入的状态信息,根据各区域间的交叉关联关系,确认并检测和隔离故障,预测剩余寿命,形成最终的无人机健康管理策略。

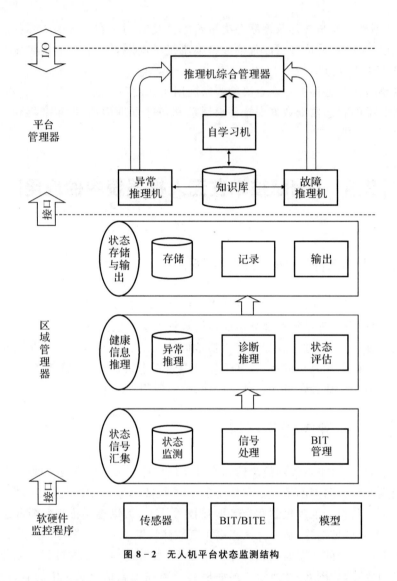

图 8-2　无人机平台状态监测结构

1. 分层智能推理

无人机平台故障诊断系统分为三层,分别是成员系统软硬件监控程序、区域管理器和平台管理器。成员系统的软硬件监控主要完成故障诊断系统底层状态数据采集和处理功能,主要由分布在无人机各部分的传感器和自测试的 BIT 组成。区域管理器主要实现状态信号处理、信息融合和区域推理机的功能。通过区域管理器输入的状态信息、故障信息,根据各区域间的交叉关联关系,确认并检测和隔离故障,形成最终的健康状态报告和维修信息。

2.设备层软硬件监控的设计

设备层故障处理首先通过各种传感器和预先设置的测试点获取实时设备数据和环境数据,然后提取实时设备数据的特征参数,与设备参数容差表中的相应数据比较,如果特征参数在设备的容差范围之内,则认为设备正常,继续进行监视;若特征参数超出设备的容差范围,则初步认为设备异常。如果异常事件根源能够确定在本设备之内,就只向上层传递故障信息即可,否则,将数据打包传递给综合区域层进行进一步处理。

为了充分获取系统的状态数据,保证 BIT 可信度,并为下一层提供足够的输入,BIT 检测信号应该包括的主要内容如下:

- 各功能电路的输出检测:电路的输出值的电压、电流。
- 电源的测试:各电源的电压、电流、波纹等。
- 时钟电路的输出检测:时钟的峰值、频率、失真率等。
- 接口电路测试:系统 I/O 接口的状态监测。
- 总线电气特性检测:检测总线的电气特性。
- 引脚交连状态检测:开路、短路等。

3.区域管理器

应用智能故障诊断系统,采用基于专家系统的知识库及推理机,解释机制采用预制文本法进行设计,如图 8-3 所示。

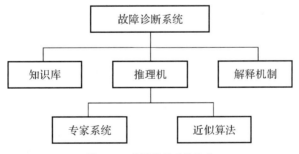

图 8-3　故障诊断系统组成

（1）知识库维护。知识库是故障诊断知识的集合,反映了领域专家的经验,经知识处理模块的处理存储于知识库中。专家系统知识库由测试专家进行制定和维护,在诊断系统执行过程中不可修改。近似推理隐式知识库是在诊断系统执行过程中由系统自行操作的知识库文件,无须人为干预。本系统利用 MySQL 数据库对知识进行管理,可以方便地进行知识的获取和维护,并且能够较为容易地与系统连接,实现数据的快速传输和整理。

（2）推理机设计。推理机制是异常监测和故障诊断系统重要的组成部分,系统异常监测与诊断速度和准确度与推理机制的设计直接相关。推理机在接收到自动测试数据后,对数据进行分析处理,提取测试中出现的问题,生成固定的测试问题编号,进而与专家系统知识库中的问题编号进行匹配,如果匹配成功,按照对应的故障编号输出故障定位信息以及相应的处理建议,如果匹配不成功,则将问题编号与近似算法隐式知识库进行匹配。隐式知识库中的知识是在近似算法执行过程中自动生成的,格式与专家系统知识库相同。如果匹配成功,则输出相应的诊断结果及处理建议,如果匹配不成功,则启动近似算法进行推理,近似算法中使用模糊处理,对故障编号进行分析,通过添加或者删减故障找到与专家系统知识库中最为近似的故障类型,并将其诊断结果作为输出,完成诊断后,将此诊断结果作为新的知识写入近似推理隐式知识库,待测试专家确认后更新专家系统知识库。

(3)解释机制设计。基于规则的专家系统中建立解释机制是比较简单的,只需将相关规则找出并将其转化为自然语言的形式呈现在用户面前即可。故障诊断系统采用预制文本与策略解释法相结合的解释机制,在专家系统运行中采用预制文本的方式将解释信息以及测试专家信息与故障诊断编号对应写入知识库,在诊断完成时同时输出解释内容。诊断系统使用近似算法推理时的解释机制采用策略解释法,在诊断执行完成后输出近似推理的过程即增加或忽略测试问题项的过程以及在专家系统知识库中寻找到的最近似故障信息。

4. 平台管理器

考虑到飞机系统包括开关量信号、连续量信号和性能降级信号,平台管理器设计了2种推理机:①异常推理:对开关量或慢变信号,设计固定阈值,若经处理的检测信号超过阈值,则判断为异常,并输出;否则为正常。②诊断推理:对快变的连续检测信号,设计智能故障诊断算法,判定机载系统故障,并告知驾驶员,将故障隔离到可更换部件上。

首先,管理器中的异常推理机、诊断推理机均利用数据库中的综合模型、嵌入式模型等,结合区域管理器传输而来的状态数据和诊断结果,得出异常诊断结果,根据系统结构表寻找设备层或者综合区域层引起故障的根故障报告代码;接着按照存在故障代码的顺序隔离故障,生成维修决策报告和自适应重配置计划。最后,形成供飞行员、机械师和工程师参考的报告。

8.3.3 地面健康管理大数据分析平台

地面健康管理系统包括地面监控管理、智能诊断、维修专家和远程客户终端等模块。对于机上监测系统无法处理的疑难复杂故障,可通过地空通信系统将故障数据传输到地面诊断监控中心,或借助于高级智能诊断系统和远程专家,对故障做出快速、准确的判断和处理。

对无人机在长期的试验中积累的海量数据,利用地面站大数据管理平台,实现大规模结构化、非结构化、半结构化数据存储、集成、挖掘以及查询。对无人机通过空地数据链传输到地面子系统的实时数据,地面子系统将数据保存在地面数据库中,利用大数据分析平台进行实时分析,实现上述基于数据预处理、特征提取和智能选择、数据建模与多模型融合的异常检测、故障检测、健康预测无人机大数据自动实时分析系统。

1.大数据分析平台架构

基于 Hadoop 分布式存储和 Spark 并行计算框架的数据管理平台,如图 8-4 所示。数据实时处理采用 Spark Streaming,实现一套软件栈内完成大数据存储和自动分析。该平台以 Hadoop 分布式系统 HDFS 为底层存储,具有分布式可扩展、高容错、高吞吐量的体系结构,提供层次化的存储和计算服务,可以提高大数据管理平台的可扩展性和可靠性。集成分布式数据库 Hbase 和数据仓库 Hive,具备了海量非结构化数据存储能力和结构化数据挖掘能力。实现 Hive 处理 Hbase 数据的引擎,通过 Hive 的结构化查询语言操作 Hbase 数据,解决了 Hbase NoSQL 数据库不能使用 SQL 进行统计的问题。数据集的存储可选用 Hadoop 的 HDFS、MySQL(查询少量的最近结果数据)或 Hbase(查询大量的历史结果数据)。Spark Streaming 用内存 NoSQL 选用 Redis。

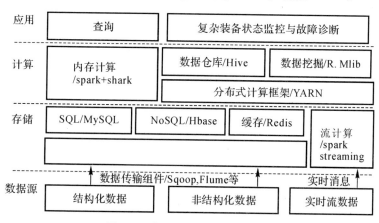

图8-4　地面站大数据分析平台架构

该数据管理平台架构设计主要包括以下方面:

(1)集成高扩展的 HDFS 作为存储系统。Hadoop 分布式文件系统 HDFS 被设计成适合运行在通用硬件上的分布式文件系统。它和现有的分布式文件系统有很多共同点。但同时,它和其他的分布式文件系统的区别也是很明显的。HDFS 是一个高度容错性的系统,适合部署在廉价的机器上。HDFS 能提供高吞吐量的数据访问,非常适合大规模数据集上的应用。系统基础层采用 HDFS 进行存储,保证了大数据管理平台的线性扩展。

(2)集成分布式内存的计算技术。对分布式计算框架 Spark 进行了集成和研发。Spark 直接对 HDFS 进行数据的读写,同样支持 Spark on YARN。Spark 将与 MapReduce 运行于同一集群中,共享存储资源与计算。数据仓库 Shark 实现上借用 Hive,几乎与 Hive 完全兼容。YARN 作为一个通用数据操作系统,既可以运行像 MapReduce,Spark 这样的短作业,也可以部署像 Web Server,MySQL Server 这种的长服务,真正实现一个集群多用途。

(3)集成 Hive 作为数据仓库。Hive 是建立在 Hadoop 上的数据仓库基础架构。它提供了一系列的工具,用来进行数据提取、转换、加载,这是一种可以存储、查询和分析存储在 Hadoop 中的大规模数据机制。Hive 的数据存储在 HDFS 中,大部分的查询由 MapReduce 完成。可以把 Hadoop 下结构化数据文件映射为一张成 Hive 中的表,并提供类 SQL 查询功能,除了不支持更新、索引和事务,SQL 其他功能都支持。可以将 SQL 语句转换为 MapReduce 任务进行运行,作为 SQL 到 MapReduce 的映射器,可利用 Shell,JDBC/ODBC,Thrift,Web 等接口。HBase 是一个高可靠性、高性能、面向列、可伸缩的分布式数据库系统。HBase 利用 Hadoop HDFS 作为其文件存储系统,Hadoop MapReduce 为 HBase 提供了高性能的计算能力。

(4)数据计算与分析。将 R 分析软件和 Spark 深度集成,基于 Spark 对传统挖掘算法与现有算法进行整合改进。基于内存分布式的数据管理系统可支持低延迟地查询处理。对于实时流数据,其采用面向滑动窗口模型的方法,通过概率维度索引进行单次近似连续地直接处理。而基于 Spark 的机器学习库 MLib 可将经典算法转化为 MapReduce 模式以提升算法吞吐量和性能,且支持半结构或非结构数据如文本、视频等的处理,并以自动交互的方式进行协同过滤及内容分析。基于历史数据,利用大数据管理平台和 R 语言,结合 Spark 机器学习库 MLib,建立以数据预处理、特征提取、数据建模与多模型融合和性能测试评估五个模块智能、自适应、可扩展的数据分析框架。

2. 数据的集成技术

(1)以元数据为核心的数据管理技术。采用元数据方法集中进行管理。在存储方面,由于元数据的结构过于复杂和灵活,使用对数据结构要求严格的 MySQL 数据库存储这些元数据显得有些力不从心。因此,从灵活性和兼容性出发,元数据经常使用 NoSQL 数据库进行存储。而且,很多 NoSQL 数据库采用分布式的基本体系结构,其存储规模的水平可扩展性对于存储数据量巨大的元数据有着明显的优势。但是,NoSQL 数据库的数据查询能力通常较弱,尤其是对于复杂查询的支持能力不足。为此,通常要通过额外建立倒排表或者结构化索引等方式来提升元数据的查询能力,而这些都会给元数据存储的实现带来额外的难度和开销。

混合使用关系型数据库和 NoSQL 数据库。由于元数据中通常只有少量比较"通用"的域被用于数据查询,比如传感器名、数据覆盖范围、采集时间等,可以将这些数据从元数据中提取出来并存储在关系型数据库中用于查询,而元数据的主体依旧保存在 NoSQL 数据库中以保证其灵活性。这时,关系型数据库作为一个"索引数据库"来使用。数据 ID、可查询的域以及一个到 NoSQL 数据库的引用指针被保存在分布式数据库中,同时建立完善的数据索引以提高数据查询的效率。数据基础设施可以首先从关系数据库中根据条件查询到一组数据 ID 和到 NoSQL 数据库的引用指针,再根据这些引用指针从 NoSQL 数据库中迅速读出元数据的全部内容,从而达到快速查询的目的。从数据的安全性和高效访问出发,基础设施将元数据和数据复制多份存储在不同的存储器中,从而避免存储节点的故障带来的数据丢失。

(2)多源异构数据接入技术。无人机监测数据包含结构化数据,图片、视频、XLM 等非结构数据集以及半结构数据。针对这三类数据,地面大数据管理平台将集成和自主研发数据接入工具,如 Oracle To HBase,Sqoop,Flume 和数据汇集 API。随着平台的后续研发和数据接入类型的增多,大数据管理平台提供了可扩展的数据接入接口,可以集成其他更多类型的数据接入工具。数据接入工具把数据接入大数据管理平台中,并把元数据进行记录,形成数据资产目录。

3.地面站系统数据挖掘系统框架

计算机数据采集工具以及数据存储技术的发展,使无人机将会存储大量的数据。传统的数据分析手段难以应付海量的数据。而普通的关系数据库提供的简单查询及报表生成功能,只能获得数据的表层信息,而不能获得数据属性的内在关系和隐含的信息,造成资源的浪费。为了保证消耗大量财力与物力所收集与整理的宝贵数据资源得以利用,有效解决数据丰富性及知识贫乏性的矛盾,需要使用数据挖掘技术。

数据挖掘框架如图 8-5 所示,主要包括数据预处理、特征提取、建模、多模型融合和性能测试评估五个模块。数据预处理模块对输入数据进行清理、匹配、集成、窗口化等操作,便于后续对数据的分析处理;特征提取可以将数据转化为有价值的知识,发现隐藏在大数据集中的与装备异常、故障以及性能退化相关的特征变量;建模模块分别为异常检测、故障诊断和健康预测建立不同的算法库,并分别建立相应的多模型优化融合模型以提高预测的准确度和鲁棒性;最终结合异常检测、故障诊断和健康预测三个分系统,性能评估模块对预测算法进行性能测试评估。

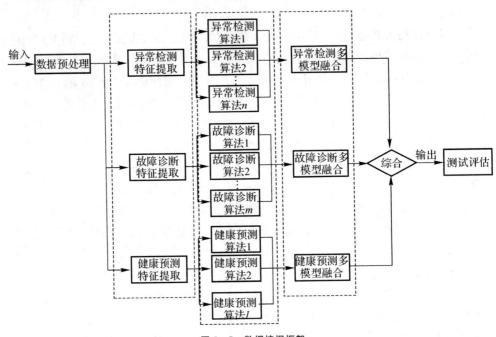

图 8-5 数据挖掘框架

8.3.4 空地通信系统

机载和地面健康管理系统通过空地通信系统实现数据传输。空地数据传输的方式有两种:航后传输和实时传输。航后传输是指机载健康管理系统采集了状态数据,在飞机着陆以后再将数据发送给地面系统,方式包括 QAR,WIFI,有线网络,USB 和 3G 等,实时传输是指机载健康管理系统将采集到的状态数据实时地发送给地面,一般使用 ACARS 数据链的方式。

建立空地数据链,实现飞机与地面健康管理系统之间的通信与信息交换,主要通过卫星、微波等通信手段实现空地数据实时传输和以总线接口方式的直接数据对接与下载,以及基于无线局域网(WLAN)的数据通信。

|参 考 文 献|

[1] 杨勇. 老龄化无人机维修策略分析[J]. 设备管理与维修, 2014(增刊 2):6-8.

[2] KULKARNI C S, TEUBERT C, GOROSPE G, et al. A Virtual Laboratory for Aviation and Airspace Prognostics Research: AIAA Modeling and Simulation Technologies Conference [C]. Grapevine: AIAA MSTC, 2017:1767.

[3] VASAN A S S, LONG B, PECHT M. Diagnostics and Prognostics Method for Analog Electronic Circuits [J]. IEEE Transactions on Industrial Electronics, 2013, 60(11): 5277-5291.

[4] BIAN L, GEBRAEEL N, KHAROUFEH J P. Degradation Modeling for Real-time Estimation of Residual Lifetimes in Dynamic Environments [J]. IIE Transactions, 2015, 47(5): 471-486.

[5] AYE S A, HEYNS P S. An Integrated Gaussian Process Regression for Prediction of Remaining Useful Life of Slow Speed Bearings Based on Acoustic Emission [J]. Mechanical Systems and Signal Processing, 2017, 84: 485-498.

[6] ELFORJANI M. Estimation of Remaining Useful Life of Slow Speed Bearings Using Acoustic Emission Signals[J]. Journal of Nondestructive Evaluation, 2016, 35(4): 62.

[7] SINGLETON R K, STRANGAS E G, AVIYENTE S. Extended Kalman Filtering for Remaining Useful Life Estimation of Bearings[J]. IEEE Transactions on Industrial Electronics, 2015, 62(3): 1781-1790.

[8] YANG F, HABIBULLAH M S, ZHANG T Y, et al. Health Index-based Prognostics for Remaining Useful Life Predictions in Electrical Machines[J]. IEEE Transactions on Industrial Electronics, 2016, 63 (4): 2633-2644.

[9] LIAO L, KÖTTIG F. Review of Hybrid Prognostics Approaches for Remaining Useful Life Prediction of Engineered Systems, and an Application to Battery Life Prediction [J]. IEEE Transactions on Reliability, 2014, 63(1): 191-207.

[10] NORMAN B, SILCOCK H. Condition Based Maintenance for Complex Distributed Systems：IEEE International Conference on Prognostics and Health Management （ICPHM）［C］. Ottawa：IEEE ICPHM，2016：1－6.

[11] WANG Z Q, WANG W, HU C H, et al. A Prognostic-information-based Order-replacement Policy for a Non-repairable Critical System in Service［J］. IEEE Transactions on Reliability，2015，64（2）：721－735.

[12] 周东华，魏慕恒，司小胜. 工业过程异常检测、寿命预测与维修决策的研究进展［J］.自动化学报，2013，39（6）：711－722.

[13] 刘大同，周建宝，郭力萌，等. 锂离子电池健康评估和寿命预测综述［J］. 仪器仪表学报，2015，36（1）：1－16.

[14] LIU Z B, SUN G Y, BU S H, et al. Particle Learning Framework for Estimating the Remaining Useful Life of Lithium-ion Batteries［J］. IEEE Transactions on Instrumentation and Measurement，2017，66（2）：280－293.

[15] BI J, ZHANG T, YU H Y, et al. State-of-health Estimation of Lithium-ion Battery Packs in Electric Vehicles Based on Genetic Resampling Particle Filter［J］. Applied Energy，2016，182：558－568.

[16] 查国清，黄小凯，康锐. 基于多应力加速试验方法的智能电表寿命评估［J］. 北京航空航天大学学报，2015，41（12）：2217－2224.

[17] LI N P, LEI Y G, LIN J, et al. An Improved Exponential Model for Predicting Remaining Useful Life of Rolling Element Bearings［J］. IEEE Transactions on Industrial Electronics，2015，62（12）：7762－7773.

[18] 刘胜南，陆宁云，程月华，等. 基于多退化量的动量轮剩余寿命预测方法［J］. 南京航空航天大学学报，2015，47（3）：360－366.

[19] 王少萍. 大型飞机机载系统预测与健康管理关键技术［J］. 航空学报，2014，35（6）：1459－1472.

[20] 汤幼宁，吕镇邦，王娟，等. 航电处理机相关性建模与故障方程生成方法［J］. 测控技术，2015，34（4）：145－148.

[21] YU M, WANG D W, LUO M. Model-based Prognosis for Hybrid Systems with Mode-dependent Degradation Behaviors ［J］. IEEE Transactions on Industrial Electronics，2014，61（1）：546－554.

[22] DAIGLE M J, GOEBEL K. Model-based Prognostics with Concurrent

Damage Progression Processes[J]. IEEE Transactions on Systems, Man, and Cybernetics: Systems, 2013, 43(3): 535 - 546.

[23] XIAN W M, LONG B, LI M, et al. Prognostics of Lithium-ion Batteries Based on the Verhulst Model, Particle Swarm Optimization and Particle Filter[J]. IEEE Transactions on Instrumentation and Measurement, 2014, 63(1): 2 - 17.

[24] AHMAD R, KAMARUDDIN S. An Overview of Time-based and Condition-based Maintenance in Industrial Application[J]. Computers & Industrial Engineering, 2012, 63(1): 135 - 149.

[25] WANG W. An Overview of the Recent Advances in Delay-time-based Maintenance Modeling[J]. Reliability Engineering and System Safety, 2012, 106(10): 165 - 178.

[26] KENNEDY W J, PATTERSON J W, FREDENDALL L D. An Overview of Recent Literature Onspare Parts Inventories [J]. International Journal of Production Economics, 2002, 76(2): 201 - 215.

[27] HORENBEEK A V, SCARF P A, CAVALCANTE C A V, et al. The Effect of Maintenance Quality on Spare Parts Inventory for a Fleet of Assets[J]. IEEE Transactions on Reliability, 2013, 62(3): 596 - 607.

[28] PANAGIOTIDOU S. Joint Optimization of Spare Parts Ordering and Maintenance Policies for Multiple Identical Items Subject to Silent Failures[J]. European Journal of Operational Research, 2014, 235(1): 300 - 314.

[29] HORENBEEK A V, BURÉ J, CATTRYSSE D, et al. Joint Maintenance and Inventory Optimization Systems: A review [J]. International Journal of Production Economics, 2013, 143 (2): 499 - 508.

[30] WANG W. A Stochastic Model for Joint Spare Parts Inventory and Planned Maintenance Optimization[J]. European Journal of Operational Research, 2012, 216(1): 127 - 139.

[31] WANG W, PECHT M G, LIU Y. Cost Optimization for Canary-equipped Electronic Systems in Terms of Inventory Control and Maintenance Decisions[J]. IEEE Transactions on Reliability, 2012, 61 (2): 466 - 478.

[32] ELWANY A H, GEBRAEEL N Z. Sensor-driven Prognostic Models

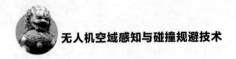

for Equipment Replacement and Spare Parts Inventory [J]. IIE Transactions，2008，40(7):629-639.

[33] WANG W，WANG Z Q，HU C H，et al. An Integrated Decision Model for Critical Component Spare Parts Ordering and Condition-based Replacement with Prognostic Information[J]. Chemical Engineering Transactions，2013，33(33):1063-1068.

[34] LOUIT D，PASCUAL R，BANJEVIC D，et al. Condition-based Spares Ordering for Critical Components[J]. Mechanical Systems & Signal Processing，2011，25(5):1837-1848.